Softwareauswahl und -einführung
in Industrie und Handel

Jörg Becker · Oliver Vering
Axel Winkelmann

Softwareauswahl und -einführung in Industrie und Handel

Vorgehen bei und Erfahrungen
mit ERP- und Warenwirtschaftssystemen

Mit Beiträgen von
Michael Bartsch, Reiner Hirschberg, Bruno Jakob,
Christian Janiesch, Karsten Klose, Ralf Knackstedt,
Dirk Sandmann, Eric Scherer, Stefan Seidel,
Karsten Sontow, Peter Treutlein, Christoph Watrin,
Ansas Wittkowski

Mit 100 Abbildungen und 21 Tabellen

Prof. Dr. Jörg Becker
Dr. Axel Winkelmann
Westfälische Wilhelms-Universität Münster
European Research Center for Information Systems (ERCIS)
Leonardo-Campus 3
48149 Münster
becker@ercis.uni-muenster.de
winkelmann@ercis.uni-muenster.de

Dr. Oliver Vering
Prof. Becker GmbH
Lütke-Berg 4 - 6
48341 Altenberge
vering@prof-becker.de

ISBN 978-3-540-47424-1 Springer Berlin Heidelberg New York

Bibliografische Information der Deutschen Nationalbibliothek
Die Deutsche Nationalbibliothek verzeichnet diese Publikation in der Deutschen Nationalbibliografie;
detaillierte bibliografische Daten sind im Internet über http://dnb.d-nb.de abrufbar.

Dieses Werk ist urheberrechtlich geschützt. Die dadurch begründeten Rechte, insbesondere die der Übersetzung, des Nachdrucks, des Vortrags, der Entnahme von Abbildungen und Tabellen, der Funksendung, der Mikroverfilmung oder der Vervielfältigung auf anderen Wegen und der Speicherung in Datenverarbeitungsanlagen, bleiben, auch bei nur auszugsweiser Verwertung, vorbehalten. Eine Vervielfältigung dieses Werkes oder von Teilen dieses Werkes ist auch im Einzelfall nur in den Grenzen der gesetzlichen Bestimmungen des Urheberrechtsgesetzes der Bundesrepublik Deutschland vom 9. September 1965 in der jeweils geltenden Fassung zulässig. Sie ist grundsätzlich vergütungspflichtig. Zuwiderhandlungen unterliegen den Strafbestimmungen des Urheberrechtsgesetzes.

Springer ist ein Unternehmen von Springer Science+Business Media

springer.de

© Springer-Verlag Berlin Heidelberg 2007

Die Wiedergabe von Gebrauchsnamen, Handelsnamen, Warenbezeichnungen usw. in diesem Werk berechtigt auch ohne besondere Kennzeichnung nicht zu der Annahme, dass solche Namen im Sinne der Warenzeichen- und Markenschutz-Gesetzgebung als frei zu betrachten wären und daher von jedermann benutzt werden dürften.

Herstellung: LE-TeX Jelonek, Schmidt & Vöckler GbR, Leipzig
Umschlaggestaltung: WMX Design GmbH, Heidelberg

SPIN 11904588   42/3180YL - 5 4 3 2 1 0   Gedruckt auf säurefreiem Papier

Vorwort

Durch unsere langjährige Tätigkeit bei der Auswahl und Einführung von Unternehmenssoftware konnten wir zahlreiche Erfahrungen bei der Auseinandersetzung mit Standard- und Individualsoftware machen. Trotz der Mächtigkeit und Flexibilität moderner Standardsysteme zeigen eigene Erfahrungen und Statistiken, dass die Einführung einer neuen Unternehmenssoftware nicht auf die leichte Schulter genommen werden sollte. Das „Operieren am offenen Herzen" ist für viele Unternehmen ein großer Schritt, der viele Risiken beinhaltet, aber auch zahlreiche Möglichkeiten eröffnet. IT ist heute in vielerlei Hinsicht nicht mehr aus den Unternehmen wegzudenken und viele Unternehmensstrategien, man denke nur an den Multi-Kanal-Vertrieb oder die Just-in-Time-Belieferung wären ohne moderne IT-Systeme wohl in dieser Form nicht realisierbar.

In diesem Buch haben wir neben eigenen Erfahrungen zahlreiche Experten ihres Gebiets eingeladen, ihre Erfahrungen niederzuschreiben, um sie einem größeren Kreis an IT-Leitern, Projektmanagern und -mitarbeitern, Consultants sowie Geschäftsführern für eigene Projekte zur Verfügung zu stellen. Herausgekommen ist eine Vorgehensempfehlung, die sich als roter Faden durch alle Kapitel zieht. Natürlich ist jedes Softwareprojekt in seiner Art einzigartig und nur in geringem Maße mit anderen vergleichbar. Unterschiede existieren in der Software- und Unternehmensgröße, der Erfahrung von Implementierern, Managern und Programmierern sowie den individuellen Anforderungen an eine Standardsoftware. Dennoch denken wir, dass wir bei der Auswahl der inhaltlichen Aspekte für verschiedenste Anforderungen nützliche Informationen bieten können.

Im Einführungskapitel beschäftigen wir uns mit grundlegenden strategischen Fragen des Softwareeinsatzes, zeigen Anforderungen und Potenziale des IT-Einsatzes auf. Wir diskutieren, welche Funktionalitäten einzelnen Softwaregattungen zuzurechnen sind und welche Möglichkeiten der Anpassung an die eigenen Unternehmensabläufe es gibt. Kapitel II bietet eine Marktübersicht über den ERP- und WWS-Markt der mit mehreren hundert verschiedenen Anbietern auch für Experten sehr unübersichtlich und schnelllebig ist. Die modernen Softwarearchitekturen können allerdings durchaus als gut bezeichnet werden, wie ein Bericht über die Softwarequalität in Kapitel IIII zeigt. In den letzten Jahren haben wir rund 100 der am

Markt befindlichen Systeme persönlich vor Ort bei den Herstellern evaluiert oder in Projekten eingesetzt. Die Ergebnisse dieser Evaluation haben wir für Sie auf der Softwareauswahlplattform IT-Matchmaker in Form eines Merkmalskatalogs mit rund 1.500 Merkmalen pro System abgelegt, über deren Nutzen bei der Softwareauswahl die beiden Vorstände Treutlein und Dr. Sontow in Kapitel V berichten. Natürlich greifen wir in Kapitel IV auch den idealen allgemeinen Ablauf der Softwareauswahl ausführlich auf, um Ihnen Hilfestellung bei Ihrem Projekt bieten zu können. Kapitel VI zur Kosten- und Nutzenbewertung der Softwareeinführung soll Hilfestellung bei der Identifizierung wesentlicher quantitativer und qualitativer Aspekte geben. Zwar sind die Preismodelle der Hersteller unterschiedlich, aber zumindest werden Sie mit den in diesem Buch genannten Faustformeln erste Anhaltspunkte für ihr eigenes Projekte erhalten. Mit Dr. Hirschberg ist es uns gelungen, in Kapitel VII einen Experten zum Thema Gebrauchtsoftware als Autor zu gewinnen, der aufzeigt, dass es durchaus lukrativ sein kann, Lizenzen auch gebraucht zu erwerben. Die Facetten der Vertragsgestaltung thematisiert der ausgewiesene Software-Vertragsexperte Prof. Bartsch in Kapitel VIII. Dabei geht er nicht nur auf die Vertragsgestaltung, sondern auch auf die Bedeutung der AGBs und die Probleme, die aus Software-Verträgen resultieren können, ein. In Kapitel IX erörtern die Steuerberater Wittkowski und Prof. Dr. Watrin kritisch bilanzielle und steuerliche Aspekte bei der Einführung von WWS-/ERP-Software und gehen dabei auch auf Einzelfragen wie beispielsweise nachträgliche Anschaffungskosten ein. Im anschließenden Kapitel zum Projektmanagement bei Softwareeinführungsprojekten werden Faktoren für ein erfolgreiches Softwareprojekt diskutiert und die organisatorischen und funktionalen Aspekte behandelt. Die Neueinführung operativer Systeme ist auch immer eine Chance, die dispositiven Systeme und damit das Berichtswesen zu verbessern. Ein allgemeines Vorgehen hierzu wird in Kapitel XI vorgestellt und in Kapitel XII am Beispiel eines Luxusgüter-Handelsunternehmens demonstriert. Berichte von verschiedenen Softwareeinführungsprojekten aus Industrie und Handel und den daraus gemachten Erfahrungen runden das Buch ab.

Unser besonderer Dank gilt allen, die mit wertvollen Informationen – als Autor oder hinter den Kulissen – zum Gelingen dieses Werks beigetragen haben. Der Dank gilt allen Mitarbeitern des European Research Centers of Information Systems (ERCIS) und der Prof. Becker GmbH ebenso wie unseren Partnerinnen, ohne deren verständnisvolle Unterstützung dieses Projekt nicht möglich geworden wäre. Bedanken möchten wir uns auch beim Springer-Verlag für die Geduld und Unterstützung bei der Entstehung dieses Buches.

Wir wünschen Ihnen eine interessante Lektüre und viel Erfolg bei der Einführung einer neuen Unternehmenssoftware.

Münster im Juni 2007

Jörg Becker
Oliver Vering
Axel Winkelmann

Inhaltsverzeichnis

Jörg Becker, Oliver Vering, Axel Winkelmann

I **Unternehmenssoftwareeinführung: Eine strategische Entscheidung** 1
  1   Unternehmenssoftware und ihre strategische Bedeutung 1
  2   Einsatzbereich und Merkmale von Warenwirtschafts- und ERP-Systemen 2
     2.1   Warenwirtschaftssysteme 2
     2.2   ERP-Systeme 6
  3   Geschichte und Status Quo des ERP-/WWS-Marktes 10
  4   Anforderungen an moderne Unternehmenssoftware 11
     4.1   Überblick 11
     4.2   Anpassbarkeit als zentrale Anforderung 13
  5   Potenziale des ERP- und WWS-Einsatzes in Handel u. Industrie. 18
     5.1   Entwicklung der IT-Strategie 18
     5.2   Beitrag der IT zur Produktivitätssteigerung 19
     5.3   Chancen und Risiken der Softwareeinführung 21
  6   Make or Buy: Standard- vs. Individualsoftware 24
  7   Fazit 28
  8   Literatur 29

Oliver Vering

II **Marktübersicht WWS** 31
  1   Einleitung 31
  2   Aufgaben und DV-technische Abgrenzung von Warenwirtschaftssystemen 32
  3   Eigenschaften von Warenwirtschaftssystemen 33
     3.1   Geschlossenheit / Offenheit von Warenwirtschaftssystemen 33
     3.2   Zentrale / Dezentrale Warenwirtschaftssysteme 34
     3.3   Einstufige / Mehrstufige Warenwirtschaftssysteme 34

4	Software-technische Ansätze für WWS-Lösungen	35
	4.1 „Best-of-Breed"-Lösung	36
	4.2 Klassische Warenwirtschaftssysteme	36
	4.3 ERP-Systeme	37
5	Marktentwicklungen Warenwirtschaftslösungen	38
6	Übersicht führender WWS-Lösungen	42
7	Vertikalisierte Branchenlösungen	44
8	Fazit	45
9	Literatur	46

Axel Winkelmann, Ralf Knackstedt, Oliver Vering

III	**Softwarequalität als Auswahlmerkmal: eine empirische Untersuchung**	**47**
1	Softwarequalität als Anforderung bei der Softwareauswahl	47
	1.1 Zufriedenheit der Anwender mit moderner Unternehmenssoftware	47
	1.2 Qualitätsmodelle zur Messung von Softwarequalität	48
2	Software-Qualität bei WWS- und ERP-Systemen: Studienergebnisse	50
	2.1 Methodik	50
	2.2 Allgemeine Informationen zu den ausgewerteten Systemen	51
	2.3 Änderbarkeit und Übertragbarkeit der Standardsoftware an Kundenbedürfnisse	54
	2.4 Dokumentation	56
3	Fazit	59
4	Literatur	60

Oliver Vering

IV	**Systematische Auswahl von Unternehmenssoftware**	**61**
1	Bedeutung der Auswahlentscheidung	61
2	WWS-Auswahl als strategisches Entscheidungsproblem	63
3	Phasen einer systematischen WWS-Auswahl	65
	3.1 Phase 1: Projektvorbereitung	65
	3.2 Phase 2: Ist-Analyse	68
	3.3 Phase 3: Soll-Konzeption	75
	3.4 Phase 4: Systemevaluation	81

4	Fazit	107
5	Literatur	108

Karsten Sontow, Peter Treutlein

V Einsatz von Werkzeugen zur Softwareauswahl am Beispiel des IT-Matchmakers 109

1	Riskantes Unterfangen „ERP-/WWS-Auswahl"		109
2	Effizienz durch den Einsatz von Werkzeugen zur Auswahl von Software-Lösungen		110
	2.1	Projekteinrichtung	111
	2.2	Orientierung	113
	2.3	Prozessanalyse	114
	2.4	Lastenheft	116
	2.5	Marktrecherche	118
	2.6	Vorauswahl	119
	2.7	Endauswahl	122
	2.8	Vertragsverhandlung	125
3	Fazit		126
4	Literatur		127

Axel Winkelmann

VI Bewertung der Kosten und des Nutzens von Softwareprojekten 129

1	Entscheidung trotz knapper Mittel		129
2	Kosten und Nutzen eines Softwareprojekts		132
	2.1	Kosten	132
	2.2	Nutzen	137
3	Wirtschaftlichkeitsanalyse		139
	3.1	Vorgehen	139
	3.2	Instrumente der Wirtschaftlichkeitsanalyse	140
4	Fazit		143
5	Literatur		144

Reiner Hirschberg

VII	**Gebrauchte oder neue Lizenzen?**	**147**
1	Einleitung	147
2	Das Geschäftsmodell „Gebraucht-Software"	148
	2.1 Lizenzübertragung	148
	2.2 Im Handel befindliche Software	149
	2.3 Vor- und Nachteile für die Nutzer	150
3	Rechtliche Grundlagen	151
	3.1 Erschöpfungsgrundsatz	151
	3.2 BHG-Urteil	151
	3.3 AGBs der Hersteller	152
	3.4 Notarielle Testierung	153
	3.5 Aktuelle Rechtssprechung	154
4	Support	157
	4.1 Updates	157
	4.2 Wartung und Gewährleistung	157
5	Kunden	158
	5.1 Kundenstruktur	158
	5.2 Lizenzmanagement	158
	5.3 Nachlizenzierung	160
6	Position der Hersteller	160
7	Marktsituation in Deutschland	161
	7.1 Anbieter	161
	7.2 Marktvolumen	161
	7.3 Marktentwicklung	162
	7.4 Marktperspektiven	162
8	Fazit	163
9	Literatur	164

Michael Bartsch

VIII	**Vertragsgestaltung für ERP-Projekte**	**165**
1	Eigene Allgemeine Geschäftsbedingungen	165
	1.1 Lieferbedingungen	165
	1.2 Einkaufsbedingungen	166
2	Fremde Allgemeine Geschäftsbedingungen	167
	2.1 Akzeptieren	167
	2.2 Verhandeln	167
	2.3 Eigene AGB entgegenstellen	168

3	Individuelle Vertragsgestaltung		168
	3.1	Verträge sind Pläne	168
	3.2	Pflichtenheft	169
	3.3	Drei Wege	169
4	Rahmenverträge		170
5	Letter of Intent		171
	5.1	Grundlagen	171
	5.2	Vergütung ohne Vertrag?	171
6	Brennpunkte der Vertragsgestaltung		172
	6.1	Rechte an der Software	172
	6.2	Abnahme	174
	6.3	Gewährleistung	175
	6.4	Haftung	177
	6.5	Pflegeverträge	178
7	Vertragskrisen und Schlichtung		179
8	Krisenbereinigung durch das Gericht		180
	8.1	Hauptverfahren	180
	8.2	Selbständiges Beweisverfahren	180
	8.3	Schiedsgericht	180
9	Literatur		181

Christoph Watrin, Ansas Wittkowski

IX	**Bilanzielle und steuerliche Aspekte von betriebswirtschaftlichen Softwaresystemen (ERP-Software)**		**183**
1	Einführung		183
2	Technische Grundlagen		184
3	Handels- und steuerrechtliche Behandlung von ERP-Software		185
	3.1	Bilanzieller Charakter von Software als immaterielles Wirtschaftsgut	185
	3.2	Abgrenzung zwischen Anschaffung und Herstellung	186
	3.3	Anschaffung von ERP-Software	190
	3.4	Herstellung von ERP-Software	192
4	Einzelfragen		192
	4.1	Vor- bzw. Planungskosten	192
	4.2	Nachträgliche Anschaffungskosten	193
5	Fazit		194
6	Literatur		195

Axel Winkelmann

X Projektmanagement bei Softwareeinführungsprojekten.......... 197
   1   Faktoren für ein erfolgreiches Softwareprojekt 197
       1.1   Erfolgsfaktoren 197
       1.2   Projekt-Syndrome 201
   2   Aufgaben und Instrumente des Projektmanagements.................. 202
       2.1   Aufgaben.. 202
       2.2   Instrumente des Projektmanagements................................ 203
       2.3   Software zur Unterstützung des Projektmanagements......... 204
   3   Organisation des Projektmanagements 206
       3.1   Projektorganisation 206
       3.2   Projektmitglieder und -gremien 211
   4   Projektkontrolle 214
   5   Fazit 216
   6   Literatur 217

Stefan Seidel, Christian Janiesch, Axel Winkelmann

XI Softwareeinführung als Anlass zur Berichtswesenverbesserung.. 219
   1   ERP-/WWS-Einführung als Chance für die Berichtswesenverbesserung 219
   2   Gestaltung eines modernen Berichtswesens 220
       2.1   Anforderungen an moderne Reporting-Systeme.................. 220
       2.2   Informationsbedarfsanalyse 221
       2.3   Erläuterung der Berichtswesen-Konstrukte 222
   3   Vorgehensmodell zur Gestaltung des Berichtswesens................. 227
       3.1   Initialisierung 229
       3.2   Ist-Analyse 230
       3.3   Soll-Konzeption 235
       3.4   Wartung 239
   4   Fazit 240
   5   Literatur 241

Jörg Becker, Dirk Sandmann, Christian Janiesch

XII Berichtswesenverbesserung im Rahmen der ERP-/WWS-Einführung am Beispiel eines Luxusgüter-Handelsunternehmens 243
1 Ausgangssituation 243
2 Konzeption 244
   2.1 Initialisierung 245
   2.2 Ist-Analyse 246
   2.3 Soll-Konzeption 252
   2.4 Umsetzung des Berichtswesens 256
   2.5 Fazit 260
3 Literatur 261

Eric Scherer, Bruno Jakob

XIII Case Study – Erfahrungen bei der Evaluation und Einführung eines neuen Warenwirtschaftssystems bei der Loeb Warenhaus AG 263
1 Die Loeb Warenhaus AG 263
   1.1 Weg von der Zettelwirtschaft 263
   1.2 ... zur zentralen Organisation und integrierten Warenwirtschaft 264
2 Der erste Anlauf bringt wenig Ergebnisse aber viel Erfahrung ... 264
3 Neubeginn 265
   3.1 Neuaufsetzen der Evaluation 265
   3.2 Zielsetzung und Anforderungen 266
   3.3 Den Spagat wagen: Standardsoftware im Bereich Warenhäuser 267
   3.4 Suche auf einem unübersichtlichen Markt 269
   3.5 Der Sieger heißt 271
   3.6 Die Kosten im Griff 272
   3.7 Gesunder Menschenverstand: Erfahrungen aus der Umsetzung 273
4 „Rundum zufrieden" 274
5 Literatur 274

Karsten Klose, Axel Winkelmann

XIV Case Study – Erfahrungen bei der ERP-Auswahl und -Einführung in kleinen und mittelständischen Industrieunternehmen **275**
   1 Ausgangssituation 275
      1.1 Beschreibung des Unternehmens 275
      1.2 IT-Infrastruktur vor der ERP-Systemeinführung 276
   2 Ablösung der alten Softwarelösung durch eine integrierte Standardsoftware 277
      2.1 Vorbereitung 277
      2.2 Sichtung des Angebots 278
      2.3 Entscheidung für einen ERP-Anbieter 280
      2.4 Vertragsverhandlung und -gestaltung 280
   3 Softwareeinführung 281
      3.1 Projektorganisation 281
      3.2 Projektverlauf 282
   4 Lessons Learned 285

Autorenverzeichnis **289**

I Unternehmenssoftwareeinführung: Eine strategische Entscheidung

Jörg Becker, ERCIS /Prof. Becker GmbH

Oliver Vering, Prof. Becker GmbH

Axel Winkelmann, ERCIS

1 Unternehmenssoftware und ihre strategische Bedeutung

Abgeleitet aus globale Entwicklungen, Änderungen der Kunden- und Lieferantenbeziehungen und -anforderungen, neu eintretende Wettbewerber und sich dynamisch ändernde Geschäftsformen und -prozesse stellt sich sowohl in der Industrie als auch im Handel für die verantwortlichen Manager bzw. die selbstständigen Unternehmer die Frage, was sich in Zukunft ändert und wie die eigene Unternehmensstrategie hieran angepasst werden sollte.

Eine Unternehmensstrategie umfasst die Kombination von Handlungsmustern und Zielen, die vom Unternehmen angestrebt werden.[1] Die bekanntesten Unternehmensstrategien sind die Kostenführerschaft, die Produktdifferenzierung und die Nischenstrategie von PORTER[2] sowie die Zeitführerschaft.[3] Aus der Unternehmensstrategie ist eine unterstützende Informationsstrategie abzuleiten, da die Informationstechnik, insbesondere die Unternehmenssoftware, in Hinblick auf die Wandlungsfähigkeit der Unternehmen und die Gestaltungsmöglichkeiten der Geschäftsprozesse eine Be-

---

[1] Vgl. Porter (1980), S. XVI. Zum Strategiebegriff vgl. Corsten (1998), S. 3 ff.
[2] Vgl. Porter (1980), S. 35 ff., der den Terminus Wettbewerbsstrategie verwendet. Die Wettbewerbsstrategie kann als Unternehmensstrategie für Geschäftsfelder verstanden werden, bei denen Wettbewerbsvorteile erzielt werden sollen.
[3] Vgl. Pfähler, Wiese (1998), S. 15, S. 21.

deutung erreicht hat, die eine integrative Betrachtung mit der Unternehmensstrategie zwingend erfordert.

Die Unternehmenssoftware – verstanden als die zentrale betriebswirtschaftliche Anwendungssoftware eines Unternehmens[4] – nimmt bei der Gestaltung von Geschäftsprozessen eine Schlüsselrolle ein, da eine Reorganisation von Unternehmen nicht ohne Beachtung der Wechselwirkungen organisatorischer und anwendungssystembezogener Aspekte erfolgen kann. Die Flexibilität der eingesetzten Unternehmenssoftware bestimmt damit maßgeblich die Flexibilität eines Unternehmens, auf geänderte strukturelle, funktionale oder prozessuale Anforderungen zeitnah reagieren zu können.

Neben der Bedeutung der Unternehmenssoftware für die Wettbewerbsstrategie belegen auch die Höhe der Investitionen sowie die nachhaltige Erfolgswirksamkeit der eingesetzten Systeme, wie wichtig die Nutzung der „richtigen" Unternehmenssoftware ist. Für die Auswahl und die erfolgreiche Einführung der richtigen Unternehmenssoftware sind die Fragen zu beantworten, wie bei der Auswahl einer standardisierten Unternehmenssoftware vorzugehen ist, welche Alternativen am Markt verfügbar sind, welche Eigenschaften die aktuellen Systeme besitzen und auch, wie eine erfolgreiche Einführung („in time, in budget, in quality") erreicht werden kann.

2 Einsatzbereich und Merkmale von Warenwirtschafts- und ERP-Systemen

2.1 Warenwirtschaftssysteme

Das *Warenwirtschaftssystem (WWS)* ist das Informationssystem, das die warenorientierten dispositiven, logistischen und abrechnungsbezogenen Aufgaben eines Handelsunternehmens auf der Grundlage der wert- und mengenmäßigen Warenbewegungsdaten unterstützt und steuert.

---

[4] Unternehmenssoftware wird traditionell in zwei große Kategorien unterteilt, die ERP-System mit Fokus auf Industrieunternehmen und die Warenwirtschaftssysteme mit Fokus auf Handelsunternehmen.

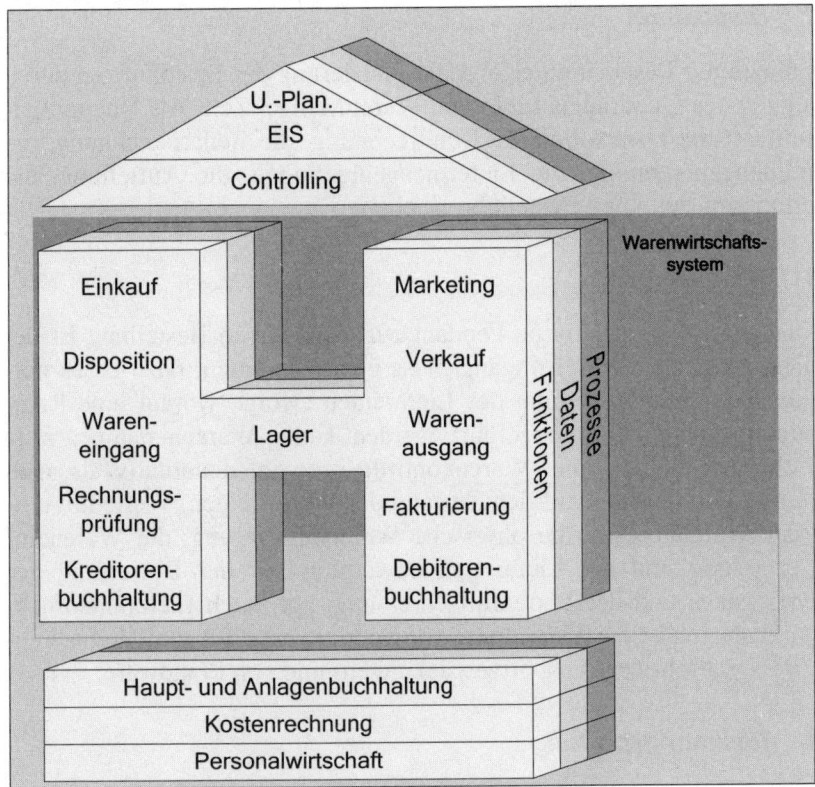

Abb. 1: Typische Funktionsbereiche von WWS[5]

Werden die zentralen Aufgaben des Handels gemäß dem Handels-H-Modell (vgl. Abb. 1) strukturiert, so lassen sich folgende funktionale Bereiche von „klassischen" Warenwirtschaftssystemen nennen:

2.1.1 Einkauf

Im Einkauf werden die grundsätzlichen beschaffungsbezogenen Entscheidungen getroffen und die relevanten Basisdaten gepflegt. Zentrale Aufgaben sind das Festlegen der Lieferanten, mit denen das Handelsunternehmen in Geschäftsbeziehung treten will, das Festlegen der Waren, die von diesen Lieferanten bezogen werden sollen, das Aushandeln des Preis- und Konditionengefüges für diese Waren (oft in Jahresgesprächen) und ggf. die Festlegung von Wert- und Mengenkontrakten oder Lieferplänen.

---

[5] Becker, Schütte (2004), S. 46.

2.1.2 Disposition

Im Rahmen der Disposition erfolgt die Platzierung der Bestellungen durch Festlegung des Quadrupels Lieferant, Ware, Menge, Zeit. Als Unteraufgaben umfasst die Disposition die Limitrechnung, die Bedarfsrechnung, die Bestellmengenrechnung, die Liefermengenrechnung, die Aufteilung, die Bestellübermittlung und Bestellüberwachung.

2.1.3 Wareneingang

Das mengenmäßig-logistische Pendant zur dispositiven Bestellung ist der Wareneingang. Der Wareneingang muss geplant werden; dazu ist es notwendig, dass eine Avisierung des Lieferanten erfolgt, worauf eine Rampenbelegungsplanung durchgeführt werden kann. Warenannahme, z. T. auch ohne Bestellung, und Warenkontrolle, sowohl quantitativ als auch qualitativ, d. h. bezogen auf den Zustand der Ware, folgen. Weiterhin umfasst der Wareneingang die physische Wareneinlagerung, die Wareneingangserfassung und die Lieferscheinbewertung mit der Bewertung des Wareneingangs und der Warenfortschreibung, ggf. auch Lieferantenrückgaben. Dazu gehört die Verwaltung von wieder verwendbaren Verpackungen (MTV = Mehrwegtransportverpackungen) und von Pfandware.

2.1.4 Rechnungsprüfung

Das wertmäßige Pendant zum Wareneingang sind Rechnungseingang und Rechnungsprüfung mit den Unteraufgaben Rechnungserfassung, Rechnungskontrolle, Rechnungsfreigabe, Rechnungsnachbearbeitung und Bearbeitung nachträglicher Konditionen. Die Rechnung ist einerseits mengenmäßig mit der Bestellung (der Aufforderung zur Lieferung), dem Lieferschein (der gelieferten Menge aus Sicht des Lieferanten) und dem Wareneingangsschein (der gelieferten Menge aus Sicht des Händlers) und andererseits wertmäßig mit dem Preis- und Konditionengefüge abzugleichen.

2.1.5 Marketing

Im Kontext der Betrachtung der warenwirtschaftlichen Prozesse und Aufgaben wird hier unter Marketing nur das operative Marketing verstanden; das strategische Marketing wird als Aufgabe innerhalb der Unternehmensplanung angesehen. Unteraufgaben des (operativen) Marketings sind die Abnehmerstammdatenpflege, die Sortiments- und Produktpolitik mit Warenplanung, insbesondere Sortimentsplanung, Verkaufsplanung und Umsatzplanung sowie die Artikellistung, wozu eine Abnehmergruppierung und eine zeitabhängige Artikelabnehmerzuordnung notwendig sind. Weiterhin gehören die Konditionspolitik und die Absatzwerbung zum Marketing.

2.1.6 Verkauf

Die Aufgaben Verkauf, Warenausgang, Fakturierung und Debitorenbuchhaltung sind analog zu den entsprechenden Aufgaben auf der Wareneingangsseite (Disposition, Wareneingang, Rechnungsprüfung und Kreditorenbuchhaltung). Zum Bereich Verkauf gehören die Unteraufgaben Abnehmeranfragebearbeitung, Abnehmerangebotsbearbeitung, Ordersatzerstellung, Auftragsbearbeitung und ggf. Abnehmerreklamationsbearbeitung und letztlich die Außendienstunterstützung mit Kundenkontaktierung, Verkaufsunterstützung und Verkaufsabwicklung durch den Außendienst.

2.1.7 Warenausgang

Unteraufgaben des Warenausgangs sind die Tourenplanung, die Kommissionierplanung, die eigentliche Kommissionierung, die Warenausgangserfassung – entweder am (Zentral-) Lager oder in der Filiale – und die Bestandsbuchung. Weiterhin gehören die Versandabwicklung und ggf. die Abnehmerrückgabenbearbeitung mit Abnehmerretourenabwicklung und MTV-/Leergutverwaltung zum Bereich Warenausgang.

2.1.8 Fakturierung

Zu den Aufgaben der Fakturierung werden insbesondere die Bewertung des Abnehmerlieferscheins, die diversen Formen der Rechnungsstellung an den Abnehmer (z. B. Einzel- oder Sammelrechnungen) und die Berechnung der nachträglichen Vergütungen sowie ggf. erforderliche Gut- und Lastschriftenerstellungen gezählt.

2.1.9 Lager

Die Überbrückungsfunktion zwischen der Beschaffungsseite und der Vertriebsseite hat das Lager wahrzunehmen, das die Überbrückung in zeitlicher, mengenmäßiger und logistischer Form erfüllt. Unteraufgaben des Lagers sind die Lagerstammdatenpflege, Umlagerungen und Umbuchungen, die Inventurdurchführung im Lager oder in der Filiale und die Lagersteuerung.

Warenwirtschaftssysteme decken diese Aufgaben typischerweise integriert und umfassend ab. Hinzu kommen betriebswirtschaftlich-administrative

Aufgaben (wie z. B. Finanzbuchhaltung, Personalabrechnung) sowie Aufgaben der Unternehmensführung/ Controlling, welche – je nach Ausgestaltung der Softwarelösungen – teils integriert in den am Markt verfügbaren „Warenwirtschaftslösungen" enthalten sind, teils in Form von Lösungen anderer Anbieter eingebunden in ein Gesamtpaket angeboten werden oder als separate zusätzliche Lösungen zu beschaffen und dann projektbezogen mit dem jeweiligen WWS zu integrieren sind.[6] Die in der Abb. 1 schraffiert dargestellte Kreditoren-/Debitorenbuchhaltung ist in der Regel nicht Bestandteil von Warenwirtschaftslösungen, sondern ist integrativer Bestandteil entsprechender Finanzbuchhaltungslösungen.

Entsprechend der Heterogenität des Handels (Einzel- /Großhandel, Lager-/Streckengeschäft, unterschiedliche Sortimente) haben sich auch verschiedenste Formen von standardisierten WWS entwickelt. Neben einigen eher universell aufgestellten Anbietern bzw. Lösungen gibt es eine Vielzahl an spezialisierten Branchenlösungen und Nischenprodukten. Vgl. hierzu ausführlich die Betrachtung des Marktes für standardisierte WWS in Beitrag II.

Das Warenwirtschaftssystem unterstützt damit alle zentralen warenorientierten dispositiven, logistischen und abrechnungsbezogenen Aufgaben von Handelsunternehmen. Die daraus resultierende große Bedeutung des Warenwirtschaftssystems für den wirtschaftlichen Erfolg eines Handelsunternehmens ist offensichtlich und auch in der Handelspraxis unumstritten. Sie wird u. a. durch nachfolgende Zitate dokumentiert:

- „Die Warenwirtschaft ist das Herzstück der Administration in einem Handelsunternehmen; nur aus der Warenwirtschaft resultieren Gewinne."[7]
- „Information schlägt Ware."[8]

2.2 ERP-Systeme

Das Konzept *Enterprise Resource Planning (ERP)* ist eine Fortführung von den auf die Belange produzierender Unternehmen zugeschnittenen Materialplanungskonzepten MRP (Material Requirements Planning) und MRP II (Manufacturing Resource Planning). Als integrierte, anpassbare Unternehmenssoftware unterstützen ERP-Systeme Kern- und Supportprozesse umfassend von der Produktion über Einkaufs-, Lager und Verkaufsprozesse bis hin zu Personal- und Rechnungswesenprozessen. Dabei werden die zu verarbeitenden Daten in einer gemeinsamen Datenbasis zur

---

[6] Im Vergleich zur Industrie weist der Handel einige Besonderheiten auf, die den hohen zu Informations- und Kommunikationsbedarf unterstreichen, vgl. Ahlert (1997), S. 75 ff.
[7] Erwin Conradi, zitiert nach o. V. (1989), S. 4.
[8] Tietz (1992a), S. 48.

I Unternehmenssoftwareeinführung: Eine strategische Entscheidung   7

Verfügung gestellt, so dass z. B. alle Änderungen im Einkauf zugleich auch dem Verkauf und dem Rechnungswesen zur Verfügung stehen.

Gegenüber den zuvor beschriebenen klassischen WWS zeichnen sich ERP-Systeme insbesondere durch eine integrierte Personalwirtschafts- und Rechnungswesenkomponente und insbesondere eine ausgeprägte PPS-Funktionalität aus. ERP-Systeme bilden vor allem aus technologischer Sicht den State-of-the-Art moderner Unternehmenssoftware. Sie besitzen gegenüber reinen Warenwirtschaftssystemen den Vorteil, dass sie mit anderen Teilsystemen stärker integriert sind, so dass beispielsweise eine automatische Leistungslohnberechnung für Kommissionierer möglich wird.

Ein ERP-System kann durch folgende Merkmale beschrieben werden:

- Ein ERP-System als spezifische Unternehmenssoftware dient zur Unterstützung von betriebswirtschaftlichen Aufgaben der Anwender.
- Funktional ist hervorzuheben, dass sie die Unterstützung „sämtlicher" Aufgaben eines Unternehmens anstreben und mindestens in die drei Komponenten Human Resources, Financials und Logistics unterteilt sind.
- Ein ERP-System setzt sich aus mehreren Teilsystemen zusammen, welche integriert sind, so dass eine Planung und Kontrolle der Resourcen und Abläufe eines Unternehmens möglich wird.
- Aufgrund der vorgesehenen Anwendungsbreite zeichnen sich ERP-Systeme durch Ablaufalternativen aus, zwischen denen der Anwender vor der Nutzung des Systems auswählen muss.

Basierend auf umfangreichen Möglichkeiten zur Anpassung (Customizing) erheben ERP-Systeme den Anspruch, branchenübergreifend einsetzbar zu sein. Diese Universalität von ERP-Systemen geht zwangsläufig einher mit der fehlenden Berücksichtigung detaillierter branchenspezifischer Anforderungen. Ähnlich wie bei den WWS haben sich jedoch auch bei den ERP-Systemen Lösungen am Markt etabliert, die auf spezifische Formen von (Produktions-) Unternehmen zugeschnitten sind (bspw. Variantenfertiger). Diese Lösungen versprechen aufgrund ihrer Spezialisierung i. d. R. eine größere Funktionstiefe in den jeweiligen Einsatzbereichen.

In den letzten Jahren wurden zudem von Vertriebspartnern/ Systemhäusern verschiedener großer ERP-Anbieter dedizierte Branchenlösungen entwickelt. Aufbauend auf der universellen ERP-Lösung des ERP-Anbieters passen die Vertriebspartner/ Systemhäuser die Lösung (sowohl durch Customizing als auch durch Modifikationen) gezielt an bestimmte Branchenerfordernisse an. Typische Beispiele hierfür sind die diversen Branchenlösungen im SAP-Umfeld sowie bei Microsoft Dynamics NAV. Neben einer höheren funktionalen Abdeckung von Branchenspezifika und einer Reduktion des Customizingaufwands im konkreten Projekt kann man aufgrund der Fokussierung i. d. R. auch eine recht umfassende (betriebswirtschaftliche) Branchenkompetenz erwarten. Nachteilig ist hingegen die „Abhängigkeit" sowohl vom ERP-Anbieter als auch zusätzlich vom Anbieter der Branchenlösung. Da teilweise auch zu einem ERP-Produkt mehrere konkurrierende Branchenlösungen für die gleiche Branche existieren, kommt der Bewertung der Zukunftssicherheit der Lösung und des Systemhauses eine besondere Bedeutung zu.

ERP-Systeme sind neben ihrem originären Fokus auf produzierende Unternehmen vielfach auch gut in (größeren) Handels- und Dienstleistungsunternehmen einsetzbar. Damit ergibt sich bei Unternehmen dieser Branchen vielfach auch ein Entscheidungsproblem zwischen den grundsätzlichen Alternativen „Einsatz einer klassischen WWS-Lösung" und „Einsatz eines integrierten ERP-Systems". Die idealtypischen Stärken dieser beiden Arten von Unternehmenssoftware sind in der nachfolgenden Tabelle dargestellt. Es ist allerdings zu berücksichtigen, dass die harte Trennung zwischen ERP-Systemen und WWS zunehmend aufgeweicht wird, und viele am Markt angebotene, ursprünglich der Kategorie der reinen WWS zugehörige Softwareprodukte ERP-Merkmale (z. B. integrierte Finanzbuchhaltung oder weitgehende Hardware-, Datenbank- und Betriebssystemunabhängigkeit) besitzen.

Tabelle 1: Zugeschriebene Stärken von ERP-Systemen und reinen WWS

Idealtypische Stärken von ERP-Systemen	Idealtypische Stärken von reinen WWS
• weitgehende Hardware-, Datenbank- und Betriebssystemunabhängigkeit, • Erstellung der Software mit modernen Entwicklungsumgebungen (4GL-Sprachen), • vollständige Integration aller betrieblichen Anwendungsbereiche, insb. auch der Finanzbuchhaltung und der Personalabrechnung, • hohe Zukunftssicherheit aufgrund des technologischen State-of-the-Art und der Marktposition des Anbieters, • hohe Flexibilität durch umfassende Customizing-Möglichkeiten.	• umfassende Kenntnis der Branchenspezifika und -probleme seitens des Softwareanbieters („Anbieter spricht die Sprache des Handels"), • differenzierte Abdeckung der Branchenterminologie und der branchenspezifischen Funktionalität im Standard, • Unterstützung branchenspezifischer Datenschnittstellen und -formate, • optimierte Abläufe und Benutzerbedienung für das Massengeschäft im Handel.

Auch wenn ERP-Systeme traditionell den Anspruch haben, „sämtliche" Geschäftsprozesse im Unternehmen zu unterstützen, haben sich am Markt diverse Spezialsysteme etabliert, die als ergänzend zu einer führenden

ERP- oder WWS-Lösung eingesetzt werden können. Hierzu zählen beispielsweise:

MES (Manufacturing Execution Systems)
MES dienen dazu, den reibungslosen Informationsfluss zwischen der Fertigungsebene (Maschinensteuerungen) und der Managementebene eines Unternehmens (ERP-System) sicher zu stellen und schaffen damit die Basis für eine transparente Produktion. Sie unterstützen die Auswahl relevanter Daten für die Produktions-, Prozess- und Qualitätskontrolle und dienen insbesondere zur Unterstützung der Ziele hohe Reaktionsfähigkeit und Flexibilität.

Filialwarenwirtschaftssystem
Zur Erweiterung der IT-Unterstützung in der Filiale kann zusätzlich zu den Kassensystemen ein eigenständiges Filialwarenwirtschaftssystem (FWWS) eingesetzt werden. FWWS sind funktionsreduzierte Warenwirtschaftssysteme, die speziell für den Einsatz in Filialen konzipiert sind. Zu ihren Grundaufgaben gehört die Abwicklung der Filialwareneingänge, die Warenausgangs- bzw. Verkaufsdatenerfassung sowie ggf. die Lagerverwaltung und Bestandsführung in der Filiale.

Dispositionssysteme
Dispositionssysteme versprechen gegenüber einer Disposition mit konventionellen WWS oder ERP-Systemen eine deutliche Bestandsreduktion bei gleichzeitiger Erhöhung der Lieferbereitschaft. Erreicht wird dies durch umfassendere Prognoseverfahren, u. a. verschiedene exponentielle Glättungen sowie Neuro-Fuzzy-Schätzer,[9] und eine Disposition, welche sämtliche vereinbarten Konditionen berücksichtigt.

Lagersteuerungssysteme
Die zunehmende Automatisierung der Ein-, Aus- und Umlagerungsprozesse erfordert deren informatorische Unterstützung, die mit Lagersteuerungssystemen erfolgt. Lagersteuerungssysteme haben die Aufgabe, die technische Anbindung von Förderfahrzeugen an das Lagerverwaltungssystem sowie deren Steuerung sicherzustellen.

Space-Management-Systeme
Space-Management-Systeme unterstützen im Handel die Gestaltung und Planung der Regalflächenbelegung (Welche Produkte werden wo und wie

---

[9] Vgl. Scherer (2001), S. 10.

platziert?), und deren optische Visualisierung (teilweise mit Echtbildern der Produktverpackungen). Ferner erlauben sie flächenbezogene Auswertungen (Wie viel Umsatz/ Rohertrag wurde in welchen Regalflächen erzielt?) als Hilfsmittel zur Optimierung der Regalflächennutzung sowie für Listungsentscheidungen.

Zeiterfassungssysteme / Betriebsdatenerfassungssysteme
Zeiterfassungssysteme sind im Handel insbesondere für die Ermittlung der Anwesenheitszeiten der Mitarbeiter und deren Zuordnung zu Kostenstellen von Bedeutung. Als umfassendere Lösungen werden in der Industrie vielfach Betriebsdatenerfassungssysteme (BDE) eingesetzt, welche auch diverse Maschinendaten übernehmen, so dass z. B. Maschinenbelegungszeiten je Auftrag etc. automatisiert erhoben werden können.

3 Geschichte und Status Quo des ERP-/WWS-Marktes

In den 60er- und 70er- aber teilweise auch noch in den 80er-Jahren war die Eigenentwicklung die ausschließliche Methode der Softwareeinführung. Heterogene, leistungsschwache IT-Landschaften und geringe Funktionsumfänge der Software, nicht zuletzt durch unausgereifte Programmierwerkzeuge, machten ein individuelles Eingehen auf die Bedürfnisse des jeweiligen Unternehmens anstelle parametrisierbarer Standardsoftware erforderlich. Durch fortschreitende technologische Entwicklungen und zunehmende Bedeutung der IT entstanden in den 70er- und vor allem 80er-Jahren zahlreiche Softwareunternehmen, die statt Individual- Standardlösungen entwickelten. So wurde beispielsweise bereits 1972 die SAP gegründet, die sich die Entwicklung von Standardsoftware zur Verarbeitung von Echtzeit-Daten in Unternehmen zum Ziel gesetzt hatte. Die Datenintegration als Ziel der Entwicklung führte dazu, dass SAP bereits 1975 Daten der Materialwirtschaft wertmäßig direkt an die Finanzbuchhaltung übergeben konnte, so dass Rechnungsprüfung und Buchung in einem Arbeitsgang erledigt werden konnten.

Cobol- und andere Programmiersprachen wie Fortran und Turbo Pascal wurden mit fortschreitender Weiterentwicklung der Entwicklungswerkzeuge vor allem in den letzten Jahren zugunsten objektorientierter Programmiersprachen aufgegeben und durch Neuentwicklungen abgelöst. Vor allem der Jahrtausend-Fehler war bei zahlreichen Softwareunternehmen Anstoß für eine Neuentwicklung ihrer Software und einer Weiterentwicklung der Softwarearchitektur. Während einige ältere Systeme noch ASCII-basiert arbeiten, d. h. der Anwender verfügt über keine mit der Maus bedienbare Oberfläche, sondern muss alles mit der Hand eintippen, besitzen moderne Systeme vielfach an die Windows-Welt angelehnte Bedienungsoberflächen. Auch ist zunehmend eine Abkehr von der Client-Server-Architektur festzustellen, bei der ein Teil der Software auf einem zentralen Server lief und die Benutzeroberfläche vor Ort bei dem Anwender installiert werden musste. Gerade verteilte Standorte haben ein Umdenken herbeigeführt, da Anwendungsunternehmen nicht bereit sind, jeden Anwender-Rechner immer wieder mit Softwareupdates zu versorgen. Web-Oberflächen und der Fernzugriff auf das auf dem zentralen Server befindliche System ermöglichen die effiziente Nutzung heutiger Standardsoftwaresysteme.

Während in den 80er- und teilweise auch noch 90er-Jahren die Nachfrage nach Unternehmenssoftware sehr groß war und viele Anbieter respektable Einnahmen generieren konnten, findet aktuell eine Konsolidierung des Marktes statt. Schätzungen gehen davon aus, dass derzeit jährlich in Deutschland etwa 2.000 bis 3.000 mittlere und größere Unternehmenssoftwarelösungen eingeführt werden. Dagegen stehen mehr als 200 Anbieter nennenswerter Größe. Dieses Überangebot wird mittelfristig zu einer weiteren Marktbereinigung führen, zumal größere Anbieter derzeit versuchen, ihren Marktanteil durch Zukäufe kleinerer Anbieter zu erhöhen.

4 Anforderungen an moderne Unternehmenssoftware

4.1 Überblick

Neben den funktionalen, oft branchen-individuellen Anforderungen werden zahlreiche strategische und DV-technische Anforderungen an moderne Unternehmenssoftwarelösungen gestellt (vgl. Abb. 2).

Abb. 2: Anforderungen an Unternehmenssoftwarelösungen

Neben der in der Folge ausführlich betrachteten Anpassbarkeit zählen zu den DV-technischen Anforderungen insbesondere
- *Mehrbenutzerfähigkeit*
  Jedes betriebliche Anwendungssystem wird in der Regel von mehreren Mitarbeitern benutzt. Daher ist eine Benutzerverwaltung obligatorisch. Zusätzlich muss sichergestellt sein, dass mehrere Benutzer zeitgleich mit dem System arbeiten können. Um eine missbräuchliche Verwendung zu verhindern, muss ein Rollenkonzept existieren, damit jedem Benutzer eine Rolle in Abhängigkeit seiner Tätigkeit zugewiesen werden kann. Einer Rolle müssen wiederum individuelle Rechte zugewiesen werden können.
- *Skalierbarkeit*
  Die Anzahl der Benutzer, die zukünftig mit der Software arbeiten sollen, ist häufig bei der Entwicklung eines Programms nicht bekannt. Daher muss sich das System auch während des Einsatzes an die Anzahl der Benutzer und ein damit verbundenes höheres Datenvolumen anpassen lassen.
- *Verfügbarkeit*
  Es müssen Maßnahmen gegen den Ausfall des Systems getroffen werden. Dies kann sowohl softwaretechnisch als auch hardwaretechnisch geschehen. Softwaretechnisch muss das System so entwickelt werden, dass beim Ausfall einer Komponente nicht das ganze System ausfällt.
- *Migration*
  Betriebliche Informationssysteme müssen sich schrittweise in einem Unternehmen einführen lassen, da ein Unternehmen für die Einführung

nicht seinen ganzen Geschäftsbetrieb mehrere Tage oder Wochen stilllegen kann.
- *Zentrale Datenbasis und globale Datenverfügbarkeit*
  Die Daten sollen zentral verfügbar und Änderungen sollen unmittelbar an allen Arbeitsplätzen verfügbar sein. Da viele Unternehmen mehrere Standorte haben, die alle auf eine gemeinsame Datenbasis zugreifen müssen, kann für internationale Unternehmen auch eine weltweite Verfügbarkeit der Daten erforderlich sein.
- *Datensicherheit*
  Ausfälle der Hardware oder der Software dürfen die Sicherheit der Daten nicht beeinträchtigen. Außerdem muss unbefugter Zugriff auf die Daten verhindert werden. Zwar müssen Transaktionen storniert werden können, das Löschen von Vorgängen darf dagegen nicht möglich sein. Eine Protokollierung von einzelnen Datenveränderungen ist vorgesehen.
- *Schnittstellen*
  Jedes andere Anwendungssystem sollte zur Vermeidung doppelter Dateneingaben Schnittstellen nutzen und auf die Datenbasis zugreifen können. Die Übertragung beispielsweise ins Rechnungswesen oder in Führungsinformationssysteme sollte zur Vermeidung von Fehlerquellen automatisiert erfolgen.

4.2 Anpassbarkeit als zentrale Anforderung

Die universelle Ausrichtung von standardisierter Unternehmenssoftware auf eine Vielzahl unterschiedlicher Anwender bedingt in den einzelnen Installationen grundsätzlich eine Anpassung der Software. Anpassungsmaßnahmen sind grundlegend in Customizing und Individualprogrammierung zu unterscheiden. Während bei Individualprogrammierungen stets eine individuelle Erstellung bzw. Änderung des Programmcodes erfolgt, erfordert das Customizing keine Programmcodeänderung. Customizing umfasst alle Maßnahmen zur Anpassung einer Standardsoftware an die kundenindividuellen Anforderungen und Gegebenheiten, die unter Nutzung von vorgedachten Konfigurations- und Parametrisierungsmöglichkeiten, durchgeführt werden können.

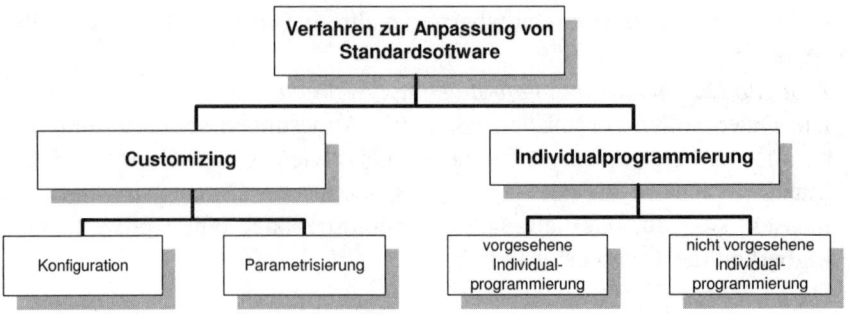

Abb. 3: Verfahren zur Anpassung von Standardsoftware

Customizing kann nach der Granularität der betrachteten Objekte in Konfiguration und Parametrisierung unterteilt werden. Unterscheidet man weiterhin vorgesehene und nicht vorgesehene Individualprogrammierungen, so ergeben sich vier Grundmöglichkeiten zur Anpassung von Standardsoftware (vgl. Abb. 3):

4.2.1 Konfiguration

Unter Konfiguration (synonym: Modularisierung) versteht man die Auswahl der benötigten bzw. gewünschten Programmbausteine[10], die i. d. R. zum Zeitpunkt der Installation erfolgt. Eine nachträgliche Umkonfiguration (insbesondere eine Erweiterung um zusätzliche Module) ist üblicherweise möglich.

Die Konfiguration legt primär fest, welche der möglichen Module eines Softwaresystems im konkreten Anwendungskontext genutzt werden sollen. Der Zuschnitt der Module variiert je nach Anbieter und Systemgröße. Üblich sind u. a. Module für die Bereiche Einkauf, Lagerverwaltung, Vertrieb, Controlling/Auswertungen, automatische Rechnungsprüfung und Finanzbuchhaltung. Auch branchenbezogene Sonderfunktionen werden im Rahmen der Konfiguration ausgewählt.[11]

Die Konfiguration der Software ist von großer Bedeutung für die Höhe der Lizenzkosten, da bei modularer Software die Module typischerweise einzeln lizenziert werden.

---

[10] Je nach Programmierparadigma werden diese als Module oder Objekte bzw. Frameworks bezeichnet.

[11] Beispiele hierfür sind u. a. Zusatzmodule für die Chargenverwaltung, die Zuschnittverwaltung, das Filialmanagement oder eine Werkstatt-/Reparaturabwicklung.

4.2.2 Parametrisierung

Bei der Parametrisierung wird das Verhalten von Standardsoftware durch das Setzen von vordefinierten Parametern an die individuellen Anforderungen angepasst. Die Pflege der Parameter kann direkt in Tabellen oder gestützt durch Tools erfolgen. Im Gegensatz zur Konfiguration beeinflusst die Parametrisierung das Detailverhalten der Software (bspw. die verwendeten Algorithmen oder der Aufbau und die Abfolge von Bildschirmmasken).

Grundsätzlich ist eine möglichst große Parameteranzahl ein Zeichen für eine hohe Anpassbarkeit und Flexibilität der Software. Andererseits birgt eine umfangreiche Parametrisierbarkeit die Gefahr, dass die Programme für konkrete Parameterkombination ineffizient ablaufen zudem steigt i. d. R. der Aufwand, um eine geeignete Parametrisierung einzustellen und auszutesten. Da ein erfolgreiches Customizing einen zentralen Erfolgsfaktor darstellt, wird zunehmend ein transparentes und kostengünstiges Customizing gefordert. Ein Weg hierzu ist der Übergang zu grafischen, an den betrieblichen Abläufen orientierten Parametrisierungstools.

Damit sich individuelle Anforderungen durch Parametrisierung abbilden lassen, müssen vom Softwarehersteller bei der Programmerstellung vorgedacht und mit entsprechenden Parametern in der Software verankert worden sein.

4.2.3 Vorgesehene Individualprogrammierung

Als vorgesehene Individualprogrammierung wird die Erstellung von individuellen Programmen, die an speziell dafür vorgesehenen Stellen der Standardsoftware, sogenannten User Exits, eingebunden werden, bezeichnet. User Exits werden vom Softwarehersteller vor allem in Bereichen mit sehr heterogenen individuellen Anforderungen zur Verfügung gestellt. Damit existiert ein Weg, individuelle Programmroutinen einzubinden und gegebenenfalls Funktionen des Standards zu umgehen, ohne diesen direkt zu modifizieren und damit die Releasefähigkeit zu verlieren.

Die marktführenden Standardsoftwareanbieter behalten die Spezifikation der User Exits über mehrere Releasestände hinweg weitgehend unverändert bei, so dass ein größerer Anpassungsaufwand der erstellten Zusatzprogramme bei Releasewechseln nur selten zu erwarten ist. Beschränkt wird die Nutzbarkeit von User Exits dadurch, dass diese oftmals nur an wenigen Stellen vom Softwarehersteller vorgesehen wurden.

4.2.4 Modifikation (nicht vorgesehene Individualprogrammierung)

Bei Modifikationen werden Änderungen direkt im Programmcode der Standardsoftware vorgenommen, so dass sich über diesen Weg theoretisch jede spezifische Anforderung umsetzen lässt. Der zentrale Nachteil von Modifikationen liegt im Verlust der Releasefähigkeit der Software. Neue Softwareversionen (Releases) können nicht mehr direkt übernommen werden; vielmehr ist eine manuelle Nachpflege der vorgenommenen Programmcodeänderungen bei jedem Releasewechsel erforderlich. Modifikationen können, wie in Abb. 4 dargestellt, nach der „Schwere" des Eingriffs in die Standardsoftware differenziert werden.

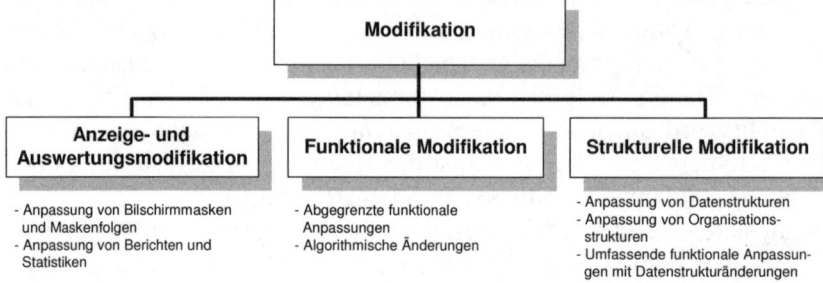

Abb. 4: Klassifizierung von Modifikation

Eine Unternehmenssoftware ist (im Auswahlprozess) umso kritischer zu beurteilen, je höher der im Vergleich zu möglichen Alternativsystemen strukturelle und funktionale Modifikationsbedarf ist. DEAN, DVORAK UND HOLEN beschreiben die Gefahren treffend: „Many companies start out the advantages of a standard package, but then - piece by piece, exception by exception - change it completely to fit their needs. They end with the worst of both worlds [Standardsoftware und Individualsoftware, d. Verfasser]."[12]

Aus dieser in vielen Projekten zu beobachtenden Problematik sollten zwei Konsequenzen gezogen werden: Erstens sollte bei der Softwareauswahl darauf geachtet werden, dass das Bewertungskriterium Modifikationsumfang eine gewichtige Rolle bei der Bewertung der Alternativen spielt. Zweitens sollte bei der Einführung eines Systems die Notwendigkeit der Modifikationen erst bewiesen werden. Als Faustformel wird empfohlen: Eine Amortisation des vierfachen Anpassungsaufwands innerhalb eines Jahres, um auch die langfristigen Kostenkonsequenzen der Systemmodifikation erfassen zu können.[13]

---

[12] Dean, Dvorak, Holen (1994), S. 11.
[13] Dean, Dvorak, Holen (1994), S. 11.

In Hinblick auf sich künftig ändernde bzw. neu ergebende Anforderungen an die eigene Unternehmenssoftware kommt der Flexibilität der Software bezogen auf nachträgliche Änderungen der bei der Einführung vorgenommenen Einstellungen eine besondere Bedeutung zu. Neben dem Wunsch, Prozesse flexibel zu ändern, ist es auch zunehmend erforderlich, die eigenen Unternehmensstrukturen in der Software flexibel und effizient anpassen zu können.

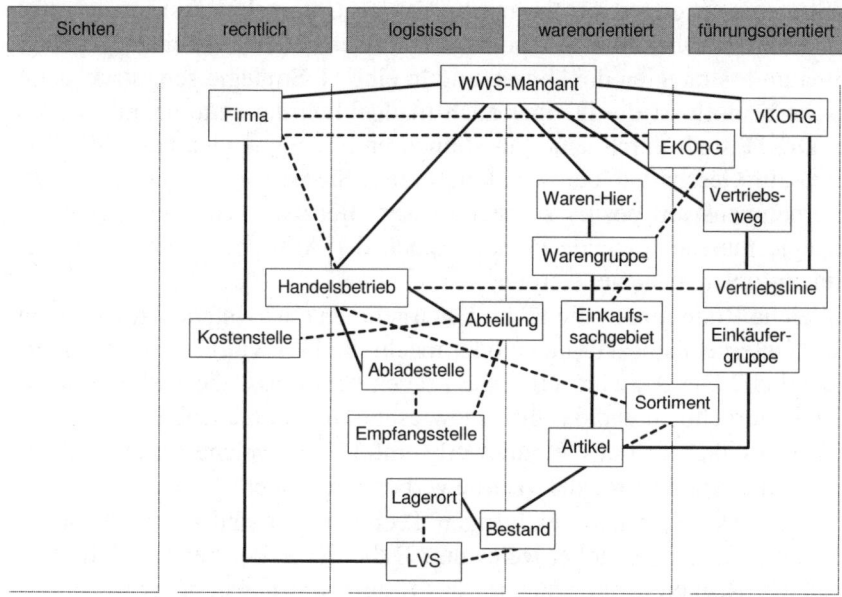

Abb. 5: Abbildung von Organisationsstrukturen am Beispiel von SAP Retail[14]

Viele Unternehmen haben heute mehr als nur einen Standort und besitzen ggf. komplexe Organisationsstrukturen – mit abweichenden Organisationseinheiten bzw. -beziehungen für die Bereiche Beschaffung, Vertrieb, Lager/Logistik und Finanzen. Die marktführenden Lösungen unterstützen heute alle – und das ist als einer der wesentlich strukturellen Weiterentwicklungen der letzten zehn Jahre zu sehen – explizit derartige Organisationsstrukturen (vgl. Abb. 5). Zum Teil sehr unterschiedlich sind weiterhin die Flexibilität und der Aufwand, um einmal geschaffene Strukturen in der Software im Nachhinein zu ändern.

---

[14] Becker, Uhr, Vering (2000), S. 23. Die einkaufsorientierte und die vertriebsorientierte Sicht sind in dieser Darstellung zusammengefasst als führungsorientierte Sicht dargestellt.

5 Potenziale des ERP- und WWS-Einsatzes in Handel und Industrie

5.1 Entwicklung der IT-Strategie

Wie bereits in der Einleitung angesprochenen sollte die Ausgestaltung der IT-Strategie in enger Abstimmung mit der Unternehmensstrategie erfolgen. Einerseits beeinflussen permanent ändernde Unternehmensgegebenheiten und -strategien die Umsetzung in eine IT-Strategie sehr stark, andererseits beeinflusst die IT aber auch maßgeblich die Unternehmensstrategie. Die IT stellt durch neue Funktionen und Technologien neue Möglichkeiten zur Geschäftsfeldentwicklung bereit. Sie ist somit in der Lage, den Unternehmenswert positiv zu beeinflussen. Bei der Entwicklung einer IT-Strategie müssen folgende Punkte, neben der Ausrichtung an den Unternehmenszielen, beachtet werden:

- Welche Rolle nimmt die IT im Unternehmen ein? Unterstützt die IT nur die Unternehmensaktivitäten oder macht die IT wichtige Aktivitäten erst möglich? Die Antwort auf diese Fragen beeinflusst die Stellung der IT im Unternehmen und das ihr zugewiesene Budget maßgeblich.
- Wie gestaltet sich das Wettbewerbsumfeld und welche Rolle spielt die IT in der Abgrenzung der Wettbewerber zueinander?
- Welche aktuellen und zukünftigen Technologien sind für die Ziele des Unternehmens von hoher Relevanz? Dabei ist zu beachten, welche Kosten und Risiken dem Nutzen für das Unternehmen gegenüber stehen.
- Welches Potenzial hat die IT-Organisation und die eingesetzte Technologie, auch zukünftig die Anforderungen des Unternehmens erfüllen zu können.
- Welche Wertsteigerungen können durch die IT direkt oder indirekt erzielt werden?
- Welche Erfahrungen aus der Vergangenheit, sowohl Erfolge als auch Misserfolge bei der Benutzung der IT, fließen in die Betrachtung ein bzw. sollten einfließen?

Ausgehend von der IT-Strategie sollten Teilpläne entwickelt werden, die es ermöglichen, die IT-Strategie im Unternehmen umzusetzen. Zur erfolgreichen Umsetzung müssen diese Teilpläne dabei überschaubar und ihre Umsetzung kontrollierbar sein.

Da die Entwicklung und Kontrolle der IT-Strategie eine Grundvoraussetzung für einen erfolgreichen Einsatz der IT im Unternehmen ist, sollte diese Aufgabe entweder vom Vorstand oder von einem eigens dafür eingerichteten verantwortlichen Gremium ausgeführt werden. Der Vorsitzende sollte dabei Mitglied des Vorstandes oder der Geschäftsführung sein. Die anderen Mitglieder sind Mitarbeiter aus den operativen Abteilungen des Unternehmens. Zusätzlich können bei Bedarf externe Berater hinzugezogen werden. Durch das Know-how der Mitarbeiter aus den operativen Abteilungen wird sichergestellt, dass die IT-Strategie später auch umgesetzt werden kann.

5.2 Beitrag der IT zur Produktivitätssteigerung

In einer Aussage des amerikanischen Nobelpreisträgers ROBERT SOLOW „we see computers everywhere except in the productivity statistics"[15] kommt die Bewertungsproblematik von Unternehmenssoftware und Anwendungssystemen in Unternehmen zum Ausdruck. Sie hat zur Formulierung des sogenannten Produktivitätsparadoxons geführt, demzufolge keine positive Korrelation zwischen Investitionen in Informationstechnik und Produktivität vorliegt.[16]

In der Praxis spiegelt sich dies in dem Problem wider, dass bei Investitionen in Unternehmenssoftware die grundlegende Frage, ob und wann eine neue Unternehmenssoftware einzuführen ist und wie hoch der tatsächliche Produktivitätsbeitrag ist, nur schwer zu beantworten ist.

Gleichwohl lassen sich in den unterschiedlichsten Branchen erfolgreiche Unternehmen identifizieren, bei denen der IT-Einsatz zumindest als ein nicht unwesentlicher Erfolgsfaktor angesehen werden kann. So ist die 1962 in den USA gegründete Handelskette Wal-Mart weltweit eines der erfolgreichsten Unternehmen überhaupt. Innerhalb einer kurzen Zeitspanne gelang es, von einem in einer Kleinstadt gegründeten Discounter zum weltweit größten Handelsunternehmen zu avancieren. Neben einer guten Marketing- und Expansionsstrategie wird als Erfolgsfaktor von Wal-Mart häufig auch die intensive Investition in IT genannt. Schon früh investierte das Unternehmen in moderne Technologien, angefangen von den frühen elektronischen Registrierkassen in den 70er-Jahren über satellitengestützte Kommunikationsnetze in den 80er-Jahren bis hin zu ersten zentralen Data-Warehouse-Ansätzen in den 90er-Jahren. Heute verfügt das Unternehmen über ein Data Warehouse mit der geschätzten Kapazität von mehr als 500

---

[15] Zitiert nach Brynjolfsson (1993), S. 67.
[16] Zum Produktivitätsparadoxon vgl. Brynjolfsson, Yang (1996); Brynjolfsson, Hitt (1998). Zu einer theoretisch fundierten Darstellung des Produktivitätsparadoxons vgl. Zelewski (1999). Eine Übersicht über empirische Untersuchungen zu Wirtschaftlichkeitseffekten von Anwendungssystemen gibt Potthof (1998).

Terabyte[17] und registriert in zentralen Systemen viele Ereignisse, die sich in den Filialen abspielen, und nutzt diese Daten erfolgreich für Entscheidungen wie Sortimentsgestaltung, Disposition, Expansion usw.

Während die Kosten relativ gut ermittelbar sind, gestaltet sich die Ermittlung der Nutzeffekte regelmäßig schwierig. Im Rahmen einer systematischen Analyse möglicher betriebswirtschaftlicher Nutzeneffekte durch die Einführung einer neuen Unternehmenssoftware lassen sich i. d. R. durchaus vielfältige positive Effekte benennen. Problematisch ist jedoch regelmäßig deren Monetarisierung (z. B. „höhere Informationsqualität"). Trotz dieser Problematik erfordert sowohl die Bedeutung der Entscheidung Softwareeinführung als auch die mit dieser Entscheidung verbundenen Kosten eine systematische Kosten-Nutzenbetrachtung.

Es hat sich in der Praxis bewährt, die so genannte Szenario-Technik einzusetzen und neben einem als realistisch angesehenen Szenario ergänzend auch ein Szenario für den Worst-Case (pessimistisches Szenario) und den Best-Case (optimistisches Szenario) zu betrachten (vgl. Abb. 6). Es ist jedoch zu konstatieren, dass auch hierbei das Grundproblem der direkten Zuordnung und Monetarisierung von Nutzeffekten bestehen bleibt (vgl. zur Kosten- und Nutzenbewertung auch ausführlich Beitrag VI).

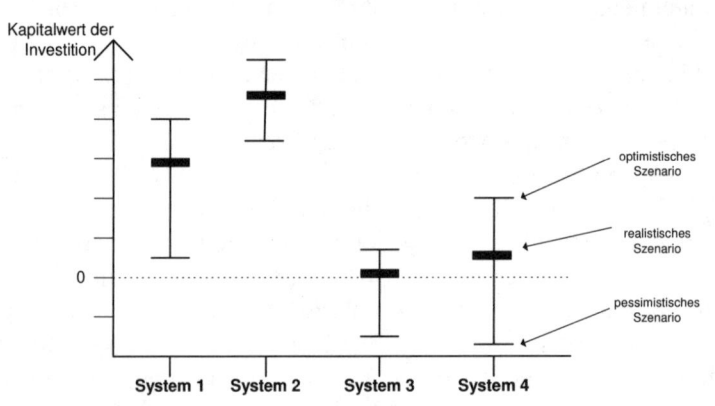

Abb. 6: Wirtschaftlichkeit einzelner Softwarealternativen

Es kann zudem Situationen geben, in denen die aktuelle IT-Unterstützung aufgrund technischer oder personeller Restriktionen (letzteres insbesondere bei Eigenentwicklungen und dem bevorstehenden Ausscheiden zentraler Personen) ersetzt werden muss und so – sofern der Geschäftsbetrieb nicht eingestellt werden soll – zwingend eine Ersatzbeschaffung einer neuen Un-

---

[17] Ein Terabyte sind 1.099.511.627.776 Bytes. Bei der angenommenen Größe eines Datensatzes von 100 Byte entspricht ein Terabyte damit etwa 11 Milliarden Datensätzen.

ternehmenssoftware erforderlich wird. Die sonst übliche Alternative „Beibehaltung der Ist-Situation" ist in diesen Fällen nicht gegeben.

5.3 Chancen und Risiken der Softwareeinführung

Unabhängig von der auf vielen Ebenen geführten Diskussion, ob und in welchem Umfang sich IT-Investitionen direkt in Produktivitätssteigerungen niederschlagen, bietet die Ablösung einer in die Jahre gekommenen Software zahlreiche Chancen – aber auch Risiken. Chancen (bspw. im Sinne einer Optimierung der Geschäftsprozesse oder einer Steigerung der Produktivität) können sich durch neue Möglichkeiten der Standardsoftware ergeben. Gewachsene Altsysteme schränken aufgrund ihrer geringen Flexibilität und einer vielfach ungenügenden Unterstützung der Geschäftsprozesse den organisatorischen Gestaltungsspielraum ein. Eine neue ERP- oder WWS-Lösung kann in solchen Situationen als Enabler dienen und Innovations- und Produktivitätssprünge ermöglichen (vgl. Abb. 7).

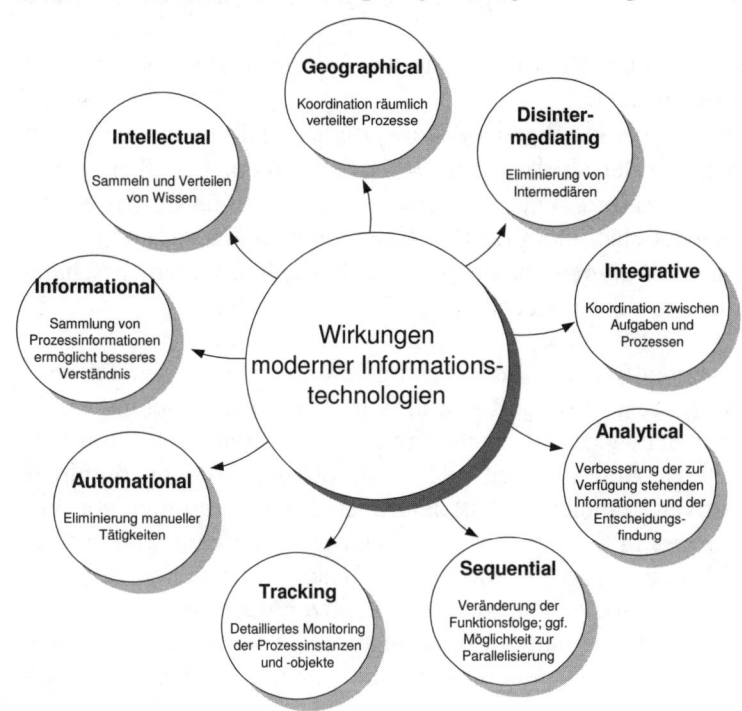

Abb. 7: Wirkungen moderner Informationstechnologien[18]

---

[18] In Anlehnung an Davenport (1993), S. 51.

Darüber hinaus wird eine ERP/WWS-Einführung in der Regel als Anlass für ein generelles Überdenken und Neugestalten der Ist-Situation genutzt. Dies bietet die Chance, historisch gewachsene suboptimale Abläufe, die zwar gegebenenfalls auch mit dem alten System veränderbar gewesen wären, aber nie in Frage gestellt wurden, nun detailliert zu betrachten und zu verbessern.

Aus entscheidungstheoretischer Sicht bestehen Risiken, da bei der Auswahlentscheidung für eine neue Unternehmenssoftware keine volle Elastizität in Hinblick auf eine Revidierung der Entscheidung gegeben ist und zugleich Unsicherheit existiert.[19] Kurzfristig ist zwar eine grobe Prognose der künftigen Umwelt- und Unternehmenssituation und der daraus resultierenden Anforderungen an ein Warenwirtschaftssystem durchaus möglich. Betrachtet man allerdings die lange Nutzungsdauer einer Unternehmenssoftware von 10-15 Jahren, so wird offensichtlich, dass keine sichere Bestimmung der relevanten Entwicklungen möglich ist. Unsicherheit besteht u. a.

- hinsichtlich der durch die Einführung des Systems realisierbaren monetären (Einspar-)Effekte,
- der Entwicklung der künftigen Systemwartungs- und -betreuungskosten,
- der Veränderung der an das Warenwirtschaftssystem gestellten künftigen fachlichen Anforderungen (bspw. aufgrund sich ändernder Marktverhältnisse oder einer modifizierten Unternehmensstrategie) und
- der Qualität der Weiterentwicklung des ausgewählten Warenwirtschaftssystems durch den Softwareanbieter.

Weiterhin existieren Risiken, im Sinne von Fehlerrisiken, in den einzelnen Phasen der Softwareauswahl und -einführung. Die Risikoverteilung ist dabei eng mit der Schwierigkeit einer exakten Anforderungsdefinition bzw. der nicht sicheren Abprüfbarkeit aller Anforderungserfüllung durch die Systemalternativen verbunden. Aus derartigen Fehlern resultierende Probleme werden erst in den späten Projektphasen, vor allem während der Softwareeinführung, erkannt,[20] was große Risiken hinsichtlich der prognostizierten Einführungskosten und des Projektzeitplans birgt. Da die erst spät erkannten Probleme und Anforderungen nicht mit in die Systembewertung eingegangen sind, besteht ferner die Gefahr, dass nicht die „opti-

---

[19] Eine Revidierung der Auswahlentscheidung während bzw. nach der Einführung einer ausgewählten Unternehmenssoftware bedingt – sofern sie überhaupt kurzfristig umsetzbar ist – enorme Zusatzkosten.

[20] Nach Kölle (1990), S. 51 werden 3-5 % der Probleme direkt nach dem Projektstart in der Zielsetzungsphase und weitere 20-30 % während der Softwareauswahl erkannt, während 65-80 % der Probleme erst in der Einführungsphase offensichtlich werden.

male" Systemalternative gewählt wurde. Als Ursachen für die späte Problemidentifikation gilt eine unvollständige Erhebung der tatsächlichen Anforderungen sowie ein unzureichender Abgleich der Anforderungen mit den Leistungsmerkmalen der unterschiedlichen Softwarealternativen.

GRUPP weist in diesem Zusammenhang darauf hin, dass 60 % des Gesamtrisikos bei der Auswahl und Einführung von Standardsoftware auf einen unzureichenden oder fehlerhaften Anforderungskatalog zurückzuführen ist.[21] Während sich weitere 30 % aus mängelbehafteter Software bzw. Problemen mit den Softwareanbietern ergeben, lassen sich lediglich 10 % des Gesamtrisikos auf eine oberflächliche oder schlechte Einführung zurückführen (vgl. Abb. 8).

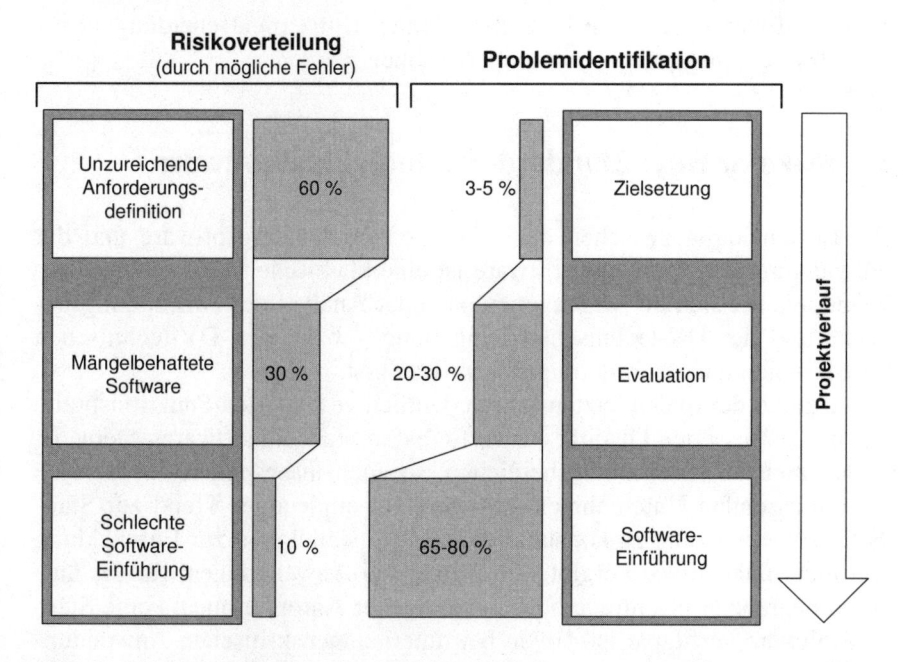

Abb. 8: Risikoverteilung und Problemidentifikation bei der Softwareauswahl[22]

Abb. 8 zeigt die gegenläufige Verteilung zwischen den Ursachen von Problemen und der Problemidentifikation im Rahmen der Softwareauswahl- und -einführung und verdeutlicht, dass eine fundierte und umfassende Anforderungsdefinition sowie ein methodischer und rationaler Auswahlprozess wesentlich zur Reduktion der Risiken beitragen können. In der

---

[21] Vgl. Grupp (1993), S. 34.
[22] Darstellung basierend auf den Daten von Grupp (1993), S. 34 und Kölle (1990), S. 51.

Praxis zeigen sich dabei jedoch große Defizite. Zu den typischen Fehlern, die bei der Softwareauswahl gemacht werden, gehören:
- eine einheitliche Vergleichs- und Bewertungsgrundlage wird nicht erstellt,
- eine systematische Übersicht über das Marktangebot wird nicht erhoben,
- die Anbieterangaben werden ohne Validierung übernommen,
- die Software wird erst nach der Festlegung der Hardware ausgewählt,
- auf einen Vergleich wird verzichtet; es erfolgt direkt eine Festlegung auf einen bestimmten Anbieter mit dem (z. B. in anderen Unternehmensbereichen) eine langjährige Zusammenarbeit,
- ein Softwaresystem wird aufgrund einer Konzernentscheidung ungeprüft übernommen bzw. muss übernommen werden.

6 Make or Buy: Standard- vs. Individualsoftware

Die Entscheidung zwischen dem Einsatz von Standardsoftware und der Entwicklung von Individualsoftware ist eine klassische Make-or-Buy-Entscheidung, die sich im Allgemeinen nach der Analyse des Anwendungsbereichs und der DV-technischen Umgebung – bzw. den DV-technischen Restriktionen und Anforderungen – treffen lässt.

Aufgrund der in den letzten Jahren deutlich gesteigerten Funktionsbreite und der verbesserten Qualität der verfügbaren Standardsoftwaresysteme ist in den meisten Anwendungsbereichen, so auch insbesondere im Bereich der umfassenden Unternehmenssoftware, ein eindeutiger Trend zur Standardsoftwarenutzung zu konstatieren. Die Notwendigkeit zur Entwicklung von Individualsoftware ergibt sich primär bei Anwendungen, für die aufgrund begrenzter Nachfrage oder inhomogener Anforderungen keine Standardsoftware verfügbar ist, sowie bei unternehmenskritischen Anwendungen, die eine hohe geschäftsstrategische Bedeutung besitzen bzw. von denen Wettbewerbsvorteile erwartet werden, die durch Standardsoftware nicht erzielbar sind.[23]

Dennoch gibt es spezifische Vor- und Nachteile von Standardsoftware, deren man sich auch bei einer grundlegenden Entscheidung für Standardsoftware bewusst sein sollte, da sie auch als Anhaltspunkte für die Bewertung möglicher Alternativen bei der Standardsoftwareauswahl dienen können.

---

[23] Als Beispiel für erstere nennen Stahlknecht, Hasenkamp (1999) auf S. 303 Kalkulationssysteme in der Mineralölindustrie, als Beispiel für letztere Systeme zur Entwicklung von Tarifmodellen bei Mobilfunknetzanbietern.

Tabelle 2: Vor- und Nachteile von Standardsoftware

Nachteile	Vorteile
Kosten • erhebliche Anpassungs- und Einführungskosten • höhere Hardwarekosten durch geringere Effizienz der Software in unternehmensspezifischen Situationen *Risiko* • starke Abhängigkeit vom Standardsoftwareanbieter *Software- / Systemtechnik* • schlechtes Betriebsverhalten der Software in unternehmensspezifischen Situationen aufgrund einer sehr allgemeinen Entwicklung der Software • Integrations- / Schnittstellenprobleme zu Fremdsystemen *Fachliche Anforderungen* • Anpassungsbedarf der innerbetrieblichen Aufbau- und Ablauforganisation • unzureichende Abdeckung der Anforderungen • erheblicher Anpassungsbedarf durch Diskrepanz zwischen Anforderungen und Eigenschaften der Software • Gefahr, die Systemspezifikation zu vernachlässigen, so dass im laufenden Betrieb permanent Anpassungen erforderlich werden *Weiterentwicklung* • Aufnahme von individuellen Erweiterungswünschen in den Standard oft schwierig *Wettbewerbsdifferenzierung* • (leicht) eingeschränkte Gestaltungsmöglichkeiten aufgrund der verwendeten Standardsoftware	*Kosten* • Kauf von Standardsoftware in der Regel kostengünstiger als eine Eigenentwicklung • Kosten besser prognostizierbar (Festpreis) • Kosten für Weiterentwicklungen geringer, da Umlage auf viele Nutzer *Risiko* • Wegfall der bei einer komplexen Softwareentwicklung vorhandenen Risiken (Scheitern des Projekts, Ausfall wichtiger Mitarbeiter) • Weiterentwicklung unabhängig von eigenen Mitarbeitern • geringeres Fehlerrisiko der Software *Zeit* • kürzere Einführungszeit durch Wegfall der Programmspezifikation und Entwicklungszeit *Software- / Systemtechnik* • technologisch und softwaretechnisch oftmals auf dem neuesten Stand • Integration innerhalb der Standardsoftware / -familie *Fachliche Anforderungen* • Zugriff auf externes betriebswirtschaftliches Know-how *Weiterentwicklung* • permanente Weiterentwicklung der Software durch den Anbieter *Wettbewerbsdifferenzierung* • Standardsoftware als DV-technisch und fachlich-funktional „gute" Ausgangsbasis mit hoher Flexibilität

In den meisten Unternehmen fehlen echte Alternativen zur Auswahl eines Standardsystems, da die IT-Abteilungen bereits mehr oder weniger vollständig mit dem Tagesgeschäft ausgelastet sind und die eigene Entwickler-Kapazität – wenn überhaupt vorhanden – für operative Tätigkeiten ausgeschöpft ist, so dass das finanzielle Wagnis einer Eigenentwicklung für viele Unternehmen nicht mehr tragbar ist. Zwar mögen die ursprünglichen Entwicklungskosten zunächst niedriger sein als die Lizenz- und Einführungskosten einer Standardlösung, jedoch sind die Kosten beim Systemeinsatz, der Wartung und späteren Ablösung durch ein moderneres System überproportional hoch. Hinzu kommen Kosten für die digitale Betriebsprüfung (GDPdU) und der Sicherstellung der Grundsätze ordnungsmäßiger DV-gestützter Buchführungssysteme (GoBS). Abb. 9 zeigt idealtypisch den Kostenverlauf beim Einsatz von Standardsoftware und individuell entwickelten Systemen.

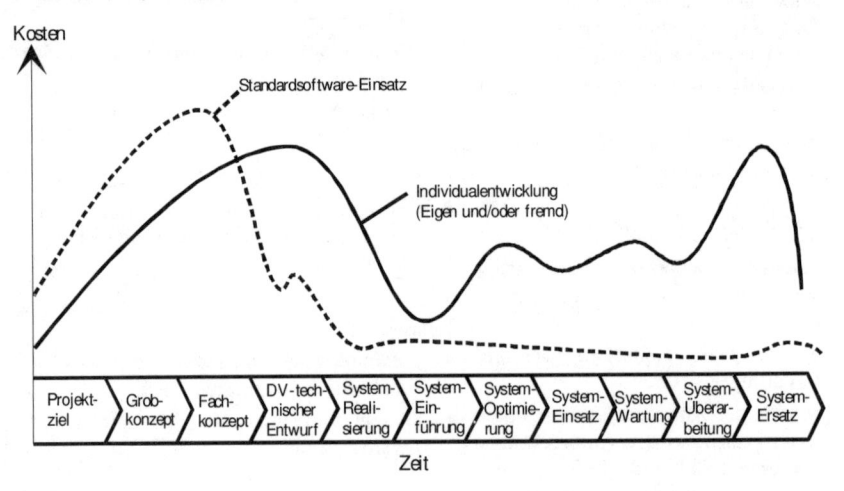

Abb. 9: Kosten bei Individual- und Standardsoftwareprojekten[24]

Für viele Unternehmen wird die Entscheidung zwischen Standard- und Individualsoftware zunehmend zu einer theoretischen Fragestellung, da fehlende Personalkapazitäten, mangelndes softwaretechnisches Know-how, fehlende Zeit- und Managementressourcen Standardsoftware erzwingen.

Für den Bereich des Handels lässt sich aufgrund der Erfahrungen der vergangenen Jahre und der Einschätzung der meisten Experten feststellen, dass es bei einer Betrachtung von Warenwirtschaftssystemen im Wesentlichen keine Alternative zu Standardsoftware gibt. Dabei wird die Präferenz für standardisierte Systeme vor allem mit einem Aspekt begründet: der Si-

---

[24] Hoch (1987), S. 711.

cherheit. Die Systeme weisen möglicherweise Schwachstellen auf, die eine Veränderung des Standards erfordern. Allerdings hat sich jeder Entscheidungsträger die Frage zu stellen: Was ist die Alternative? Soll mit der begrenzten quantitativen und qualitativen Kapazität der eigenen IT-Abteilungen das Wagnis einer eigenen ERP/WWS-Entwicklung eingegangen werden? Ohne diese Diskussion umfangreich führen zu wollen, dürfte es kaum Zweifel geben, dass eine komplexe Unternehmenssoftwareentwicklung selten sinnvoll ist. Das begrenzte Wissen in wenigen Mitarbeiterköpfen verbietet es bereits, eine Eigenentwicklung anzustreben.

Teilweise wird angeführt, dass durch Standardsoftware, welche grundsätzlich auch jedem Wettbewerber zur Verfügung steht, keine Wettbewerbsvorteile erzielt werden können und somit Kernbereiche eines Unternehmens nicht mit Standardsoftware realisiert werden sollten.[25] Gerade bei komplexen Standardsoftwareprodukten ist dem entgegenzuhalten, dass nicht die Software an sich, sondern die mit der Software realisierten Geschäftsprozesse Möglichkeiten zur Wettbewerbsdifferenzierung schaffen.[26]

Die Einführung einer Standardsoftware kann in diesem Kontext vielmehr die im Unternehmen vorhandene Know-how-Lücken schließen, das Erreichen des technologischen State-of-the-Art ermöglichen und eine Ausgangsbasis für das Generieren von individuellen Wettbewerbsvorteilen (z. B. durch eine besonders effiziente Anpassung der Standardsoftware oder punktuelle Erweiterungen der Software) bieten (vgl. Abb. 10).

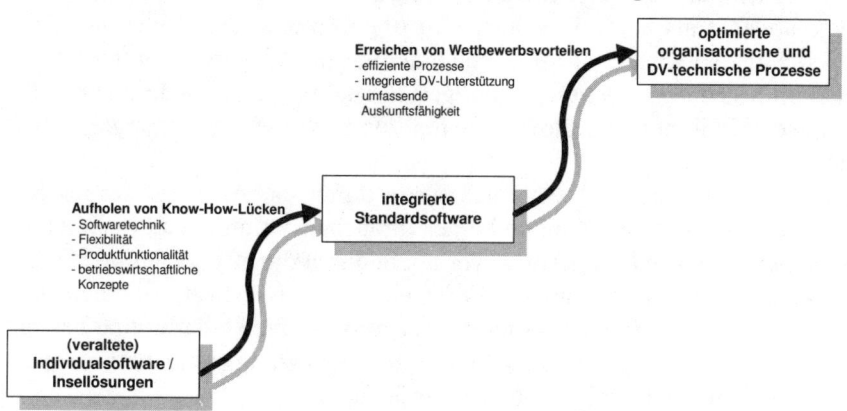

Abb. 10: Erreichen des softwaretechnischen State-of-the-Art und Erschließen von Wettbewerbsvorteilen durch Nutzung von Standardsoftware[27]

---

[25] Vgl. u. a. Dorn (2000), S. 201.
[26] Vgl. Keil, Lang (1998), S. 853 f.; Österle (1997), S. 379.
[27] In Anlehnung an Adler (1990), S. 170.

7 Fazit

Am Markt sind heute für die meisten Branchen und Unternehmensgrößen Unternehmenssoftwarelösungen (WWS und ERP-Systeme) verfügbar, die einen ausgereiften technologischen und funktionalen Stand bieten. Das klassische Entscheidungsproblem Standard- vs. Individualsoftware hat sich weitestgehend zu Gunsten der Standardsoftware entschieden. Nicht zuletzt aufgrund der enormen Risiken einer Individualsoftwareentwicklung ist jedem Unternehmen die Nutzung einer standardisierten Unternehmenssoftware zu empfehlen. Dabei darf nicht übersehen werden, dass die Standardlösungen in der Regel nicht alle Anforderungen abdecken und so Anpassungen erforderlich werden können. Auch verbleibt ein komplexes Auswahlproblem, da die Bewertung der unterschiedlichen Standardlösungen aufwändig und mitunter komplex ist und der Markt für Standardlösungen recht intransparent ist.

Die Einführung einer neuen Unternehmssoftware bleibt – trotz der Verfügbarkeit qualitativ guter Standardsysteme – eines der komplexesten IT-Projekte und erfordert entsprechende Aufmerksamkeit des Managements. Wichtig ist, zu erkennen, dass dies grundsätzlich kein „reines" IT-Projekt sondern immer auch ein Reorganisationsprojekt ist. Wird dies begriffen, und nach der systematischen Auswahl der „richtigen" Software ein zielgerichtetes Einführungsprojekt aufgesetzt, das sowohl die IT-technischen Belange abdeckt als auch die Chance zu organisatorischen Änderungen berücksichtigt, so kann die Einführung einer neuen Software nicht nur erfolgreich im Sinne von „in time, in budget, in quality" sein, sondern auch völlig neue Handlungsspielräume (bis hin zur Unternehmensstrategie) eröffnen.

Wettbewerbsvorteile lassen sich heute durch die Auswahl der „richtigen" Unternehmenssoftware und eines (branchen-)erfahrenen kompetenten Implementierungspartners sowie vor allem durch die effiziente und effektive Ausgestaltung und Nutzung der Unternehmenssoftware erzielen. Die heute am Markt verfügbaren führenden Lösungen bieten dafür eine bessere funktionale, strukturelle und technische Voraussetzung als je zuvor – allerdings auch eine höhere Komplexität als je zuvor.

8 Literatur

Adler, G.: Standardsoftware: Sackgasse oder Innovation. In: H. Österle (Hrsg.): Integrierte Standardsoftware: Entscheidungshilfen für den Einsatz von Softwarepaketen. Band 1: Managemententscheidungen. Hallbergmoos 1990, S. 161-178.

Ahlert, D.: Warenwirtschaftsmanagement und Controlling in der Konsumgüterdistribution – Betriebswirtschaftliche Grundlegung und praktische Herausforderungen aus der Perspektive von Handel und Industrie. In: Integrierte Warenwirtschaftssysteme und Handelscontrolling. Hrsg.: D. Ahlert; R. Olbrich. 3. Aufl., Stuttgart 1997, S. 3-112.

Balzert, H.: Lehrbuch der Software-Technik. Software-Management, Software-Qualitätssicherung, Unternehmensmodellierung. Heidelberg, Berlin 1998.

Becker, J.; Schütte, R.: Handelsinformationssysteme. Frankfurt / Main 2004.

Becker, J.; Uhr, W.; Vering, O.: Integrierte Informationssysteme in Handelsunternehmen auf der Basis von SAP-Systemen. Berlin u. a. 2000.

Brynjolfsson, E.: The Productivity Paradoxon of Information Technologie. Communications of the ACM 36 (1993) 12, S. 67-77.

Brynjolfsson, E.; Hitt, L.M.: Beyond the Productivity Paradox. Computers are the Catalyst for Bigger Changes. Communications of the ACM, 41 (1998) 8. (http://ccs.mit.edu/erik, 20.6.1999)

Brynjolfsson, E.; Yang, S.: Information Technology and Productivity. A Review of Literature. Advances in Computers, 43 (1996) 2, S. 179-214. (http://ccs.mit.edu/ccswp202/, 19.02.1999)

Davenport, T.H.: Passt Ihr Unternehmen zur Software? Harvard Business Manager, 21 (1999) 1, S. 89-99.

Dean, D. L.; Dvorak, R. E.; Holen, E.: Breaking through the barriers to new systems development. Practical – and tested – strategies for lightening the burden of „legacy" systems. The McKinsey Quarterly, o.Jg. (1994) 3, S. 3-13.

Dorn, J.: Planung von betrieblichen Abläufen durch Standardsoftware – ein Widerspruch? Wirtschaftsinformatik 42 (2000) 3, S. 201-209.

Grupp, B. (1993): EDV-Projekte in den Griff bekommen: Arbeitstechniken des Projektleiters. 4. Aufl., Köln 1993.

Hoch, D.: Projekt- und Managementvoraussetzungen für das erfolgreiche Einführen von Standard-Software, In: Erfolgsfaktoren der integrierten Informationsverarbeitung, Proceedings Compas '87. o. Hrsg. Berlin 1987, S. 703-714.

IT-Governance-Institute: COBIT 4.0. Control Objectives, Management Guidelines, Maturity Models. 2005. http://www.isaca.org/cobit. Abrufdatum: 2006-09-12.

Keil, C.; Lang, C.: Standardsoftware und organisatorische Flexibilität. zfbf 50 (1998) 9, S. 847-862.

Kölle, J.: Projektmanagement bei der Einführung von Standardsoftware dargestellt am Beispiel der PPS. In: H. Österle (Hrsg.): Integrierte Standardsoftware: Entscheidungshilfen für den Einsatz von Softwarepaketen, Band 2: Managemententscheidungen. Hallbergmoos 1990, S. 45-54.

o. V.: Conradi – Metros Lohn für perfekte Warenwirtschaft. Lebensmittelzeitung, Nr. 19, 15. April 1989, S. 4.

Österle, H.: Standardsoftware – Auswahl und Einführung. In: Mertens, P. u. a. (Hrsg.): Lexikon der Wirtschaftsinformatik. 3. Aufl., Berlin, 1997. S. 379-399.

Pfähler, W.; Wiese, H.: Unternehmensstrategien im Wettbewerb. Berlin et al. 1998.

Porter, M.E.: Competitive Strategies. Techniques for Analyzing Industries and Competitors. New York 1980.

Potthof, I.: Empirische Studien zum wirtschaftlichen Erfolg der Informationsverarbeitung. Wirtschaftsinformatik, 40 (1998) 1, S. 54-65.

Scherer, C.: Automatische Disposition – Absatzprognose und Dispositionsoptimierung mit LogoMate®. Produktbrochüre der Remira Informationstechnik GmbH, Dortmund 2001.

Stahlknecht, P.; Hasenkamp, U.: Einführung in die Wirtschaftsinformatik. 9. Aufl., Berlin u. a. 1999.

Tietz, B. (1992): Einzelhandelsperspektiven in der Bundesrepublik Deutschland bis zum Jahre 2010. Dynamik im Handel, Bd. 1. Frankfurt a. M. 1992.

Vering, O.: Methodische Softwareauswahl im Handel. Ein Referenz-Vorgehensmodell zur Auswahl standardisierter Warenwirtschaftssysteme.Berlin 2002.

Zelewski, S.: Strukturalistische Rekonstruktion einer theoretischen Begründung des Produktivitätsparadoxons der Informationstechnik. In: Wirtschaftsinformatik und Wissenschaftstheorie. Bestandsaufnahme und Perspektiven. Hrsg.: J. Becker, W. König, R. Schütte, O. Wendt, S. Zelewski. Wiesbaden 1999, S. 25-68.

II Marktübersicht WWS

Oliver Vering, Prof. Becker GmbH

1 Einleitung

Die Anforderungen an standardisierte Warenwirtschaftssysteme variieren einerseits in Abhängigkeit von Handelsformen und -branchen; andererseits werden von Herstellern unterschiedliche technologische und softwaretechnische Ansätze zur Abdeckung der warenwirtschaftlichen Funktionen angeboten. Dementsprechend ist der Markt für Warenwirtschaftssysteme durch große Heterogenität und Intransparenz gekennzeichnet. Neben großen, bekannten Anbietern existieren viele mittlere und kleinere Systemanbieter, die sich vielfach auf dedizierte Lösungen für einzelne Handelsbranchen spezialisiert haben.

Der deutschsprachige Markt für Warenwirtschaftssysteme umfasst insgesamt mehr als 300 warenwirtschaftliche Standardsoftwarelösungen. Von diesen entfällt der Großteil auf Lösungen für kleine und kleinste Handelsunternehmen. Diesen Lösungen kommt – trotz einer oftmals andersartigen Positionierung seitens der Anbieter – zudem vielfach der Charakter einer Individuallösung (insbesondere im Hinblick auf die nur eingeschränkte Anpassbarkeit) zu, da sie speziell für einen Kunden oder nur wenige im Vorfeld bekannte Kunden entwickelt wurden.

Gleichwohl verbleiben im Segment der mittleren und großen Warenwirtschaftslösungen im deutschsprachigen Raum unter Berücksichtigung diverser Speziallösungen noch über 100 Systeme. Dieser Beitrag zeigt Ansätze zur Systematisierung der unterschiedlichen Lösungsansätze und Produktpositionierungen auf und skizziert zentrale Markttrends, die bei der Produktauswahl und -bewertung helfen können.

2 Aufgaben und DV-technische Abgrenzung von Warenwirtschaftssystemen

In einem weiten Begriffsverständnis kann die *Warenwirtschaft* als die Summe aller Tätigkeiten im Zusammenhang mit der Ware verstanden werden, so dass die Warenwirtschaft nicht auf einen einzelnen Handelsbetrieb beschränkt ist, sondern auch die warenbezogenen Prozesse in Handelssystemen (z. B. Netzwerken wie Verbundgruppen oder Franchising-Systemen) und insbesondere im Beziehungsfeld zwischen Handel und Industrie umfasst.

Das *Warenwirtschaftssystem* ist ein Sub-System der Handelsunternehmung, dem alle Gestaltungs- und Informationsaktivitäten mit Bezug zur Ware zugeordnet werden. Die Grundlage hierfür bilden Informationen über die mengen- und wertmäßigen Warenbewegungen. Ein solches Warenwirtschaftssystem existiert - betriebswirtschaftlich gesehen, theoretisch auch ohne Einsatz von computergestützten Techniken, in jedem Handelsunternehmen. Die zunehmende Bedeutung und Leistungsfähigkeit von computergestützten Verfahren hat jedoch gerade im Handel dazu geführt, dass heute – außer bei Kleinstunternehmen – der Einsatz von nicht computergestützten Warenwirtschaftssystemen aus Effizienz- und Wettbewerbsgründen faktisch nicht mehr möglich ist.

Diesem Begriffsverständnis folgend kann ein Warenwirtschaftssystem aus *DV-technischer Sicht* definiert werden als ein (standardisiertes)[1] Softwareprodukt, das zur Abdeckung bzw. Unterstützung der warenwirtschaftlichen, d. h. der warenbezogenen dispositiven, logistischen und abrechnungsbezogenen Aufgaben in Handelsunternehmen geeignet ist. Eine Übersicht der zentralen Aufgaben ist in Abb. 1 dargestellt.

---

[1] In den letzten Jahren haben sich Handelsunternehmen fast ausschließlich für existierende Standardlösungen entschieden. Auch wenn diese z. T. erheblich angepasst/ erweitert werden müssen, ist dies bei der gegebenen Qualität und Flexibilität der heutigen Standardlösungen i. d. R. eindeutig zu empfehlen. Für ein Plädoyer für Standardlösungen im Handel vgl. ausführlich Schütte, Vering (2004), S. 17ff. sowie Beitrag III in diesem Werk.

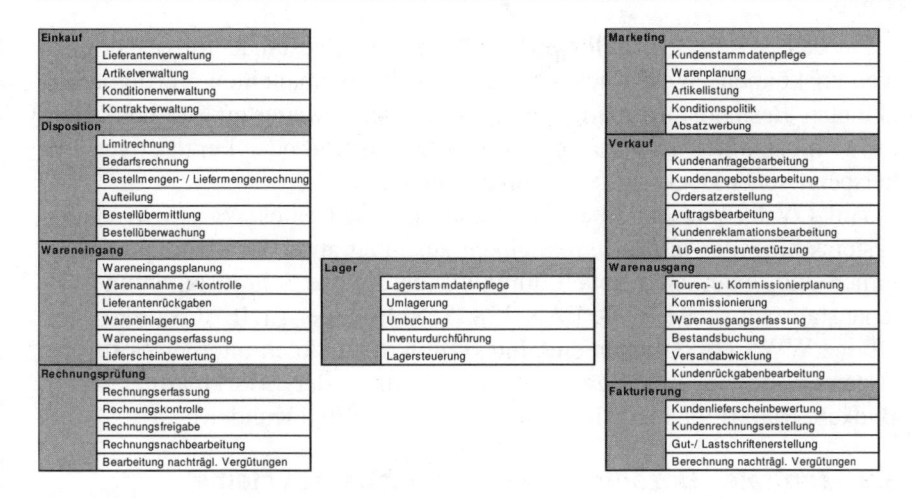

Einkauf		Marketing	
	Lieferantenverwaltung		Kundenstammdatenpflege
	Artikelverwaltung		Warenplanung
	Konditionenverwaltung		Artikellistung
	Kontraktverwaltung		Konditionspolitik
Disposition			Absatzwerbung
	Limitrechnung	Verkauf	
	Bedarfsrechnung		Kundenanfragebearbeitung
	Bestellmengen- / Liefermengenrechnung		Kundenangebotsbearbeitung
	Aufteilung		Ordersatzerstellung
	Bestellübermittlung		Auftragsbearbeitung
	Bestellüberwachung		Kundenreklamationsbearbeitung
Wareneingang			Außendienstunterstützung
	Wareneingangsplanung	Warenausgang	
	Warenannahme / -kontrolle		Touren- u. Kommissionierplanung
	Lieferantenrückgaben	Lager	Kommissionierung
	Wareneinlagerung	Lagerstammdatenpflege	Warenausgangserfassung
	Wareneingangserfassung	Umlagerung	Bestandsbuchung
	Lieferscheinbewertung	Umbuchung	Versandabwicklung
Rechnungsprüfung		Inventurdurchführung	Kundenrückgabenbearbeitung
	Rechnungserfassung	Lagersteuerung	Fakturierung
	Rechnungskontrolle		Kundenlieferscheinbewertung
	Rechnungsfreigabe		Kundenrechnungserstellung
	Rechnungsnachbearbeitung		Gut-/ Lastschriftenerstellung
	Bearbeitung nachträgl. Vergütungen		Berechnung nachträgl. Vergütungen

Abb. 1: Inhaltlich-funktionale Aspekte von WWS

3 Eigenschaften von Warenwirtschaftssystemen

3.1 Geschlossenheit / Offenheit von Warenwirtschaftssystemen

Aus betriebswirtschaftlich-fachlicher Sicht wird unter einem offenen Warenwirtschaftssystem ein System verstanden, bei dem entweder nur die Wareneingangs- oder die Warenausgangsdaten artikelgenau erfasst werden. Erstere Systeme werden auch als eingangsorientierte, letztere als ausgangsorientierte Warenwirtschaftssysteme bezeichnet. Ein offenes Warenwirtschaftssystem, bzw. der zugrunde liegende Warenkreislauf, wird erst durch die manuelle Inventur „geschlossen".

In Abgrenzung hierzu wird von einem geschlossenen Warenwirtschaftssystem gesprochen, wenn alle Phasen des Warenkreislaufs zeitnah artikelgenau erfasst werden und in allen Unternehmenseinheiten, d. h. insbesondere auch in den dezentralen Unternehmenseinheiten, die Lagerbestände artikelgenau geführt werden.[2] Letzteres setzt eine artikelgenaue Erfassung der Wareneingänge, der Abverkäufe (z. B. durch Scannerkassen) sowie der Warenverluste durch Verderb und Bruch voraus. Die Vorteile geschlossener Warenwirtschaftssysteme, die seit einiger Zeit den State of the Art darstellen, sind jedoch nicht nur qualitativer Natur hinsichtlich der Frage,

---

[2] Vgl. Becker, Uhr, Vering (2000), S. 21; vgl. auch Hertel (1999), S. 6.

wann das System „geschlossen" und die Artikelbestände fortgeschrieben werden können. Wesentlich sind die aus der permanenten Verfügbarkeit aktueller Bestandsinformationen resultierenden erweiterten Möglichkeiten, bspw. hinsichtlich einer automatischen Disposition oder kurzfristiger artikelspezifischer Deckungsbeitragsrechnungen.[3]

Auf DV-technischer Ebene wird die Offenheit eines Warenwirtschaftssystems hingegen auf die Möglichkeit zur Integration der unternehmensinternen und -externen Umwelt durch standardisierte Schnittstellen und Datenaustauschformate (z. B. EAN 128, SINFOS oder EDIFACT) bezogen.[4] Offene WWS ermöglichen eine Integration mit anderen internen Softwaresystemen sowie mit den Softwaresystemen der Marktpartner (z. B. Banken, Marktforschungsinstituten, Lieferanten und Kunden).

3.2 Zentrale / Dezentrale Warenwirtschaftssysteme

Aus betriebswirtschaftlich-fachlicher Sicht basiert die Warenwirtschaft mehrstufiger Handelsunternehmen traditionell auf einem zentralen, d. h. in der Handelszentrale angesiedelten, und einem dezentralen, d. h. in den Filialen angesiedelten Warenwirtschaftssystem.

Die Diskussion zentraler bzw. dezentraler Warenwirtschaftssysteme bezieht sich jedoch vorrangig auf die DV-technische Ebene und betrachtet die Frage, ob ein standardisiertes WWS die zentral anfallenden Aufgaben abdeckt (zentrales Warenwirtschaftssystem) oder für die Übernahme der informationswirtschaftlichen Funktionen in der Filiale konzipiert ist (dezentrales Warenwirtschaftssystem oder Filialwarenwirtschaftssystem).

Der Einsatz von dezentralen standardisierten Warenwirtschaftssystemen stellt historisch gesehen die zweite Entwicklungsstufe der EDV-Unterstützung im Handel dar, durch die dezentral Teilfunktionen unterstützt werden konnten, die zuvor nur manuell durchgeführt oder nur eingeschränkt durch das zentrale System abgedeckt wurden.

3.3 Einstufige / Mehrstufige Warenwirtschaftssysteme

Ausgehend von der Unterscheidung zwischen zentralen und dezentralen Warenwirtschaftssystemen leitet sich der Begriff des mehrstufigen Warenwirtschaftssystems ab. Ein Warenwirtschaftssystem wird allgemein als mehrstufig bezeichnet, wenn alle Anforderungen eines filialisierenden Handelsunternehmens von der Zentrale mit Zentrallager, über regionale Lager bis hin zu den Filialen (ggf. unterschiedlicher Vertriebsschienen) ab-

---

[3] Vgl. Becker, Uhr, Vering (2000), S. 21; Hertel (1999), S. 6 f.
[4] Vgl. Hertel (1999), S. 143 ff., insb. S. 171.

gedeckt werden. Ein einstufiges Warenwirtschaftssystem deckt hingegen nur eine Handelsstufe beispielsweise als rein dezentrales Filialsystem ab.

4 Software-technische Ansätze für WWS-Lösungen

Am Markt haben sich unterschiedliche software-technische Ansätze zur Ausgestaltung von WWS etabliert. Es ist zunächst grundlegend zwischen dem sog. „Best-of-Breed"-Ansatz[5], d. h. einer Zusammenstellung der Anwendungssysteme aus einer Vielzahl einzelner Produkte unterschiedlicher Hersteller, und einer einheitlichen integrierten Paketlösung, die idealtypisch sämtliche Funktionen unterstützt, zu differenzieren. Letztere können im Bereich der Warenwirtschaft in klassische WWS und ERP-Systeme eingeteilt werden. Nachfolgend werden diese drei Ansätze mit ihren typischen Vor- und Nachteilen beschrieben.

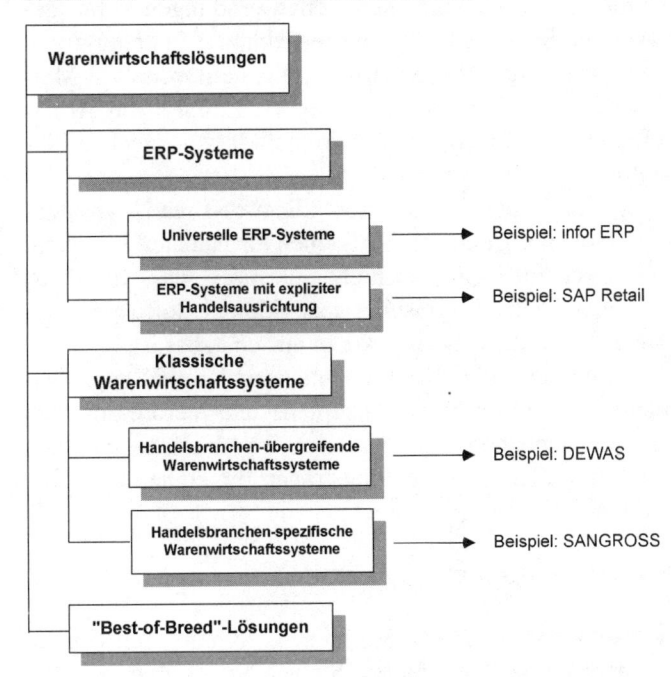

Abb. 2: Software-technische Ansätze für WWS-Lösungen

---

[5] Beim „Best-of-Breed"-Ansatz wird für die einzelnen Teilfunktionen jeweils das beste auf dem Markt erhältliche Produkt gewählt, so dass sich die Gesamtanwendung aus verschiedenen getrennt entwickelten Teilanwendungen zusammensetzt.

4.1 „Best-of-Breed"-Lösung

In der Reinform des „Best-of-Breed"-Ansatzes wird die warenwirtschaftliche Gesamtlösung durch eine Vielzahl einzelner Teilapplikationen, die projektindividuell zusammengefügt werden, realisiert. Der Vorteil dieses Ansatzes liegt darin, dass für die einzelnen funktionalen Teilbereiche jeweils die beste am Markt verfügbare Software ausgewählt werden kann. Nachteile treten in Form diverser Schnittstellenprobleme, heterogener Benutzeroberflächen und einer oftmals nicht integrierten, redundanten Datenhaltung auf.

In einer abgeschwächten Form dieses Ansatzes nimmt ein Anbieter die Zusammenstellung von seiner Meinung nach führenden Teilanwendungen unterschiedlicher Softwareunternehmen für ein bestimmtes Szenario vor. Dem Anwender bleibt es dadurch erspart, die jeweils besten Teillösungen selbst zu ermitteln und diese individuell zu integrieren. Eine entsprechende Offenheit und Dokumentation der einzelnen Teilanwendungen vorausgesetzt, bieten diese Ansätze Spielraum für eine individuelle Erstellung von Zusatzfunktionen. So basiert das Warenwirtschaftssystem von Wal-Mart im Kern auf der Datenhaltungskomponente A-Series Library von Armature, während die eigentliche Anwendungsfunktionalität weitestgehend individuell ergänzt wurde.

Auch bei der abgeschwächten Form des „Best-of-Breed"-Ansatzes bleibt das Problem heterogener Benutzeroberflächen als Nachteil bestehen. Aus strategischer Sicht scheint es zudem nicht unkritisch, dass (indirekt) Abhängigkeiten von einer Vielzahl typischerweise kleiner Softwareunternehmen bestehen, deren Zukunftssicherheit kaum einschätzbar ist.

Während im anglo-amerikanischen Raum – insbesondere bei ganz großen Handelsunternehmen – eine größere Akzeptanz und Verbreitung des „Best-of-Breed"-Ansatzes gegeben ist, lässt sich im deutschsprachigen Raum eine klare Präferenz der Entscheidungsträger für einheitliche Gesamtlösungen feststellen.

4.2 Klassische Warenwirtschaftssysteme

Klassische Warenwirtschaftssysteme werden hier als rein auf den Handel zugeschnittene Branchenlösungen verstanden. Sie zeichnen sich durch eine weitgehende Berücksichtigung typischer Handelsspezifika (z. B. großes Artikel- und Mengenvolumen, komplexe Organisationsstrukturen etc.) aus. Idealtypisch unterstützen klassische Warenwirtschaftssysteme alle warenwirtschaftlichen Funktionsbereiche von Handelsunternehmen.

Weiter differenzieren lassen sich die am Markt angebotenen klassischen Warenwirtschaftssysteme in Handelsbranchen-übergreifende (d. h. weitestgehend Sortiments-unabhängige) und in stark Handelsbranchen-fokussierte (d. h. Sortiments-abhängige) Warenwirtschaftssysteme. Die Handelsbranchen-fokussierten Warenwirtschaftssysteme versprechen eine noch bessere Abdeckung von Branchenspezifika. Derartige Systeme sind vor allem für Handelsbranchen mit sehr spezifischen Anforderungen, z. B. den Reifenhandel, entwickelt worden.

Die am Markt als Warenwirtschaftssystem angebotenen Softwareprodukte decken allerdings nicht zwingend sämtliche Aufgabenbereiche vollständig ab. Einerseits gibt es für verschiedene warenwirtschaftliche Aufgaben (z. B. Disposition und Lagerverwaltung) spezialisierte Zusatzsysteme, die parallel zu einem Warenwirtschaftssystem eingesetzt und über Datenschnittstellen mit diesem verbunden werden können.

Andererseits sind häufig die abrechnungsbezogenen Aufgaben der Kreditoren- und der Debitorenbuchhaltung nicht dem standardisierten Warenwirtschaftssystem, sondern speziellen Finanzbuchhaltungssystemen zugeordnet. Auch die Personalverwaltung und -abrechnung wird von klassischen Warenwirtschaftssystemen typischerweise nicht unterstützt, so dass in diesen Fällen neben dem zentralen Warenwirtschaftssystem weitere Zusatzsysteme eingesetzt werden.

4.3 ERP-Systeme

ERP-Systeme (Enterprise-Resource-Planning-Systeme) stellen integrierte betriebswirtschaftliche Softwaresysteme dar, die die Unterstützung sämtlicher Aufgaben eines Unternehmens in einem System anstreben.[6] ERP-Systeme sind aufgrund des funktionalen Umfangs und der intendierten Einsatzbreite umfangreicher als reine Warenwirtschaftssysteme, da sie neben den operativen Prozessen auch zumindest die Bereiche Finanzen und Personalwesen sowie Funktionen zur Unternehmensplanung abdecken.

Basierend auf umfangreichen Möglichkeiten zur Anpassung (Customizing) erheben ERP-Systeme den Anspruch, branchenübergreifend einsetzbar zu sein. Diese Universalität von ERP-Systemen geht zwangsläufig einher mit der fehlenden Berücksichtigung detaillierter branchenspezifischer Anforderungen, so auch ausgefallener Handelsspezifika. Marktführende Anbieter von ERP-Systemen versuchen diese Problematik durch branchenbezogene Zusatzmodule zu mindern.

Diese unterschiedliche Ausrichtung und Philosophie führt dazu, dass sich ERP-Systeme und klassische Warenwirtschaftssysteme in ihren Stärken/Schwächen-Profilen signifikant unterscheiden. ERP-Systeme zeichnen

---

[6] Zur Charakterisierung von ERP-Systemen vgl. auch Beitrag I sowie Schütte, Vering (2004), S. 24 ff.

sich eher durch eine technologische Führerschaft aus, während klassische Warenwirtschaftssysteme eher eine umfassende Abdeckung der Branchenanforderungen und eine in Hinblick auf Ergonomie- und Effizienzgesichtspunkte überlegene Systemgestaltung und Bedienung bieten. Damit dominieren sie die ERP-Systeme vielfach aus funktionaler und ergonomischer Sicht, während aus strategischer Sicht den ERP-Systemen eine Führungsposition zugeschrieben wird.[7] In Softwareauswahlprojekten bietet es sich daher in der Regel an, Vertreter beider software-technischer Lösungsansätze (ERP-System und klassisches Warenwirtschaftssystem) zu berücksichtigen und die jeweiligen Vor- und Nachteile detailliert zu erheben.

5 Marktentwicklungen Warenwirtschaftslösungen

Der Markt für Warenwirtschaftslösungen ist ebenso wie der gesamte Markt für betriebswirtschaftliche Anwendungslösungen in den letzten Jahren von einer erheblichen Dynamik gekennzeichnet: Bestehende Lösungen wurden technologisch und funktional grundlegend weiterentwickelt, diverse Systeme bzw. Anbieter sind aus verschiedensten Gründen nicht mehr am Markt präsent und einige wenige Systeme bzw. Anbieter sind neu hinzugekommen.

Betrachtet man diese Marktentwicklungen im Detail, so lassen sich insbesondere die nachfolgenden Faktoren identifizieren:

1.) Ausscheiden von Anbietern
Die nach dem Jahrtausendwechsel eingetretene Abschwächung im IT-Sektor und insbesondere im Neugeschäft mit betrieblichen Anwendungssystemen hat bei einer Reihe von Anbietern standardisierter Warenwirtschaftssysteme zu wirtschaftlichen Problemen bis hin zur Insolvenz geführt.

Dabei ist die mittel- und langfristige Wartung und Weiterentwicklung der Standardsoftware die wesentliche Voraussetzung, damit die Vorteile von Standardsoftware erschlossen werden können. Das hier aufgezeigte Risiko, dass Anbieter – gerade in schwächeren Marktphasen – in ihrer Existenz bedroht sind bzw. vom Markt ausscheiden, verdeutlicht die Wichtigkeit des Kriteriums „Zukunftssicherheit" bei Softwareauswahl und -bewertung.

---

[7] Eine generelle Bewertung der Vorteilhaftigkeit des einen bzw. anderen Ansatzes ist nicht ohne Berücksichtigung des jeweiligen Einsatzszenarios und keinesfalls losgelöst von der Betrachtung konkreter Softwareprodukte möglich. Gerade für mittelständische Unternehmen kommen grundsätzlich beide technologischen Realisierungskonzepte in Betracht, so dass Vertreter beider Ansätze bei der Softwareauswahl Berücksichtigung finden sollten.

2.) Kooperation mit führenden WWS- / ERP-Anbietern

Für mittelständische Softwarehäuser mit vergleichsweise niedrigen Installationszahlen ist es – gerade bei geringem Neukundengeschäft – kaum wirtschaftlich möglich, langjährig gewachsene Speziallösungen auf eine moderne Softwarearchitektur und -technologie umzustellen.[8] Allein für die Abdeckung der Basisfunktionen, die in allen führenden Warenwirtschaftssystemen in ähnlicher Weise zur Verfügung stehen, ist ein Entwicklungsaufwand in signifikanter Mannjahreshöhe einzuplanen. Da diese Kosten letztendlich nur auf wenige Installationen umgelegt werden können, sind kaum konkurrenzfähige Preise möglich.

Ein Ansatz dieses Problemszenario zu umgehen und basierend auf einer marktführenden ausgereiften „Basislösung" den Fokus auf das oftmals langjährig erworbene Branchen-Know-How zu legen, zeigt sich in vielfältigen Vertriebs- und/oder Entwicklungspartnerschaften kleinerer Systemhäuser mit marktführenden ERP-/WWS-Anbietern. Auf der anderen Seiten wird eine enge Kooperation mit spezialisierten Systemhäusern auch seitens der ERP-Anbieter gefördert, da so auf einfache Weise Branchen-Know-How aufgebaut und Zugang zu einer Branche und einem etablierten Kundenstamm geschaffen werden kann. Als Beispiel hierfür kann die Übernahme des auf Lösungen für den Getränkehandel und die Getränkeindustrie spezialisierten Anbieters COPA GmbH aus Wesel durch die SAP Systems Integration AG gesehen werden.[9]

Die Bandbreite der Ausgestaltung der Kooperation reicht von der vollständigen Einstellung des Vertriebs der Eigenlösung bis zum (übergangsweisen) Parallelvertrieb mehrerer Systeme.

Einige Systemhäuser nutzen ihr Branchen-Know-How auch um parallel zur ihrer erfolgreichen Eigenlösungen eine SAP- oder Microsoft-Branchenlösung anzubieten. Ein Beispiel hierfür ist die Command AG, Ettlingen, die neben dem etablierten Eigenprodukt *Business Solution oxaion* (ehemals FRIDA) parallel mit TRADE*sprint* eine auf mySAP basierende Branchenlösung für den (technisch geprägten) Großhandel entwickelt hat.

---

8 Grundsätzlich ist nicht zwingend die neueste Softwaretechnologie und -architektur erforderlich, um eine Lösung effizient einsetzen zu können. So gibt es durchaus Einsatzszenarien in denen zeichenorientierte Oberflächen keinen Nachteil darstellen. Allerdings lassen sich derartige Lösungen im Neukundengeschäft kaum erfolgreich vermarkten.

9 Neben der langjährig entwickelten Eigenlösung COPA wurde von COPA auch die in Zusammenarbeit mit der SAP erstellten SAP-Branchenlösung Getränke vertrieben. Vgl. hierzu auch www.copa.de. Zum 1.7.2003 wurde die COPA GmbH in die SAP Systems Integration AG (SAP SI) integriert, welche sich mit der Lösung SAP Beverage nun als IT-Komplettanbieter für die Getränkeindustrie positioniert und die Altanwender bei der Migration von der COPA-Lösung zu SAP Beverage unterstützt („Mit unserer Unterstützung [...] migrieren Sie von der COPA-Lösung zu SAP Beverage", vgl. SAP SI (2003)).

3.) Neue ERP-Lösungen
Wenngleich der Gesamtmarkt durch eine Konsolidierung der Anbieter und der Systemlösungen gekennzeichnet war, sind in den letzten Jahren dennoch Anbieter mit komplett neuen Lösungen angetreten. Diese Lösungen zeichnen sich i. d. R. durch eine moderne Systemarchitektur und -technologie (flexible Masken, ergonomische Oberflächen, XML, Outlook-/Office-Integration) aus. Oftmals besitzen sie allerdings noch nicht die Funktionstiefe wie sie langjährig etablierte Systeme bieten. Zu den von der Funktionstiefe und -breite umfassendsten neuentwickelten Systemen der letzten Jahre gehören *Semiramis* der SoftM Semiramis GmbH & Co KG, Hannover, *Greenax* der Bison Group, Sursee (CH), *ebootis ERP* der ebootis ag (Essen) oder *NVinity* der Nissen&Velten Software GmbH, Stockach.

Abschließend seien noch einige exemplarische Umbenennungen und Übernahmen der letzten Jahre aufgelistet:
- Das System *FRIDA* der Command AG wurde im Rahmen eines grundlegenden Redesigns umbenannt in *Business Solution oxaion*.
- Das System *proGrosshandel* der Pascal Beratung GmbH wurde abgelöst durch das Nachfolgesystem NUCLEUS.
- Unter *Oracle Retail* wurde seinerzeit von Oracle in Deutschland die Retek-Lösung vermarktet. Retek ist nunmehr seit mehreren Jahren selbst auf dem deutschen Markt präsent und vertreibt seine Lösung direkt unter der Bezeichnung *Retek 10*. Oracle bietet hingegen mit der *E-Business Suite* eine eigenentwickelte Lösung an, welche auch Anforderungen des Handels abdeckt.
- Alle Rechte am System *FAMAC* sind mit der Übernahme von AC-Service an die Bäurer AG übergegangen. Trotz einer Vielzahl an Bestandskunden wird FAMAC nur noch eingeschränkt aktiv vermarktet. Das technologisch modernere System *b2 Handel* der Bäurer AG erscheint von der Positionierung her mittelfristig als Nachfolger. Das System FAMAC wurde daher in dieser Neuauflage durch b2 Handel ersetzt. Die bäurer AG wurde von Sage, Frankfurt übernommen; das Produkt b2 wird nun unter bäurer Trade von der Sage bäurer GmbH weiterentwickelt und vertrieben.
- Mit der Übernahme von Great Plains und der anschließenden Übernahme von Navision ist Microsoft mittlerweile zu einem der führenden Anbieter für betriebswirtschaftliche Anwendungssoftware bei mittelständischen Unternehmen aufgestiegen und hat insbesondere bei den Navision-Produkten einen erheblichen Kundenstamm übernommen. Die un-

terschiedlichen Lösungen werden parallel weiterentwickelt und aktiv vertrieben. Die beiden zentralen Lösungen für den Handelsbereich sind:
- Microsoft Dynamics NAV (zuvor: Microsoft Business Solutions – Navision; davor: Navision Attain)
- Microsoft Dynamics AX (zuvor: Microsoft Business Solutions – Axapta; davor: Navision Axapta)
- *Armature* hat nach mehreren Jahren Präsenz die deutsche Niederlassung aufgelöst. Mitte 2002 wurde die Armature-Lösung von *Lawson Software* übernommen und in die Lawson Solutions for Retail integriert, welche nunmehr international als *Lawson Merchandising Suite* vertrieben werden. Ebenfalls von Lawson übernommen wurde Intentia mit deren führender WWS-Lösung Movex.
- Im Frühjahr 2006 haben die *Bison Group, Sursee (CH)*, und die *SoftM Software und Beratung AG, München,* eine Kooperation zur Weiterentwicklung und Vermarktung von *Greenax* vereinbart.
- Im Herbst 2006 wurde die *Semiramis Software AG, Hannover,* mit dem zentralen Produkt *Semiramis* von der *SoftM Software und Beratung AG, München,* übernommen. Das Produkt *Semiramis* weiterhin, nun von der *SoftM Semiramis GmbH & Co. KG, Hannover,* weiterentwickelt und vertrieben.

Alle diese Trends und Beispiele verdeutlichen, dass der Analyse der Marktposition des Anbieters und des Lebenszyklus des Produkts eine zentrale Rolle zu kommen. Eine Standardsoftware kann ihre Vorteile nur erbringen, wenn sie tatsächlich über lange Zeit weiter entwickelt wird und entsprechender Support durch den Anbieter/ Realisierungspartner zur Verfügung steht. Die vielfach vertretende Grundannahme, dass dies gerade bei den größeren Anbietern der Fall ist, ist sicherlich nicht uneingeschränkt zu folgen. Wesentlicher als die reine Größe sind die Marktpositionierung des Anbieters und insbesondere des Produkts. Indikatoren für letzteres können u. a. die Anzahl an Kundeninstallationen und die Anzahl jährliche Neukundenabschlüsse sein (Wobei dies bei sehr jungen Produkten nur eingeschränkt hilft; hier ist eine Beurteilung der Softwaretechnologie, der bereits gegebenen Funktionalität und letztendlich der künftigen Marktchancen von zentraler Bedeutung.). So haben auch verschiedene Übernahmen der Vergangenheit gezeigt, dass wettbewerbsfähige Lösungen (idealerweise in einer frühen Phase ihres Lebenszyklus) auch zu einem zentralen Produkt im Produktportfolio des übernehmenden Unternehmens werden können.

6 Übersicht führender WWS-Lösungen

Um einen ersten Eindruck der Vielfalt der am Markt verfügbaren standardisierten Warenwirtschaftslösungen geben zu können, sind in der nachfolgenden Tabelle Lösungen mit Angaben zum Anbieter, zur Systemart (spezielle WWS-Lösung vs. universelle ERP-Lösung), zur Handelsstufe (Einzelhandel, Großhandel, mehrstufiger Handel), zur Flexibilität hinsichtlich der Abbildung von komplexen Unternehmensstrukturen und der Fokussierung auf bestimmte Unternehmensgrößen wiedergegeben.[10]

Tabelle 1: Übersicht führender WWS-Lösungen (Auswahl)

#	System	Anbieter	Handel / Universell	Handelsstufe EH	GH	EH/GH	Organisationsstrukturen Differenzierte Strukturen	Zentraleinkauf & Filialstrukturen	Firmenübergreifende Prozesse	Unternehmensgröße klein	mittel	groß
1	abas-Business-Software	ABAS Software AG, Karlsruhe	U		●		●	●	●	●	●	●
2	alphaplan	CVS Ingenieurgesellschaft, Bremen	U	●	●		○	●	○	●	●	
3	bäurertrade	Sage bäurer GmbH, VS-Villingen	H	●	●	●	●	●		●	●	
4	Canias	IAS	U	●	●		●	○	●	●	●	
5	Classic Line	Sage Software GmbH & Co KG, Frankfurt	U				○	○	○	●		
6	Compex Commerce	Compex Systemhaus GmbH, Heidelberg	H	●	●	●	●	●	●		●	●
7	Corporate WINLine	Mesonic Software GmbH, Scheeßel	U	●	●		○	●	○	●	●	
8	e.bootis ERP II	e.bootis ag, Essen	U	●	●		●	●	●	●	●	
9	Formica SQL PPS/WWS	blp Software GmbH, Esslingen	U		●		○	○	○	●		
10	FuturERS	Futura Retail Solutions AG, Stelle/Hamburg	H	●	●	●	●	●	●	●	●	
11	Greenax	Bison Group, Sursee (CH)	H	●	●	●	●	●		●	●	●
12	i/2	Polynorm Software AG, Glattbrügg (CH)	H	●	●	●	○	○	○	●	●	

---

10 Für einen detaillierten Überblick typischer funktionaler, struktureller und technologischer Anforderungen an Warenwirtschaftssysteme und deren Erfüllung durch 64 führende WWS-Lösungen vgl. Schütte, Vering (2004).

II Marktübersicht WWS

			Handelsstufe			Organisationsstrukturen			Unternehmensgröße		
System	Anbieter	Handel / Universel	EH	GH	EH/GH	Differenzierte Strukturen	Zentraleinkauf & Filialstrukturen	Firmenübergreifende Prozesse	klein	mittel	groß
13 IFS Applications	IFS Deutschland GmbH & Co. KG	U	●			●	●	●	●	●	●
14 JD Edwards Enterprise One	Oracle Deutschland GmbH, München	U	●			●	●	●	●	●	●
15 Microsoft Dynamics AX (ehemals Axapta)	Microsoft Deutschland GmbH, Unterschleißheim	U	●	●	●	●	●	●	●	●	●
16 Microsoft Dynamics NAV (ehemals Navision)	Microsoft Deutschland GmbH, Unterschleißheim	U	●	●	●	●	●	●	●	●	
17 Maintain / S3-Staff, Source, Serve	Lawson Software Deutschland GmbH, Hilden	U	●	●		●	●	○		●	●
18 SAP for Retail	SAP Deutschland AG & Co. KG, Walldorf	U	●	●		●	●	●	●	●	●
19 NVinity	Nissen & Velten Software GmbH, Stockach	U	●	●		●	●	●	●	●	●
20 OfficeLine	Sage Software GmbH & Co KG, Frankfurt	H	●			○	○	○	●	●	
21 OpaccOne	Opacc Software AG, Kriens (CH)	H	●			●	●	○	●	●	
22 Business Solution oxaion	Oxaion AG, Ettlingen	U	●	●	●	●	●	●	●	●	
23 P2plus	AP Automation + Productivity AG, Karlsruhe	U	●	●	●	●	●	●	●	●	
24 Pollex LC	Pollex-LC Software GmbH, Kematen (A)	H	●		●	○	●	○	●	●	
25 Sangross V	SHD Holding GmbH, Andernach	H	●			●	○	●	●	●	
26 Semiramis	SoftM Semiramis GmbH & Co. KG, Hannover	U	●			●	●	●	●	●	
27 SO: Business Software	Godesys GmbH, Mainz	U	●	●		●	●		●		
28 SoftMSuite	SoftM Software und Beratung AG, München	U	●			●	●	●	●	●	
29 SQL-Business	Nissen & Velten Software GmbH, Stockach	U	●	●		○	●	○	●	●	
30 infor ERP	infor Deutschland AG, Friedrichsthal	U	●	●		●	●	●		●	●
31 Steps Business Solution	Step Ahead AG, Germering	U	●	●	●	○	○	○	●	●	
32 Unitrade	SE Padersoft Software GmbH & Co. KG, Paderborn	H	●	●	●	●	●	○	●	●	
33 Wilken Materialwirtschaft	Wilken GmbH, Ulm	H	●			●	○	○		●	
34 x-trade	maxess systemhaus gmbh	H	●	●	●	●	●	●	●	●	

7 Vertikalisierte Branchenlösungen

Gerade im Umfeld von Microsoft und SAP gibt es – unterstützt durch die jeweiligen Vertriebskonzepte über vielfach auf bestimmte Branchen spezialisierte Partnerunternehmen – einen klaren Trend zur Bildung unterschiedlichster branchen-orientierter Spezialausrichtungen der Basislösung (so genannter Verticals).

Microsoft Dynamics NAV ist speziell auf ein Partnerkonzept mit spezialisierten Branchenlösungen ausgerichtet. In der Basislösung wurde weitgehend auf die Realisierung branchenspezifischer Anforderungen verzichtet und stattdessen in der Konzeption des Systems ein Fokus auf eine leichte und effiziente Anpassbarkeit und Erweiterbarkeit gelegt. Hierauf bauen diverse Microsoft-Partner-Lösungen auf, die sich speziell auf die Entwicklung und Vermarktung von vertikalen Lösungen konzentrieren.[11]

Speziell auf mittelständische Unternehmen ausgerichtet bieten zahlreiche Partnerunternehmen der SAP AG *mySAP All-in-One Branchenlösungen* an, welche eine deutliche Reduktion des Einführungs- und Customizingaufwands versprechen. In diesen Branchenlösungen sind einerseits erforderliche Branchenspezifika zusätzlich realisiert; andererseits ist das System i. d. R. bereits weitestgehend voreingestellt, so dass es ohne großen individuellen Customizingaufwand eingesetzt werden kann.

Tabelle 2: Auswahl exemplarischer SAP-Partnerlösungen für den technisch-geprägten Großhandel

Produkt	Anbieter	Partnerlevel	Ausrichtung	Anzahl Kunden
it.trade	Itelligence AG	SAP Gold-Partner	Großhandel, Technischer Handel	39
FIS/wws	FIS Informationssysteme und Consulting GmbH	SAP Silver-Partner	Großhandel, Technischer Handel	k. A.
TRADEsprint	cormeta ag	SAP Gold-Partner	Großhandel, Technischer Handel	16
...	...	...	...	...

Für mittlere und kleinere Unternehmen bietet sich hiermit die Möglichkeit, SAP einzuführen, ohne individuell ein komplettes Customizing durchfüh-

---

[11] Für eine Übersicht handelsbezogener Branchen-/ Partnerlösungen im Microsoft-Umfeld vgl. Schütte, Vering (2004), Abschnitt 4.3.

ren zu müssen.[12] Zudem ist durch die Branchenspezialisierung der Partner eine entsprechend hohe Branchenkompetenz zu erwarten. Tabelle 2 zeigt eine Auswahl derartiger Branchenlösungen für den technisch geprägten Großhandel.

Für eine umfassende und detaillierte Darstellung der verschiedenen SAP-Partner und ihrer Lösungen (nicht nur bezogen auf den Handel) ist das Sonderheft des is report „Business Guide SAP-Partner" zu empfehlen. Dort werden knapp 100 Partner/ Lösungen mit detaillierten Angaben vorgestellt.[13]

Auch zu Semiramis sind in letzter Zeit bereits von Vertriebspartnern spezielle Branchenlösungen vorgestellt worden, u. a. für den Textilhandel/-industrie (ImPuls AG Krefeld) und für den filialisierenden Großhandel, für Automobilzulieferer und für die Nahrungsmittel-/Getränkeindustrie (jeweils SteinhilberSchwehr AG, Rottweil).

Derartige Verticals bieten grundsätzlich den Vorteil einer verbesserten Abdeckung der Branchenspezifika und versprechen damit reduzierte Einführungs- und Customizingkosten. Als potenzielle Nachteile sind die zusätzliche Abhängigkeit vom Ersteller der Branchenlösung und erweiterte Softwarelizenzkosten zu sehen. Kritisch zu prüfen ist damit auch nicht nur die Marktposition und Zukunftssicherheit des Softwareherstellers, sondern ebenso auch die Marktposition und Zukunftssicherheit des Erstellers der Branchenlösung. Da die Softwarehersteller in der Regel keine Exklusivität bezüglich einer Branche für einen Partner zusichern, gibt es vielfach sogar konkurrierende Branchenlösungen eines Basisprodukts. Es ist insofern mittlerweile erforderlich, sich mit dieser Problematik auch explizit im Softwareauswahlprozess zu beschäftigen. Es geht vielfach nicht mehr „nur" um die Auswahl der passenden Basislösung, sondern auch um die Auswahl der passenden dazu gehörenden Branchenlösung.[14]

8 Fazit

Der Markt für Warenwirtschaftslösungen ist geprägt durch eine Vielzahl unterschiedlicher Standardlösungen, die sich teilweise deutlich in Bezug auf Lösungskonzepte, Branchenausrichtung, Systemtechnik, strukturelle Mächtigkeit, Flexibilität und nicht zuletzt (Branchen-)Funktionalität unter-

---

[12] Für eine Übersicht handelsbezogener Branchen-/ Partnerlösungen im SAP-Umfeld vgl. Schütte, Vering (2004), Abschnitt 4.2.
[13] Vgl. Köthner, Sontow (2007).
[14] Die Problematik wird auch im Vorgehensmodell zur WWS-Auswahl in Beitrag IV thematisiert.

scheiden. Die Basisfunktionen ist heute bei allen führenden Lösungen durchaus als gut bis sehr gut zu bezeichnen, trotzdem gibt es aufgrund der Branchen- und auch der Unternehmensspezifika kaum ein größeres Handelsprojekt, das ohne projektbezogene Erweiterungen/ Anpassungen an der Software auskommt.

Durch die Vielzahl und Heterogenität der am Markt verfügbaren Lösungen ist davon auszugehen, dass potenziell für (fast) alle Handelsbranchen und Handelsunternehmen gut geeignete Lösungen verfügbar sind, die Herausforderung ist jedoch, diese zu identifizieren.

Es ist davon auszugehen, dass die deutliche Konsolidierung des Marktes weitergehen wird, so dass ein besonderer Fokus auf die Marktpositionierung des Anbieters und die künftigen Marktchancen der jeweiligen Lösungen zu legen ist.

Wenngleich die angebotenen Lösungen heute insgesamt einen qualitativen Stand erreicht haben, wie vielleicht nie zuvor, bleibt die Grundwahrheit, dass nicht jede Lösung für jedes Umfeld und Einsatz-Szenario geeignet ist. Die Entscheidung zwischen Individualsoftware und Standardsoftware ist zwar i. d. R. nicht mehr erforderlich, aber die Entscheidung zur Auswahl einer warenwirtschaftlichen Standardsoftware ist (nicht zuletzt auch durch die hinzugekommene Auswahlproblematik der passenden Branchenlösung) nicht einfacher geworden.

9 Literatur

Becker, J.; Uhr, W.; Vering, O.: Integrierte Informationssysteme in Handelsunternehmen auf der Basis von SAP-Systemen; Springer Verlag; Berlin u. a 2000.

Hertel, J.: Warenwirtschaftssysteme. 3. Aufl., Heidelberg 1999.

Köthner, D., Sontow, K.: is report Sonderausgabe Business Guide SAP-Partner, München März 2007.

SAP SI: Getränkeindustrie – Der richtige Mix für sprudelnde Geschäfte. SAP Systems Integration AG, http://www.sap-si.com/de/services/ industry/ beverage/, Download: 15.11.2003.

Schütte, R.; Vering, O.: Erfolgreiche Geschäftsprozesse durch standardisierte Warenwirtschaftssysteme. 2. Aufl., Berlin et al. 2004.

Vering, O.; Weidenhaun, J.: Marktspiegel Business Software - Warenwirtschaft 2007/2008. Aachen 2007. (in Vorbereitung)

III Softwarequalität als Auswahlmerkmal: eine empirische Untersuchung

Axel Winkelmann, ERCIS

Ralf Knackstedt, ERCIS

Oliver Vering, Prof. Becker GmbH

1 Softwarequalität als Anforderung bei der Softwareauswahl

1.1 Zufriedenheit der Anwender mit moderner Unternehmenssoftware

Die jährliche ERP-Zufriedenheitsstudie zeigt, dass die Anwender im Allgemeinen zufrieden mit der von ihnen eingesetzten Unternehmenssoftware sind. Die richtige Auswahl eines funktional geeigneten Systems bietet den Anwender in der operativen Arbeit hohen Nutzen. Vor allem kleinere Systeme weisen laut Studie zufriedenere Anwender auf, da sie über geringere Komplexität verfügen und oft auch über Kunden mit vergleichsweise bescheidenen Anforderungen. Aktuelle Architekturen und intensive Kundenpflege bescheinigen den „Kleinen" gegenüber zahlreichen „Großen" Vorteile.

Allerdings zeigt die aktuelle ERP-Z-Studie trotz funktionaler Zufriedenheit auch Qualitätsprobleme der Softwarehersteller auf (vgl. Abb. 1). Schnittstellen, Datenpflege, Flexibilität und Anpassbarkeit geben die Anwender als dringlichste Probleme beim Softwareeinsatz an. Häufig wird von den Marketingabteilungen der Hersteller vergessen, dass Flexibilität nicht nur eine funktionale Eigenschaft von Anwendungssoftware ist, sondern zusätzlich auch technische Aspekte wie die Softwarearchitektur beinhaltet.[1]

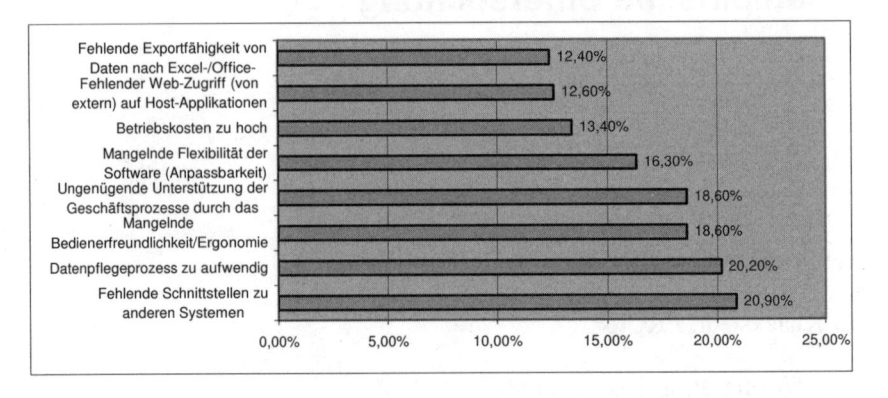

Qualitätsproblem	%
Fehlende Exportfähigkeit von Daten nach Excel-/Office-	12,40%
Fehlender Web-Zugriff (von extern) auf Host-Applikationen	12,60%
Betriebskosten zu hoch	13,40%
Mangelnde Flexibilität der Software (Anpassbarkeit)	16,30%
Ungenügende Unterstützung der Geschäftsprozesse durch das	18,60%
Mangelnde Bedienerfreundlichkeit/Ergonomie	18,60%
Datenpflegeprozess zu aufwendig	20,20%
Fehlende Schnittstellen zu anderen Systemen	20,90%

Abb. 1: Die dringendsten Qualitätsprobleme aus Sicht der Anwender[2]

Vor diesem Hintergrund wurden im Sommer 2006 am European Research Center for Information Systems rund 30 ERP-/WWS-Hersteller zu Aspekten der Softwarequalität und den Problemen mit ihrer Software befragt. Die Ergebnisse, die im Folgenden verkürzt wiedergegeben werden sollen, zeichnen insgesamt ein positives Bild von der Qualität moderner Unternehmenssoftware. Allerdings zeigen sie auch auf, wie schwierig die Entwicklung von komplexer Software ist und dass eine Eigenentwicklung bei der funktionalen und technologischen Ausgereiftheit der Standardsysteme heutzutage ein sehr gewagtes Unterfangen ist.

1.2 Qualitätsmodelle zur Messung von Softwarequalität

Kunde und Software-Entwicklung stellen hohe Ansprüche an eine Standardsoftware. Der Kunde benötigt eine fehlerfreie, entsprechend seiner Vorstellung funktionierende Software, der Entwickler will hingegen die Vorstellungen des Kunden mit möglichst geringem Aufwand umsetzen. Dabei gestaltet sich die Softwareentwicklung als schwierig, da Kundenwünsche umfangreich und durchaus unterschiedlich sind und viele Personen an der Entwicklung beteiligt sind. Eine qualitativ hochwertige Software lässt sich daher nur mit Hilfe eines strukturierten Softwareentwicklungsprozesses erstellen.

---

[1] Die Zufriedenheitsstudie wird seit 2003 als jährliche Studie von Trovarit AG und i2s-Consulting für D-A-CH herausgegeben. Die Studie kann für das jeweilige Land über http://www.erp-z.de bzw. http://www.erp-z.at bzw. http://www.erp-z.ch bezogen werden.
[2] ERP-Zufriedenheitsstudie Österreich (2006). N=484, Mehrfachnennungen möglich.

Zwar kann die Softwarequalität je nach Betrachter subjektiv unterschiedlich aufgefasst und verstanden werden, doch allgemeingültig lässt es sich als „die Gesamtheit der Merkmale und Merkmalswerte eines Software-Produkts, die sich auf dessen Eignung beziehen, festgelegte oder vorausgesetzte Erfordernisse zu erfüllen"[3] definieren.

Der ISO 9126-Standard beschreibt ein produktorientiertes Software-Qualitätsmodell, das sechs Qualitätsmerkmalen zur qualitativen Einordnung einer Software dienen kann (vgl. Abb. 2):

- *Funktionalität*
  Sind die Funktionen den Anforderungen entsprechend vorhanden?
- *Zuverlässigkeit*
  Wie zuverlässig ist die Software? Kann die Software unter bestimmten Bedingungen das Leistungsniveau aufrecht erhalten?
- *Benutzbarkeit*
  Ist die Software leicht erlern- und bedienbar?
- *Effizienz*
  Wie ist das Verhältnis zwischen den verwendeten Betriebsmitteln und der Leistungsfähigkeit der Software?
- *Änderbarkeit*
  Wie leicht ist es, die Software zu warten oder zu verändern? Wie hoch ist der Aufwand?
- *Übertragbarkeit*
  Wie leicht ist es, die Software in eine andere Umgebung zu integrieren?

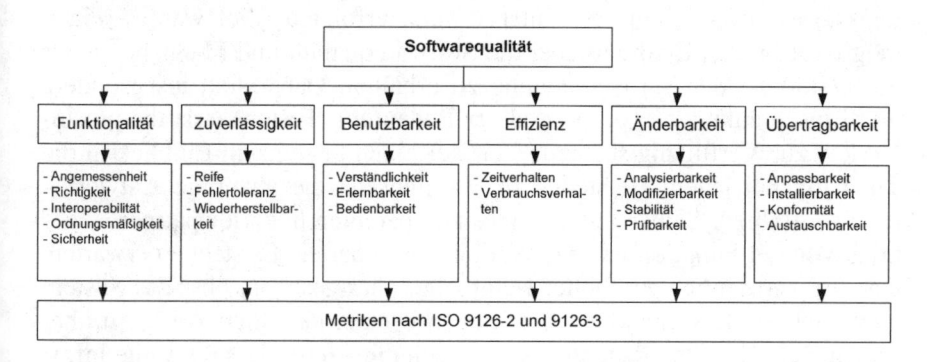

Softwarequalität					
Funktionalität	Zuverlässigkeit	Benutzbarkeit	Effizienz	Änderbarkeit	Übertragbarkeit
- Angemessenheit - Richtigkeit - Interoperabilität - Ordnungsmäßigkeit - Sicherheit	- Reife - Fehlertoleranz - Wiederherstellbarkeit	- Verständlichkeit - Erlernbarkeit - Bedienbarkeit	- Zeitverhalten - Verbrauchsverhalten	- Analysierbarkeit - Modifizierbarkeit - Stabilität - Prüfbarkeit	- Anpassbarkeit - Installierbarkeit - Konformität - Austauschbarkeit
Metriken nach ISO 9126-2 und 9126-3					

Abb. 2: Qualitätsmodell nach ISO 9126

Neben dem produktorientierten Qualitätsmanagement spielt vor allem das prozessorientierte Qualitätsmanagement eine wichtige Rolle bei der Softwareentwicklung, da es sich auf den eigentlichen Entwicklungsprozess der

---

[3] Balzert (1998), S. 256

Software bezieht. Eine besondere Rolle nimmt hierbei der Einsatz von Werkzeugen, Methoden, Richtlinien und Standards ein.

2 Software-Qualität bei WWS- und ERP-Systemen: Studienergebnisse

2.1 Methodik

Die Studie wurde auf Basis von explorativen Experteninterviews durchgeführt, die zur intensiven Auseinandersetzung mit dem Thema Softwarequalität bei Softwareherstellern im Warenwirtschaftsumfeld dienten.

Die Befragung orientierte sich an den Kriterien der ISO 9126, schränkte jedoch aus zeitlichen und qualitativen Aspekten den Fokus ein, da die Aspekte Funktionalität, Zuverlässigkeit, Bedienbarkeit und Effizienz im Regelfall nur vom einzelnen Kunden mit Bezug zu dem untersuchten System zu beantworten sind. Darüber hinaus stand zu erwarten, dass Antworten in diesem Bereich von Seiten der Hersteller zu subjektiv gefärbt sein würden. Daher wurde insbesondere nach dem Softwareentwicklungsprozess an sich, also der prozessorientierten Qualität, sowie der Änderbarkeit und Modifizierbarkeit der Software gefragt.

Hierzu wurden standardisierte Fragen auf Basis eines Gesprächsleitfadens gestellt, deren Beantwortung ungestützt, d. h. ohne Hinweis auf mögliche Antworten seitens des Interviewers, erfolgten. Ziel war es, einen möglichst breiten Eindruck über die Softwarequalität und Maßnahmen zur Sicherstellung der Softwarequalität zu erhalten. Dabei sind insbesondere drei Einschränkungen von besonderer Bedeutung. Erstens lässt die pro Interview zur Verfügung stehende Zeit nur einen begrenzten Einblick in die Thematik bei jedem Hersteller zu, zweitens ist die jeweilige Antwort – trotz sorgfältiger Sicherstellung eines kompetenten Interviewpartners – geprägt von der Funktion und Motivation des Experten. Es steht zu erwarten, dass ein vertrieblich geschulter Mitarbeiter eher geschönt über das System antworten wird, während ein Softwareentwickler detailliert Auskunft über seinen Bereich geben kann und wird. Auch die Angst, dass relevante Informationen in die Hände von Konkurrenten gelangen könnten, spielt sicherlich bei der einen oder anderen Auskunft eine Rolle. Zum Dritten bietet die qualitative, ungestützte Befragung zwar einerseits durch eine Vielzahl an möglichen Antworten vielfältige Informationen über die Thematik, behindert aber andererseits auch die Auswertung, da sich Antworten nicht ohne weiteres durch Zusammenzählen verdichten lassen.

Insgesamt wurden 96 Systemhersteller im Vorwege der Befragung mit der Bitte um Studien-Teilnahme und Nennung eines technisch leitenden Ansprechpartners via Email angeschrieben. Die Rücklaufquote betrug 32, wobei innerhalb des eng begrenzten Zeitraums insgesamt 27 Systemhersteller mit 28 Systemen für Experteninterviews zur Verfügung standen. Die zur Verfügung stehenden Ansprechpartner waren im Durchschnitt etwa 10 Jahre im Unternehmen tätig. Nur zwei der Ansprechpartner waren 1-2 Jahre im Unternehmen tätig. Der betriebs-älteste Interviewpartner konnte auf rund 25 Jahre im Unternehmen zurückblicken. Die Ansprechpartner stammten im Regelfall aus der Geschäfts- oder Entwicklungsleitung oder aus dem Produktmanagement mit technischem Hintergrund.

Die telefonische Befragung der im Vorwege informierten Experten fand in den Monaten Mai und Juni 2006 durch Interviewer des European Research Centers for Information Systems statt. Befragt wurde in Hinblick auf die führende Handels- bzw. WWS-Lösung, die durch das Unternehmen entwickelt wird.

2.2 Allgemeine Informationen zu den ausgewerteten Systemen

Die 28 Systeme werden überwiegend von mittelständischen Unternehmen entwickelt. Dieses spiegelt die derzeitige Struktur der Softwareindustrie in Bezug auf WWS- und ERP-Software in Deutschland, Österreich und der deutschsprachigen Schweiz sehr gut wider, da diese Märkte sehr stark von mittelständischen Lösungen geprägt sind. Die Ausrichtung der Systeme reicht von Lebensmitteleinzelhandelslösung über technischem Großhandel bis hin zu Anlagenbau und Fertigungsindustrie. Alle in der Befragung berücksichtigten Systeme erreichen das Kriterium „Standardsoftware", das bei mindestens 3-5 Gesamtinstallationen zu sehen ist. Durchschnittlich sind rund 350 Installationen pro System vom Hersteller zu betreuen, wobei die Spanne von 5 bis 1.700 Systemen reicht (vgl. Abb. 3).

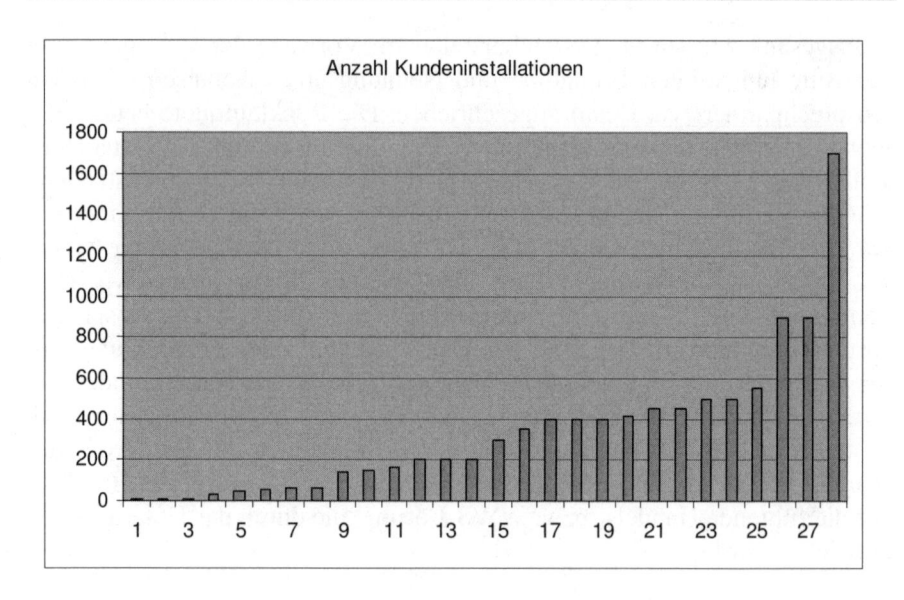

Abb. 3: Anzahl Kundeninstallationen der betrachteten Systeme

Die überwiegende Anzahl an Systemen wurde in diesem Jahrtausend entwickelt (43%), was auf moderne Softwarearchitekturen schließen lässt. Dies deckt sich insgesamt mit unserer Erkenntnis, dass aktuell kaum noch Systeme mit älteren Architekturen vertrieben werden bzw. diese zunehmend eingestellt oder durch Neuentwicklungen ersetzt werden. Nur sechs Systeme der befragten Hersteller sind in ihrer grundlegenden Architektur laut Herstellerangaben älter als 10 Jahre (vgl. Abb. 4).

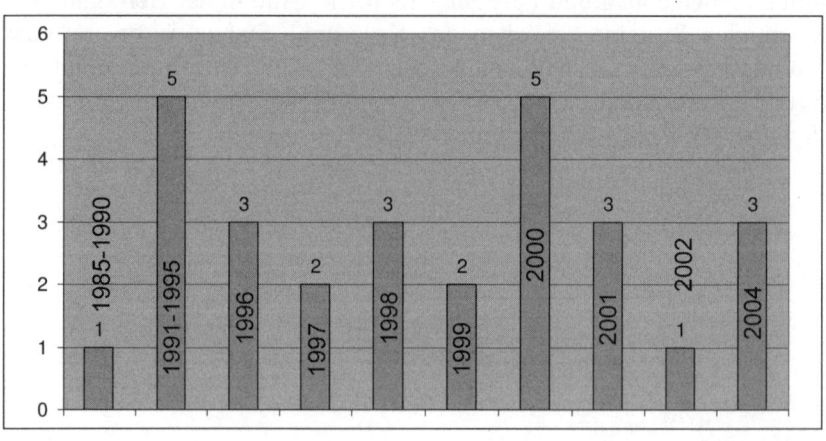

Abb. 4: Beginn der Entwicklung

Allgemein ist in Literatur und Unternehmenspraxis der Aufwand für die Entwicklung von Unternehmenssoftware konträr diskutiert. Nicht nur IT-fremde Personen, beispielsweise aus dem Management, neigen dazu, die Entwicklungsdauer zu unterschätzen. Auch Entwicklungsabteilungen verkennen häufig die Komplexität von Softwareentwicklungen, was sich auch in zahlreichen Kundenprojekten durch verzögerte Einführungen und verschobene Updatetermine bemerkbar macht. Problematisch ist dieses dadurch, dass sich die Softwareentwicklung durch weitere Entwicklungsressourcen nicht beliebig beschleunigen lässt. Der Output bei einer Verdopplung der Entwicklermannschaft ist leider nicht doppelt so hoch und ist im Gegenteil durch die Einarbeitung neuer Kollegen am Anfang häufig sogar kontraproduktiv. Dadurch lassen sich auch die Größenunterschiede in den Entwicklungsmannschaften erklären. Während einer der befragten Anbieter überwiegend allein (!) ein vielfach eingesetztes System entwickelt hat, können große Anbieter mit einer zwei- oder dreistelligen Anzahl an Entwicklern aufwarten.

Bei der Schätzung der in die Entwicklung eingeflossenen Entwicklermannjahre reichen die Angaben der befragten Unternehmen von 12 Mannjahren bis hin zu mehreren tausend Mannjahren für Großsysteme. Genauere Schätzungen machten 20 der 28 befragten Hersteller. Rund 3/4 dieser Systemhersteller gaben etwa 20 bis 150 Mannjahre für die Entwicklung ihrer derzeitigen Software an, einige sogar Entwicklermannjahre im deutlich drei- oder vierstelligen Bereich (vgl. Abb. 5).

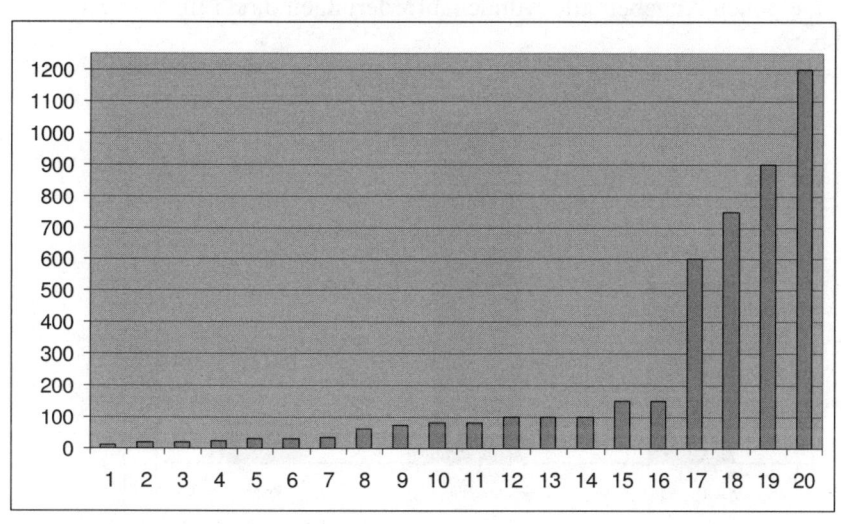

Abb. 5: Entwicklungsaufwand von 20 Systemen in Mannjahren

2.3 Änderbarkeit und Übertragbarkeit der Standardsoftware an Kundenbedürfnisse

Im Regelfall werden heute in den Anwenderunternehmen alte durch neue Systeme ersetzt, auch wenn gerade bei Kleinunternehmen integrierte Unternehmenssoftware erstmalig eingeführt wird. Es gilt, Altsysteme, die teilweise über Jahrzehnte (individuell) entwickelt wurden, abzulösen und effizientere Strukturen entlang der Möglichkeiten eines neuen Systems einzuführen.

Tendenziell lässt sich ein Trend zu Single-Source-Lösungen feststellen, bei dem Softwarehersteller aufgrund der Größe und Komplexität des Softwarecodes bemüht sind, Kundenanforderungen nicht in einem eigenen Branch des Codes umzusetzen, sondern diese unmittelbar in den Standard aufzunehmen. Der Vorteil für den Kunden liegt insbesondere in der verlässlichen Wartbarkeit des Systems bei Updates und Upgrades begründet. Nicht Kunde sondern Hersteller hat im Falle eines neuen Release dafür Sorge zu tragen, dass die durch Kundenanforderung in den Standard eingeflossene Funktionalität auch weiterhin reibungslos funktioniert.

Nur zwei der befragten Hersteller lehnen explizit eine unmittelbare Aufnahme von Kundenmodifikationen in den Standard ab, so dass die Kundenmodifikationen zunächst als individuelle Systemerweiterung realisiert werden müssen. 17 Hersteller bieten zumindest an, einige Kundenmodifikationen in den Standard mit aufzunehmen, und 9 Hersteller realisieren nach eigenen Angaben alle Kundenanforderungen direkt im Standard (vgl. Abb. 6).

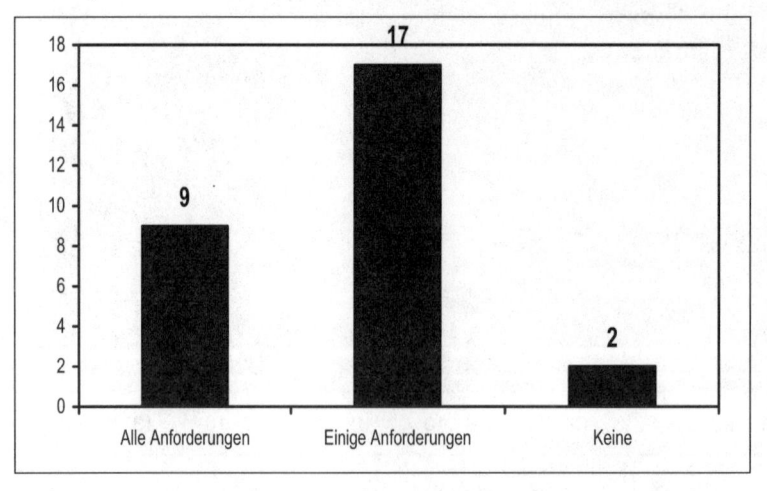

Abb. 6: Unmittelbare Übernahme von Kundenanforderungen in den Standard

Über 80 Prozent der Softwarehersteller bieten ihren Kunden die Möglichkeit eines Wartungsvertrags an, der auch das „Hochziehen" auf eine neue Version sowie entsprechende Patches beinhaltet (vgl. Abb. 7). Da dieses Hochziehen mitunter sehr komplex und somit risikoreich bzw. kostenintensiv sein kann, bietet sich für Anwender eine Möglichkeit, das Risiko über diese Vertragsoption abzusichern. Dennoch geben einige Hersteller an, dass zahlreiche Kunden die zusätzlichen Kosten für diese Vertragsoption scheuen.

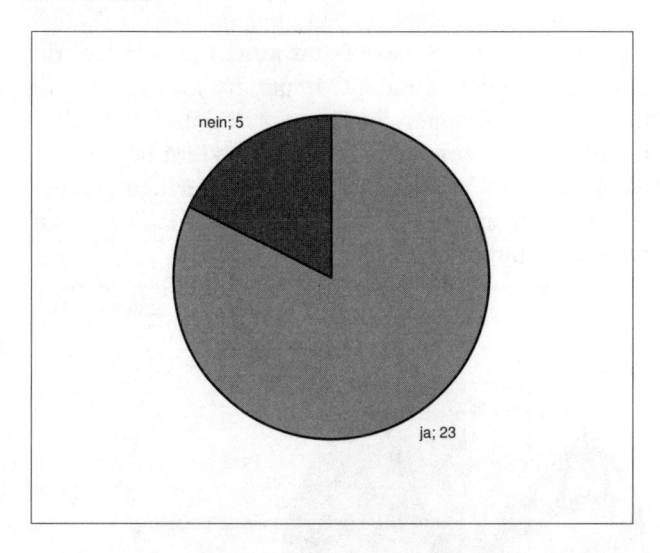

Abb. 7: Wartungsvertrag bietet auch Option „Hochziehen" auf neuen Releasestand

Insbesondere bei größeren Systemen können kundenindividuelle Änderungen direkt durch die Kunden oder Dritte vorgenommen werden. Hierzu bieten einige Hersteller an dafür vorgesehenen Stellen User Exits, mit deren Hilfe Anwender in der Lage sind, Funktionalität hinzuzufügen, ohne die Releasefähigkeit der Kundeninstallation zu gefährden.

Wenn Kunden oder Drittanbieter Änderungen an der Software, etwa durch funktionale Erweiterungen, vornehmen, ist es ggf. notwendig, dass der Hersteller von diesen Änderungen erfährt, um einerseits Anregungen der Kunden in die eigene Produktentwicklung aufzunehmen und andererseits die Entwicklungen des Kunden zu berücksichtigen, um auch seine Releasefähigkeit größtmöglich sicher zu stellen.

Einige Anbieter haben für das Ändern des Codes durch den Kunden Markierungen vorgesehen, die vom Kunden gesetzt und vor einem Update vom Softwarehersteller ausgelesen werden. Andere Anbieter bieten den

Kunden die Möglichkeit, eigene Bibliotheken hinzuzufügen. Die Kunden dürfen in diesen Fällen aber keine Änderungen am Standard vornehmen. Je nach Softwarearchitektur ist es laut einzelnen Anbietern teilweise auch möglich, die Darstellungsschicht zu bearbeiten, ohne den Hersteller informieren zu müssen oder die Releasefähigkeit zu gefährden. In einigen wenigen Fällen ist die Anpassung nicht möglich bzw. nur über das Softwarehaus selbst realisierbar.

Vor allem Anbieter, die nicht selbst implementieren, sondern dieses durch Vertragspartner durchführen lassen, haben sich informelle Kanäle etabliert, um über Veränderungen des Standards informiert zu werden. Ein Anbieter berichtete auch über eine Extranet-Community-Lösung, in der externe (Lizenz-)Partner ihre Erfahrungen im Customizing und der individuellen Anpassung hinterlegen können, so dass allen Beratern und vor allem den Softwareentwicklern eine Wissensplattform zur Verfügung steht. Abb. 8 listet auf, wie Softwarehersteller derzeit über Modifikationen von Kunden oder Drittanbietern erfahren.

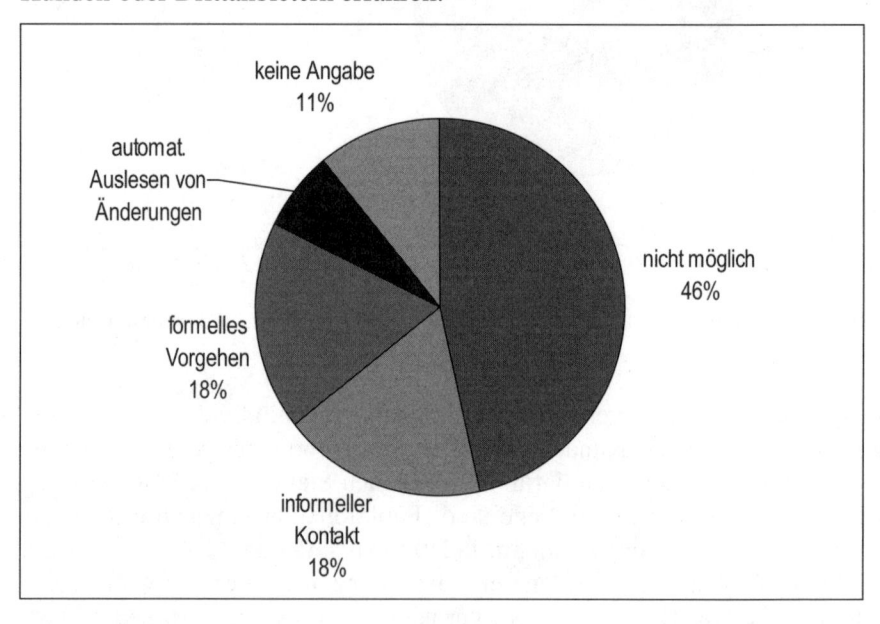

Abb. 8: Wie Softwarehersteller über Modifikationen durch Kunden oder Fremdanbieter erfahren

2.4 Dokumentation

Es gibt eine Reihe von Gründen, die zeigen, warum eine gute Dokumentation wichtig ist:

- *Strukturierungs- und Planungshilfe:*
  Dokumentationen vereinfachen und strukturieren den Prozess der Softwareentwicklung, vor allem können jedoch Erfahrungswerte aus den Dokumentationen vergangener Projekte gewonnen werden, und die Dokumentation des aktuellen Projektes wird den zukünftigen Projekten dienen.
- *Rechtliche Bestimmungen:*
  Der Gesetzgeber sieht mangelnde Dokumentation als Sachmangel an. Somit ist jeder Softwarehersteller verpflichtet eine ausreichende Dokumentation zu liefern. Bei komplexen Softwareprojekten wird die Dokumentation sogar als Hauptleistungspflicht eingestuft. Auch der Gesetzgeber fordert hier eine Art Benutzer-, System- und Projektdokumentation. Im Falle einer Insolvenz des Softwareherstellers oder sonstiger Unmöglichkeit der Weiterentwicklung des Systems hat der Kunde das Recht auf den Quellcode und eine Dokumentation des Entwicklungsprozesses. Im Grunde bleibt aber das Motto: „Wo kein Kläger, da kein Richter", es sollte aber nicht außer Acht gelassen werden, dass der Kunde einen rechtlichen Anspruch auf solche Dokumentationen hat.
- *Verkaufsförderung:*
  Eine gute Dokumentation kann auch ein Marketinginstrument sein, welches man nicht unterschätzen sollte. So vermittelt z. B. ein Benutzerhandbuch oftmals den ersten Eindruck eines Systems, den Anwender oder sogar Kaufentscheidungsträger des Kunden bekommen. Bei großen Standardsoftware-Systemen kann es durchaus vorkommen, dass die Benutzerdokumentation ihren Weg über Dritte zum potenziellen Kunden gefunden hat, bevor überhaupt ein Mitarbeiter des Softwarehauses Kontakt zu den Kunden hatte.
- *Wartung des Softwaresystems:*
  Unter Wartung eines Softwareproduktes wird die Nachbesserung und die Anpassung an neue Umgebungsbedingungen verstanden. Diese nimmt in der Regel einen großen Teil des Aufwandes des gesamten Projektes in Anspruch. Eine gute Dokumentation vereinfacht diese und senkt somit den Zeit- und Kostenaufwand der Wartung.

Für die (Weiter-)Entwicklung eines Softwaresystems ist daher eine ausreichende Systemdokumentation im Rahmen der Konzeption und Implementierung, eine Benutzerdokumentation sowie eine Projektdokumentation des individuellen Projektes zu erstellen.

Viele, aber nicht alle der befragten Anbieter geben an, mit Formalisierungen für die Entwicklung zu arbeiten, um die Konsistenzsicherung zu gewährleisten. Im einfachsten Fall handelt es sich um Testfälle, die bei einem neuen Release zu durchlaufen sind. Teilweise sind aufwendige Styleguides bei der Entwicklung zu beachten, die entweder vom Unternehmen selbst oder – bei Lizenzierung der Basissoftware von einem Großanbieter – von diesem vorgegeben werden. Rund 10% der Hersteller nannten explizit ein eigenes Framework oder entsprechende Templates, die die grafische Konsistenz der GUI sicherstellen. Nur ein Hersteller verwies bei der ungestützten Frage auf den internationalen Standard ISO 9241, der explizit Hilfestellung bei der Entwicklung der eigenen Softwareergonomie anbietet. Sie trifft u. a. bei der Definition der Benutzerschnittstelle Aussagen zur Aufgabenangemessenheit, Selbstbeschreibungsfähigkeit, Steuerbarkeit, Erwartungskonformität, Fehlertoleranz, Individualisierbarkeit und Lernförderlichkeit.

Erwartungsgemäß stellen alle befragten Hersteller ihren Kunden eine Dokumentation der Funktionalität in Form eines Benutzerhandbuchs zur Verfügung. Diese wird als gedruckte Version – oder aufgrund aktuellerer Informationen, niedrigeren Kosten und dauerhafter Verfügbarkeit – online bereitgehalten. Online-Dokumentationen finden sich als PDF-Handbücher, Turnkey-Help (zeigt aus dem Programm das gesamt Hilfesystem), Direkt-Hilfe oder eingebettete Hilfe. So genannte Hilfe-Agenten wie die Büroklammer in Microsoft-Office finden sich gelegentlich in den Softwaresystemen. Sie versuchen interaktiv, die Bedürfnisse des Benutzers zu antizipieren und eine kontextabhängige Hilfe anzubieten.

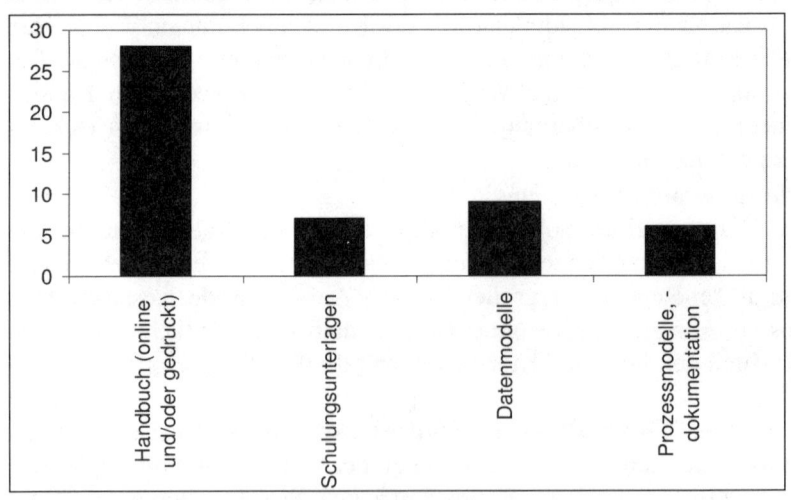

Abb. 9: Dokumentation der Softwarehersteller für ihre Kunden

Teilweise gehen die Hersteller dazu über, die Anleitungen nicht über die gesetzlichen Anforderungen hinaus mit auszuliefern, sondern die benötigte

Funktionsbeschreibung für den Anwender auf eigenen Servern in der jeweils benötigten Version anzubieten. Einige Hersteller bieten den Kunden direkt Schulungsunterlagen an, häufig werden diese jedoch erst mit Schulungsbedarf individuell für den Kunden zusammengestellt oder eine Schulung erfolgt interaktiv durch interne oder externe Consultants.

Nur rund ein Drittel der Anbieter liefert laut eigenen Angaben Datenmodelle an die Kunden aus, ein Fünftel auch Prozessmodelle (vgl. Abb. 9).

3 Fazit

Die von den Softwareherstellern genannten Entwicklungszeiten von bis zu mehreren hundert Mannjahren für Unternehmenssoftware zeigen deutlich die Komplexität heutiger Entwicklungsprojekte. Dabei werden zahlreiche betriebswirtschaftliche Anforderungen gestellt, die es apriori, d. h. vor dem Einsatz beim Kunden, zu implementieren gilt. Darüber hinaus müssen dem Kunden auch unterschiedliche Möglichkeiten der Geschäftsprozessgestaltung geboten werden, und es sind Schnittstellen zur individuellen Weiterentwicklung bzw. Ergänzung des Systems festzulegen. Viele Softwarehersteller kommen diesen Anforderungen bereits in vielfältiger Art und Weise nach, doch zeigt die Untersuchung auch, dass noch nicht alle Wünsche der Kunden erfüllt werden (können).

Auch die technischen Anforderungen sind durchaus hoch. Die Hersteller begegnen diesen mit modernen Architekturen und individuellen Programmierrichtlinien. Nur wenige der untersuchten Systeme waren älter als 10 Jahre. Der überwiegende Anteil wurde seit dem Ende der 90er-Jahre entwickelt und ist damit von der Architektur her auf einem relativ modernen Stand. Ein Hauptteil der betrachteten Systeme wird objektorientiert in Java oder C# bzw. dot-NET entwickelt, wobei Java gegenüber anderen objektorientierten Sprachen aktuell bevorzugt wird. Nichtsdestotrotz sind im Zusammenspiel zwischen Herstellern und Anwendern auch heute noch zahlreiche technische Barrieren zu überwinden. Zu diesen zählt neben der Integration bestehender Alt-Systeme auch das Ein- oder Ausblenden von Funktionalität, die bereits in anderer Weise vorhanden ist oder nicht benötigt wird. Derzeit sind hier vor allem an den gewünschten Geschäftsprozessen ausgerichtete IT-Infrastrukturen gefragt, die schnell auf veränderte Anforderungen angepasst werden können. So genannte Service orientierte Architekturen (SOA) sollen zukünftig durch eine Aneinanderreihung von Serviceaufrufen die durchgängige und flexible Unterstützung von Geschäftsprozessen ermöglichen. Ob sich dieses Konzept auch im ERP-

/WWS-Umfeld vollständig durchsetzen wird, bleibt abzuwarten, zumal der initiale Entwicklungsaufwand sehr hoch ist.

Insgesamt ist die Softwarequalität der in der Untersuchung teilgenommenen WWS- und ERP-Systeme als durchweg positiv zu bewerten.

4 Literatur

Balzert, H.: Lehrbuch der Software-Technik: Software-Management, Software-Qualitätssicherung, Unternehmensmodellierung. Heidelberg, Berlin 1998.

Winkelmann, A.; Knackstedt, R.; Vering, O.: Werkzeuge der Wertschöpfung. Neue Studie über Softwarequalität von Warenwirtschaftssystemen – Trend zu Java und SOA. Lebensmittel Zeitung 10 (2007), S. 52.

Winkelmann, A.; Knackstedt, R.; Vering, O.: Softwarequalität von Warenwirtschaftssystemen. Studie. Hrsg.: J. Becker. Münster 2007.

IV Systematische Auswahl von Unternehmenssoftware

Oliver Vering, Prof. Becker GmbH

1 Bedeutung der Auswahlentscheidung

Auch wenn Fehlentscheidungen bei der Auswahl von Warenwirtschaftssystemen[1] nur sehr selten veröffentlicht werden, zeigt sich an den in letzter Zeit gescheiterten (bzw. gestoppten) Einführungsprojekten, u. a. beim kanadischen Handelskonzern Sobeys (SAP Retail)[2], bei C&A (Retek)[3] und der Schweizer Loeb AG[4], dass alleine die Entscheidung für marktführende Systeme nicht zwingend Erfolg garantiert. Die möglichen Auswirkungen einer solchen gescheiterten Softwareeinführung auf den operativen Geschäftsbetrieb sowie die resultierenden Kosten – so beziffert Sobeys die Kosten des Projektabbruchs auf 49 Millionen US-Dollar[5] – verdeutlichen die Bedeutung von Softwareauswahlentscheidungen.

Als einer der wesentlichen Gründe für das Scheitern von Standardsoftwareprojekten gilt eine unzureichend durchgeführte Softwareauswahl, bei der entweder die spezifischen Anforderungen und Ziele nicht angemessen formuliert wurden oder es nicht gelungen ist, die wirkliche Leistungsfähigkeit der Software richtig einzuschätzen. MAISBERGER formuliert es drastisch; er sieht in einem unsystematischen Auswahlprozess und der damit verbundenen Auswahl einer ungeeigneten Software „den sichersten Weg

---

[1] Das hier beschriebene Vorgehen lässt sich auch analog auf ERP-Systeme in Produktionsunternehmen übertragen.
[2] Nach der Umstellung von 30 der 1.400 Filialen wurde nach einem fünftägigen Datenbank- und Systemausfall, der zu gravierenden Bestandslücken in den Filialen geführt hat, die Entscheidung getroffen, die Softwareeinführung abzubrechen und ein anderes System einzuführen, welches die Anforderungen besser abdeckt. Vgl. Sobeys (2001); Weber (2001b), S. 28; Mearian (2001a); Mearian (2001b).
[3] Vgl. Weber (2001a), S. 28.
[4] Vgl. den Beitrag XII, der sich ausführlich mit den Erfahrungen bei Loeb auseinandersetzt.
[5] Vgl. Sobeys (2001); Mearian (2001a); Mearian (2001b).

ein Unternehmen zum Ruin zu führen".[6] Eine systematische Softwareauswahl reduziert dieses Einführungsrisiko deutlich, so wird im PPS-Bereich bei einem systematischen Auswahlprozess von einer Halbierung des Risikos ausgegangen.

Die Notwendigkeit zur Anwendung eines fundierten Vorgehensmodells zur Softwareauswahl wird besonders bei Betrachtung der in der Praxis vielfach üblichen Vorgehensweise deutlich. Teilweise wird auf eine Identifikation und Bewertung unterschiedlicher Alternativen verzichtet. Stattdessen findet frühzeitig eine Festlegung auf eine Lösung, beispielsweise die neueste Version der bereits bisher eingesetzten Software oder das Produkt eines (vermeintlichen) Marktführers, statt. In empirischen Untersuchungen konnten erhebliche Defizite bei der Durchführung von Softwareauswahlprojekten bestätigt werden.[7] So wurde nur bei 38% der Projekte eine umfassende fragebogenbasierte Erhebung der Leistungsmerkmale bzw. der Anforderungserfüllung von unterschiedlichen Softwaresystemen durchgeführt. Sofern überhaupt eine Wirtschaftlichkeitsbetrachtung erfolgt, wird auf die nur bedingt geeigneten Methoden der statischen Investitionsrechnung zurückgegriffen.[8]

Aus entscheidungstheoretischer Sicht ist es offensichtlich, dass ein derartiges Vorgehen nur in den seltensten Fällen zur Auswahl der Alternative führt, die den konkreten Anforderungen und spezifischen Präferenzen der Entscheidungsträger am besten gerecht wird: Ohne eine Explizierung der vorhandenen Anforderungen und der Präferenzen der Entscheidungsträger sowie einer Identifikation, Analyse und Bewertung möglicher Alternativen ist ein Finden der am besten geeigneten Software nur als „Zufallstreffer" möglich.

Dementsprechend kann den verantwortlichen Entscheidungsträgern nur empfohlen werden, alle Beteiligte dahingehend zu sensibilisieren, dass die beste Grundlage – und vielfach die zwingende Vorraussetzung – für ein erfolgreiches Einführungsprojekt zunächst ein systematisches und transparentes Auswahlprojekt ist.

Dass ein Auswahlprojekt auch mit Kosten verbunden ist, ist offensichtlich. Als Größenordnung für die Auswahl- und Bewertungskosten für die Beschaffung von IT-Mitteln werden allgemein 2-20% der Gesamtkosten der angestrebten Lösung angesetzt. Bei der Auswahl eines WWS ist – je nach Projektgröße und -struktur – durchaus mit Auswahlkosten im mittleren bis oberen Bereich der genannten Spanne zu rechnen, da zahlreiche Funktionsbereiche betroffen sind, im Regelfall eine umfassende Soll-Kon-

---

[6] Maisberger (1997), S. 14.
[7] Vgl. Bernroider, Koch (2000), S. 334 ff.
[8] Vgl. u. a. Pietsch (1999), S. 39.

zeption entwickelt wird und die Informationsbeschaffungskosten hoch sind.

Viele der Aktivitäten (Ist-Analyse, grobe Soll-Konzeption), die im Rahmen einer systematischen Softwareauswahl durchgeführt und dokumentiert werden, müssten jedoch ohnehin im Rahmen des Einführungsprojektes durchgeführt werden. Das Vorziehen dieser Aktivitäten vor die Auswahlentscheidung (und damit vor den Vertragsabschluss mit dem Anbieter) trägt hingegen wesentlich dazu bei, die mit der Entscheidung verbundenen Risiken zu reduzieren und spätere „Überraschungen" zu vermeiden.

2 WWS-Auswahl als strategisches Entscheidungsproblem

Die Auswahl eines WWS ist als Problem zu verstehen, wenn sich ein Entscheidungsträger in einer Situation befindet, die er für nicht wünschenswert erachtet und für deren Überwindung ihm der Wechsel auf eine neue Unternehmenssoftware geeignet erscheint. Charakterisierend für eine derartige Situation ist, dass sich operative oder taktische Ziele durch die aktuell genutzte Software nicht erreichen lassen bzw. übergeordnete strategische Unternehmensziele be- oder verhindert werden. Ursache hierfür sind oftmals strukturelle oder funktionale Schwachstellen der Altsysteme.

Anwendungsbezogene strukturelle Probleme sind zurückzuführen auf sich im Zeitablauf ändernden Unternehmensstrukturen (bspw. durch Firmenzusammenschlüsse, Übernahmen oder der Realisierung neuer Logistikkonzepte, wie Zentrallager- oder Cross-Docking-Konzepte), die sich in den Altsystemen nicht adäquat abbilden lassen. Strukturelle Probleme können ferner auf DV-technischer Ebene vorhanden sein, so z. B. eine überalterte DV-Infrastruktur, die aus unterschiedlichen Insellösungen mit heterogenen Soft- und Hardwareplattformen besteht.

Ein wirkliches Entscheidungsproblem liegt vor, wenn verschiedene sich gegenseitig ausschließende Softwarealternativen zur Verfügung stehen, so dass eine Festlegung auf eine dieser Alternativen notwendig wird. Aufgrund der Vielfalt der angebotenen Standardsoftwareprodukte ist bei einer WWS-Auswahl grundsätzlich von einem Entscheidungsproblem auszugehen. Dieses Entscheidungsproblem kann wie folgt charakterisiert werden:

- Die großen Auswirkungen eines WWS auf die Geschäftsprozesse des Handelsunternehmens, die Anzahl der direkt und indirekt betroffenen Mitarbeiter sowie mögliche Wirkungen auf Marktpartner (insbesondere Kunden und Lieferanten) geben der Auswahlentscheidung einen *strategischen Charakter*.

- Die Vielzahl der bei den Softwarealternativen zu erhebenden und zu bewertenden Einzelmerkmale (z. B. funktionale Anforderungen, strategische Aspekte und Kostenaspekte), vielfältige mit der Softwareeinführung verfolgte Ziele und die unsicheren Einflüsse der Handlungsalternativen auf die Ergebnisse führen zu einer *hohen Komplexität* der Entscheidungssituation.[9]
- Die lange Nutzungsdauer von WWS, die im Bereich von 10-15 Jahren liegt,[10] führt zu einer hohen Wirkungsdauer der Entscheidung und gibt ihr einen *Einmalcharakter*.
- Viele Investitionen im Rahmen einer WWS-Einführung (z. B. die Konzeption der WWS-Implementierung, das Customizing etc.) besitzen eine so hohe Spezifität, dass sie bei einer Revidierung der einmal getroffenen Auswahlentscheidung nutzlos werden. Dies führt vielfach zu einer faktischen *Irreversibilität* der getroffenen Auswahlentscheidung.
- Die unüberschaubare Anzahl der am Markt verfügbaren Warenwirtschaftssysteme und Systemvarianten führt zu einer hohen *Intransparenz* und erschwert die Identifikation der relevanten Handlungsalternativen.
- Eine *Vielzahl von Handlungsalternativen* ergibt sich vor allem für die Realisierung von mittelgroßen Warenwirtschaftslösungen. In Sortimentsbereichen mit wenig spezifischen Anforderungen können unter Umständen mehr als 100 potenziell geeignete Systeme verfügbar sein. Dies erfordert im Rahmen des Auswahlprozesses bereits frühzeitig eine fundierte Reduktion der Alternativen auf eine handhabbare Anzahl.

Bei der Auswahl eines Warenwirtschaftssystems handelt es sich um eine *Entscheidung unter Unsicherheit*, da die aus den einzelnen Handlungsalternativen resultierenden Konsequenzen nicht sicher sind.[11] Weder sämtliche Systemalternativen noch ihre detaillierten Wirkungen auf die Ziele sind vollständig bekannt oder ermittelbar. Andererseits unterliegt auch die der Auswahl und der Alternativenbewertung zugrunde liegende Soll-Konzeption der Unsicherheit. Eine explizite Berücksichtigung der Unsicherheit, beispielsweise durch Szenario-Techniken oder Sensivitätsanalysen, ist daher im Regelfall geboten.

---

[9] Zur Komplexität von Entscheidungssituationen vgl. Eisenführ, Weber (1999), S. 3.
[10] Zur Nutzungsdauer zentraler betrieblicher Anwendungssysteme vgl. u. a. Balzert (2000), S. 35.
[11] Zu Entscheidungen unter Unsicherheit vgl. z. B. Eisenführ, Weber (1999), S. 20

3 Phasen einer systematischen WWS-Auswahl

3.1 Phase 1: Projektvorbereitung

Die Einmaligkeit und Komplexität der Auswahl eines WWS, deren zeitlicher Umfang sowie die Vielzahl der direkt oder indirekt involvierten Mitarbeiter erfordern eine organisatorische Durchführung in Projektform. Die Teilaufgaben der Phase 1 orientieren sich damit an den allgemeinen Aufgaben zur Projektvorbereitung und -initialisierung (vgl. Abb. 1).

Phase 1: Projektvorbereitung

- **Phase 1.1 Projektziele**
  - Identifikation der Ziele
  - Formulierung der Ziele
  - Gewichtung der Ziele
- **Phase 1.2 Organisatorische Vorbereitungen**
  - Konkretisierung des Projektauftrags
  - Zusammensetzung des Projektteams
  - Projektorganisation
- **Phase 1.3 Methodische Vorbereitungen**
  - Festlegung der Modellierungstechnik
  - Modellierungskonventionen

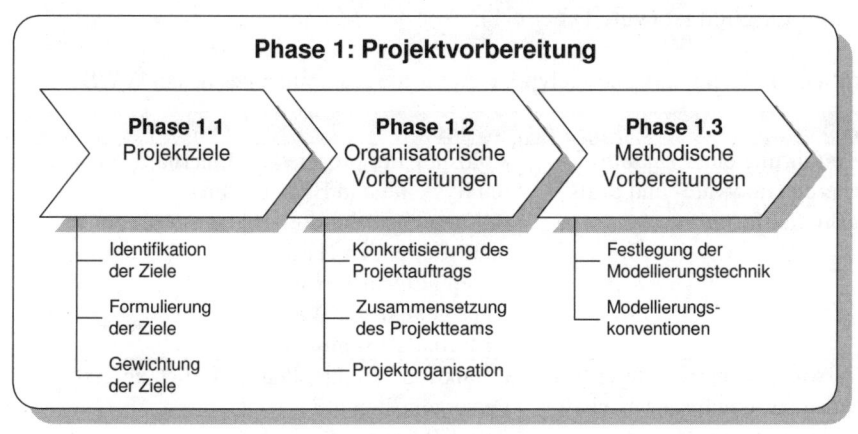

Abb. 1: Aufgaben der Projektvorbereitung

3.1.1 Phase 1.1: Projektziele

Die Notwendigkeit zur Explizierung der Projektziele ergibt sich aus drei Überlegungen:
- Die Formulierung der Ziele dient zur Festlegung des anzustrebenden Zustands und somit als Vorgabe für das gesamte Auswahlprojekt (letztendlich sind die möglichen Softwarealternativen in Hinblick auf diese Ziele zu bewerten). Die Ziele sind so zu formulieren, dass sichergestellt ist, dass die am Projekt beteiligten Personen ein einheitliches Verständnis der angestrebten Ziele haben.
- Die an einem Projekt beteiligten Personen verfolgen oftmals individuelle, abweichende Ziele. Durch eine Vorgabe von expliziten Projektzielen wird es möglich, derartige Zielkonflikte zu identifizieren und Maßnahmen zur Lösung dieser Konflikte zu ergreifen.

- Zielvorgaben stellen die Grundlage für eine spätere Bewertung des Projekterfolgs, im Sinne einer Messung der Zielerreichung dar. Eine Bewertung der Qualität der Auswahlentscheidung bzw. des Projekterfolgs ist nur mit Bezug auf das Zielsystem und die zugrunde gelegten Präferenzen möglich.

Wichtig ist es in dieser Phase, die zentralen strategischen und taktischen Ziele zu dokumentieren. Funktionale Detailwünsche etc. sind hier noch nicht relevant. Die Ziele sind hinsichtlich Inhalts, Ausmaß und Zeit möglichst konkret zu fassen, so dass auch eine spätere Bewertung der Zielerreichung möglich ist (vgl. Tabelle 1).

Tabelle 1: Exemplarische Zielvorgaben für die Auswahl eines neuen WWS

Inhalt	Ausmaß	Zeit
Einführung einer zukunftssicheren Hardware- und Softwareplattform	Ablösung der proprietären Systeme und Einführung einer der drei marktführenden Hardwareplattformen sowie eines geeigneten Warenwirtschaftssystems	Innerhalb von 4 Jahren
Personaleinsparung durch Automatisierung bisher manueller Abläufe (z. B. Disposition oder Rechnungsprüfung)	Reduktion der aktuellen Personalkosten um 250.000 EUR	Jährlich ab 2008
Integriertes Softwaresystem mit Internetanbindung und integriertem Internet-Shop	Sukzessives Ablösen aller Softwaresysteme, beginnend mit der Warenwirtschaft	Internet-Shop spätestens in 8 Monaten mit Basissortiment online
Ablösung der nicht mehr wartbaren Eigenentwicklung	Vollständiger Ersatz der Eigenentwicklung durch eine marktführende Standardsoftware	Wechsel zum Geschäftsjahresende 2007
Einführung einer einheitlichen Warenwirtschaft innerhalb des Konzerns	Ablösung aller Altsysteme inklusive der Finanzbuchhaltung und der Lagersteuerung	Unternehmensweiter Einsatz ab 1/2008

3.1.2 Phase 1.2: Organisatorische Vorbereitungen

Zu den Aufgaben des Projektmanagements gehören unter anderem die Festlegung der Projektaufbauorganisation, der Projektablauforganisation und der Maßnahmen zur Verhaltenssteuerung im Projekt. Die Erfahrungen in der betrieblichen Praxis belegen vor allem auch die Bedeutung „sozialer Faktoren" für den wirtschaftlichen Erfolg des Auswahl- und Einführungsprojekts.

Ein Ansatz hierzu ist das Stakeholder-Konzept. Stakeholder sind „Individuen oder Gruppen, die die Ziele einer Organisation beeinflussen können oder die von deren Zielerreichung betroffen sind."[12] Die drei wesentlichen Kategorien von internen Stakeholdern sind die Unternehmensleitung, die Fachabteilungen und die IT-Abteilung. Ihre Absichten, Wünsche, Interessen und möglicherweise Befürchtungen sind zu berücksichtigen und die Stakeholder sind aktiv in die Projektorganisation einzubinden.

Bei Softwareauswahlprojekten lassen sich – insbesondere hinsichtlich der Art und Weise der Entscheidungsvorbereitung und -findung – drei Grundformen des Projektmanagements differenzieren:[13]

- *Entscheidungsfindung durch das Top-Management* unter Einbeziehung von externen Beratern mit nur geringer Beteiligung sonstiger Unternehmensbereiche,
- *Zentralisierte Entscheidungsfindung* durch die Bereiche Informationsverarbeitung und Betriebsorganisation unter maximal geringer Beteiligung sonstiger Unternehmensbereiche und ohne Rückgriff auf externe Berater,
- *Partizipative Entscheidungsfindung* unter Einbeziehung mehrerer Unternehmensbereiche, d. h. insbesondere auch der Fachbereiche.

Empfehlenswert und zunehmend in der Praxis zu beobachten ist eine partizipative Entscheidungsvorbereitung und -findung, bei der die zuvor identifizierten Stakeholder angemessen beteiligt werden, um u. a. auch eine möglichst breite Zustimmung im Unternehmen zu erreichen.[14] Eine mögliche Projektorganisation für größere Auswahlprojekte ist in Abb. 2 dargestellt.[15]

---

12 Freeman (1984), S. 25.
13 In einer empirischen Studie zeigte sich, dass 17,6 % der betrachteten Unternehmen eine Entscheidungsfindung durch das Top-Management, 10,9 % eine zentralisierte und 35,3 % eine partizipative Entscheidungsfindung bei der Softwareauswahl eingesetzt haben. Die übrigen Unternehmen haben sonstige oder Mischformen angewandt. Vgl. Bernroider, Koch (2000), S. 331.
14 Vgl. Bernroider, Koch (2000), S. 336.
15 Zu weitergehende Ausführungen zur Projektorganisation von Einführungsprojekten siehe auch Kapitel X.

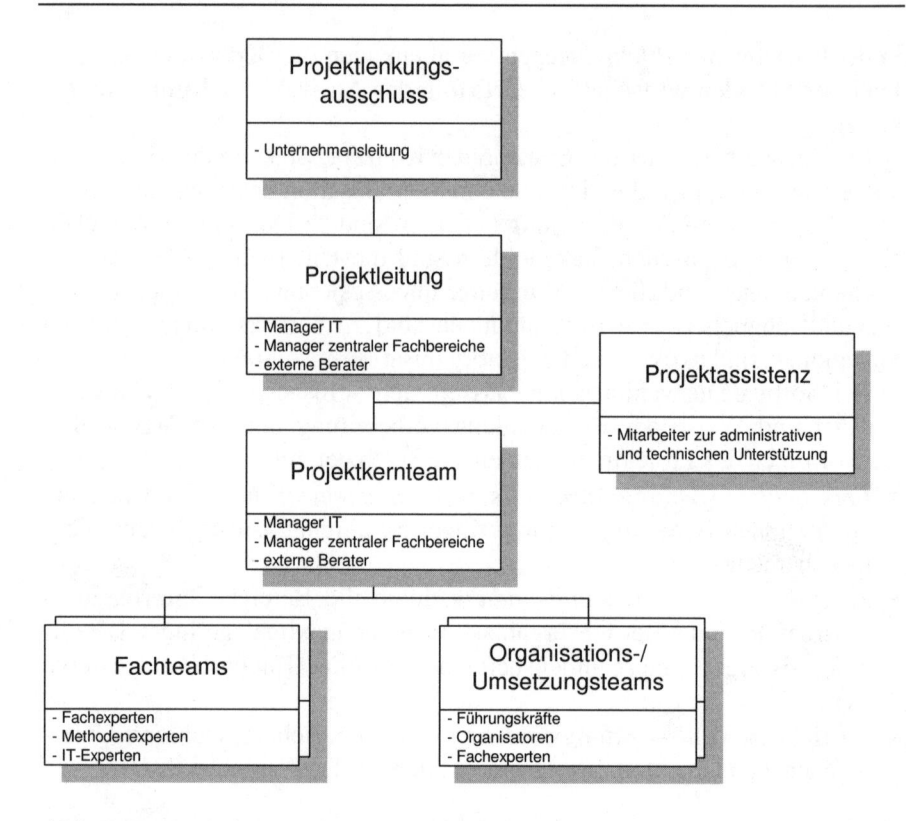

```
                    ┌─────────────────────┐
                    │  Projektlenkungs-   │
                    │     ausschuss       │
                    ├─────────────────────┤
                    │ - Unternehmensleitung│
                    └──────────┬──────────┘
                               │
                    ┌──────────┴──────────┐
                    │    Projektleitung    │
                    ├─────────────────────┤
                    │ - Manager IT        │
                    │ - Manager zentraler │
                    │   Fachbereiche      │      ┌──────────────────┐
                    │ - externe Berater   ├──────┤ Projektassistenz │
                    └──────────┬──────────┘      ├──────────────────┤
                               │                 │ - Mitarbeiter zur│
                    ┌──────────┴──────────┐      │   administrativen│
                    │   Projektkernteam   │      │ und technischen  │
                    ├─────────────────────┤      │   Unterstützung  │
                    │ - Manager IT        │      └──────────────────┘
                    │ - Manager zentraler │
                    │   Fachbereiche      │
                    │ - externe Berater   │
                    └──────────┬──────────┘
                               │
             ┌─────────────────┴─────────────────┐
   ┌─────────┴────────┐               ┌──────────┴──────────┐
   │    Fachteams     │               │   Organisations-/   │
   ├──────────────────┤               │   Umsetzungsteams   │
   │ - Fachexperten   │               ├─────────────────────┤
   │ - Methodenexperten│              │ - Führungskräfte    │
   │ - IT-Experten    │               │ - Organisatoren     │
   └──────────────────┘               │ - Fachexperten      │
                                      └─────────────────────┘
```

Abb. 2: Struktur eines größeren WWS-Auswahlprojekts

3.1.3 Phase 1.3: Methodische Vorbereitungen

Im Rahmen der Ist-Analyse und der Soll-Konzeption werden unterschiedlichste fachliche Inhalte ermittelt, diskutiert und dokumentiert. Da dies mitunter einen größeren Umfang annehmen kann, ist es wesentlich, verbindlich für alle Teilnehmer des Projektteams festzulegen, in welchen Phasen und zu welchen Zwecken was wie dokumentiert wird.

Ist eine Modellierung (z. B. grafische Prozessdarstellung) vorgesehen, so ist eine geeignete Modellierungstechnik und ggf. eine einheitliche Tool-Unterstützung festzulegen.

3.2 Phase 2: Ist-Analyse

Durch die Definition der Ziele wird bei gegebenem Ist-Zustand bereits das Ausmaß des Problems deutlich. Allerdings ist auch der Ist-Zustand nicht so selbstverständlich, wie dies anscheinend der Fall ist. In der betrieblichen Praxis wird der Ist-Zustand sehr häufig durch die Kommunikation zwischen den Stakeholdern verzerrt. Die Tendenz zur übertriebenen – positiven oder negativen – Darstellung des Ist-Zustandes wird durch die unterschiedlichen Interessen der Stakeholder verstärkt. Die Festlegung des Ist-Zustandes sollte dabei auch dazu dienen, eine realistische Vorstellung über das Ausmaß des Verbesserungspotenzials zu gewinnen.

Bei der Erhebung des Ist-Zustandes stellt sich die Frage, in welcher Detailliertheit die Betrachtung erfolgen sollte. *Gegen eine detaillierte Analyse des Ist-Zustandes* spricht vor allem die Einengung der Mitarbeiterkreativität. Durch die Betrachtung des Ist-Zustandes prägt sich der bestehende Zustand derart stark in den „Köpfen" der Beteiligten ein, dass wenige Möglichkeiten für kreative Ideen zur Neugestaltung bleiben. Zudem ist Relevanz des Ist-Zustandes bzw. seiner Beschreibung ggf. sehr gering, da sie ggf. mit der Ausgestaltung einer abweichenden Soll-Konzeption obsolet wird. Hingegen sprechen für eine detaillierte Ist-Modellierung vor allem die intersubjektive Nachvollziehbarkeit der Schwachstellen und der daraus ableitbare „Problemdruck", der ohne Ist-Analyse kaum festgestellt werden kann, sowie die systematische Identifikation wesentlicher funktionaler und prozessualer Spezifika (insbesondere bei einem geringen Veränderungsbedarf).

Wesentlichen Einfluss auf den angemessenen Detaillierungsgrad der Ist-Analyse haben somit einerseits der (vermutete) Umfang des Reorganisationsbedarfs und andererseits die Spezifität bzw. unternehmensstrategische Bedeutung (vgl. Abb. 3):

- Je größer das erwartete Ausmaß an Veränderungen ist, desto weniger detailliert ist die Ist-Modellierung durchzuführen.
- Je größer die unternehmensstrategische Bedeutung und Spezifität der betrachteten Prozesse ist, desto detaillierter ist die Ist-Modellierung durchzuführen.

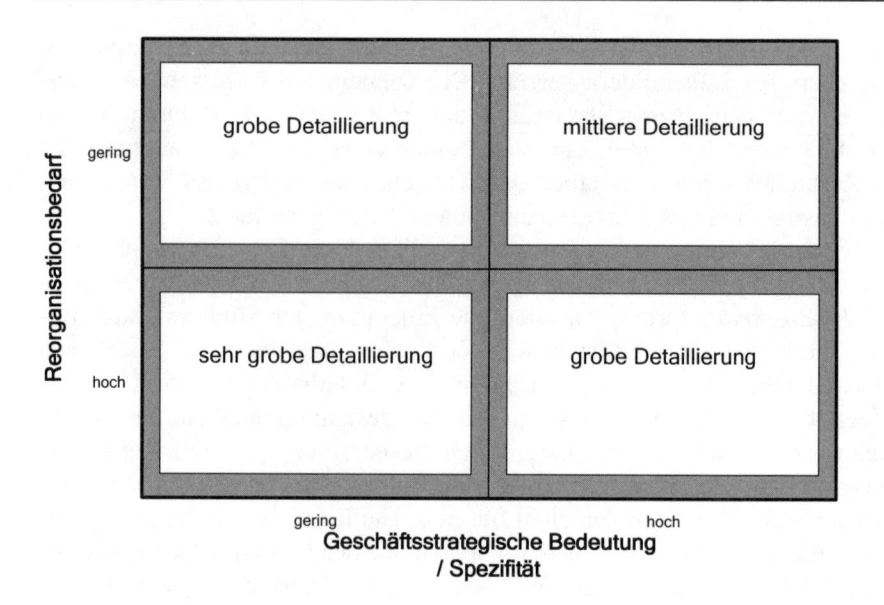

Abb. 3: Detaillierung der Ist-Aufnahme und -Modellierung

Die Ist-Analyse besteht aus drei wesentlichen Aspekten, einer grundlegenden Strukturierung der zu betrachtenden Prozesse, der eigentlichen Ist-Aufnahme und der abschließenden Ist-Bewertung (vgl. Abb. 4).

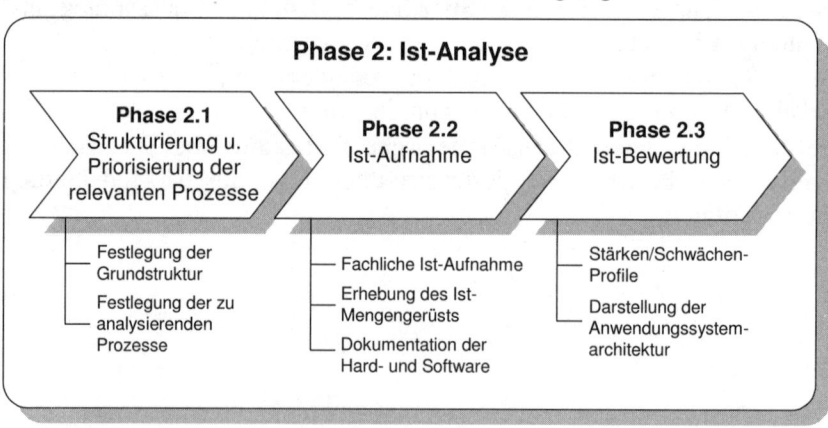

Abb. 4: Aufgaben der Ist-Analyse

3.2.1 Phase 2.1: Strukturierung und Priorisierung der Prozesse

Zunächst muss ausgehend von den Unternehmenstrukturen (z. B. mehrere Standorte) und den zentralen Geschäftsfeldern eine Strukturierung und Priorisierung der relevanten Prozesse erfolgen. Gemäß den zuvor genannten Indikatoren „Reorganisationsbedarf" und „Spezifität/ Geschäftsstrategische Bedeutung" ist zu entscheiden, welche Prozesse in welcher Detaillierung betrachtet werden sollen.

Die Strukturierung der Geschäftsprozesse kann dabei orientiert an Referenzmodellen, z. B. dem Handels-H-Referenzmodell[16] erfolgen. Wichtig ist, dass eindeutig festgelegt wird, welche Prozesse (ggf. an welchen Standorten) in welcher Detaillierung analysiert werden sollen.

3.2.2 Phase 2.1: Ist-Aufnahme

Die fachliche prozessuale Ist-Aufnahme und -Dokumentation kann je nach Zielsetzung textuell oder unterstützt durch grafische Modelle erfolgen. Gerade bei komplexen Zusammenhängen haben sich grafische Darstellungen bewährt, da sie formaler und eindeutiger sind als textuelle Beschreibungen.

Eine große Verbreitung haben in der Praxis Vorgangskettendiagramme (VKD), wie in Abb. 5 dargestellt, und Ereignisgesteuerte Prozessketten (EPK) erlangt. Erstere sind insbesondere für überblicksartige Prozessdarstellungen geeignet; letztere erlauben auch eine detaillierte formale Darstellung.

Ergänzend zur fachlichen funktionalen und prozessualen Analyse sollten folgende Aspekte ebenfalls berücksichtigt werden:
- Erhebung des Ist-Mengengerüsts der wesentlichen Stamm- und Bewegungsdaten,
- Erhebung der derzeitigen IT-Unterstützung und der Systemschnittstellen.

---

[16] Vgl. Becker, Schütte (2004).

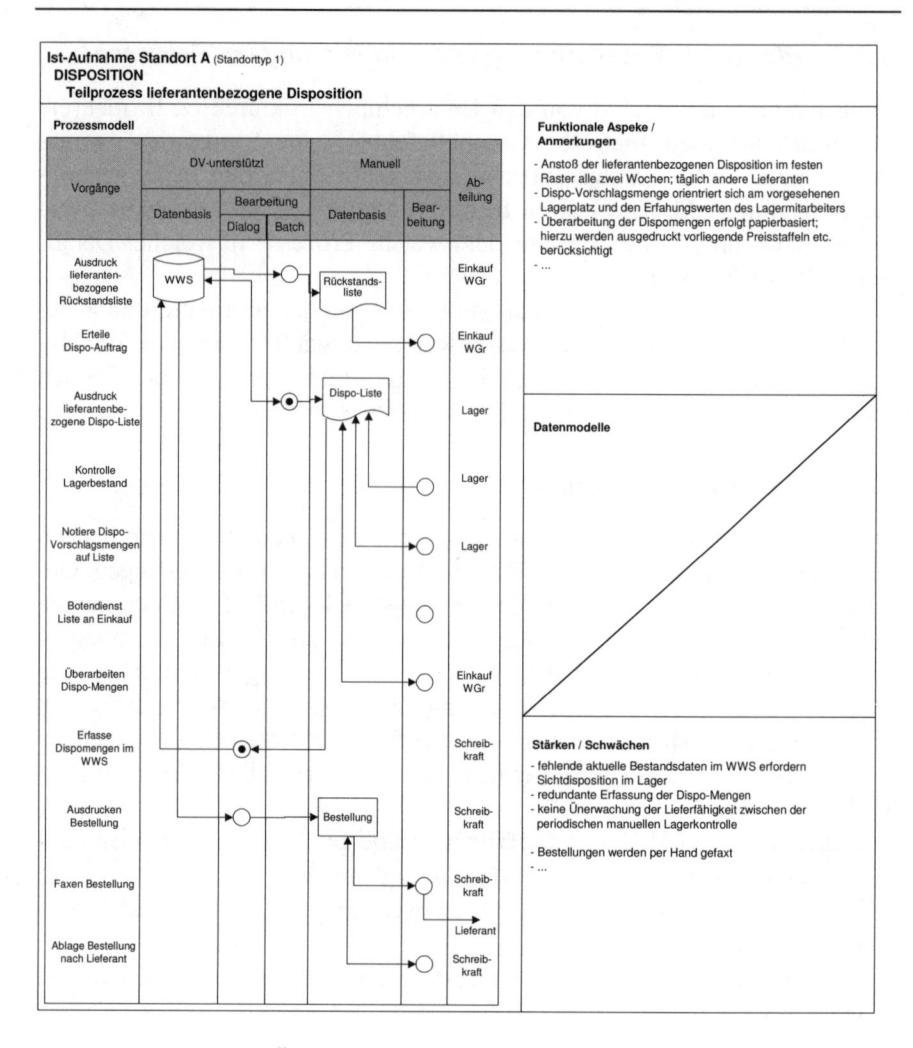

Ist-Aufnahme Standort A (Standorttyp 1)							Funktionale Aspeke / Anmerkungen
DISPOSITION							
Teilprozess lieferantenbezogene Disposition							

Prozessmodell

Vorgänge	DV-unterstützt			Manuell		Ab-teilung	Funktionale Aspeke / Anmerkungen
	Datenbasis	Bearbeitung		Datenbasis	Bear-beitung		- Anstoß der lieferantenbezogenen Disposition im festen Raster alle zwei Wochen; täglich andere Lieferanten
		Dialog	Batch				- Dispo-Vorschlagsmenge orientiert sich am vorgesehenen Lagerplatz und den Erfahrungswerten des Lagermitarbeiters
Ausdruck lieferanten-bezogene Rückstandsliste	WWS			Rückstands-liste		Einkauf WGr	- Überarbeitung der Dispomengen erfolgt papierbasiert; hierzu werden ausgedruckt vorliegende Preisstaffeln etc. berücksichtigt
Erteile Dispo-Auftrag						Einkauf WGr	- ...
Ausdruck lieferantenbe-zogene Dispo-Liste				Dispo-Liste		Lager	**Datenmodelle**
Kontrolle Lagerbestand						Lager	
Notiere Dispo-Vorschlagsmengen auf Liste						Lager	
Botendienst Liste an Einkauf							
Überarbeiten Dispo-Mengen						Einkauf WGr	
Erfasse Dispomengen im WWS						Schreib-kraft	**Stärken / Schwächen**
Ausdrucken Bestellung				Bestellung		Schreib-kraft	- fehlende aktuelle Bestandsdaten im WWS erfordern Sichtdisposition im Lager - redundante Erfassung der Dispo-Mengen - keine Überwachung der Lieferfähigkeit zwischen der periodischen manuellen Lagerkontrolle
Faxen Bestellung						Schreib-kraft	- Bestellungen werden per Hand gefaxt - ...
						Lieferant	
Ablage Bestellung nach Lieferant						Schreib-kraft	

Abb. 5: Beispielhafte Übersichtsdarstellung eines Ist-Prozesses mittels VKD und textuellen Ergänzungen

3.2.3 Phase 2.3: Ist- Bewertung

Die bei der Ist-Aufnahme erhobenen Stärken und Schwächen werden vor dem Hintergrund der grundsätzlich bestehenden organisatorischen und technischen Gestaltungsmöglichkeiten bewertet. Zunächst werden hierzu die in der Ist-Aufnahme prozessbezogen aufgelisteten Stärken und Schwächen mit Hilfe einer ordinalen Skala (bspw. --, -, +, ++) gewichtet.[17] Durch Aggregation der ermittelten Stärken und Schwächen je Teilbereich lassen sich Stärken-/Schwächenprofile erstellen, die eine komprimierte Darstellung der Bewertung der Ist-Situation erlauben (vgl. Abb. 6). Die gemeinsame Darstellung mehrerer Profile in einem Diagramm ermöglicht eine aussagekräftige Gegenüberstellung der Ist-Situation verschiedener Unternehmensteile, z. B. unterschiedlicher Unternehmensstandorte.

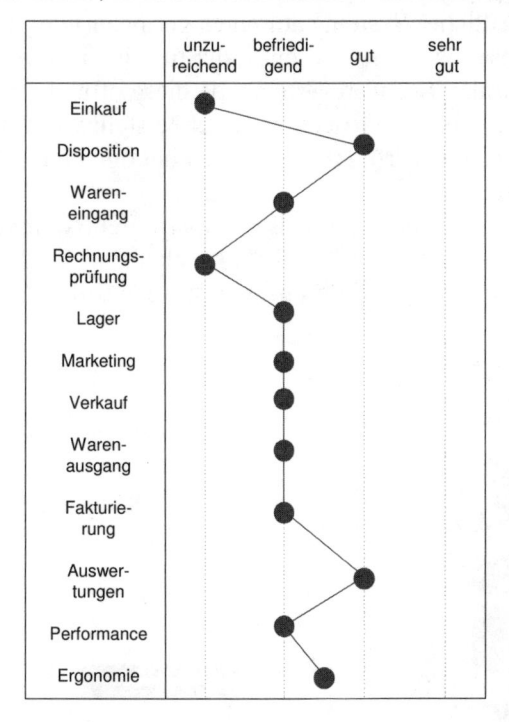

	unzu-reichend	befriedigend	gut	sehr gut
Einkauf	●			
Disposition			●	
Wareneingang		●		
Rechnungsprüfung	●			
Lager		●		
Marketing			●	
Verkauf			●	
Warenausgang			●	
Fakturierung		●		
Auswertungen			●	
Performance		●		
Ergonomie			●	

Abb. 6: Visualisierung der Qualität der Ist-DV-Unterstützung[18]

Zur Visualisierung der Einsatzbereiche und der Schnittstellen der unterschiedlichen Anwendungssysteme erfolgt eine Einordnung der Systeme im Handels-H-Modell (vgl. Abb. 7). Je Funktionsbereich werden die eingesetzten Anwendungssysteme grafisch (durch unterschiedliche Farben bzw. Schraffierungen) hervorgehoben. Die Art bzw. die Qualität der DV-Unter-

---

[17] Eine differenzierte Betrachtung ist nicht erforderlich, da basierend auf dieser Gewichtung lediglich eine zusammenfassende grafische Darstellung der Stärken/Schwächen erstellt wird.
[18] Neben den 11 Teilbereichen des Handels-H-Modells sind hier exemplarisch die Aspekte Auswertungen, Performance und Ergonomie (des Anwendungssystems) mit aufgenommen. Andere oder weitere Aspekte können je nach Ausgangssituation und Zielsetzung sinnvoll sein. Die Gesamtanzahl der dargestellten Aspekte sollte allerdings nicht zu groß werden.

stützung wird durch die Verwendung unterschiedlicher Symbole deutlich. So wird eine in wesentlichen Teilfunktionen fehlende Softwareunterstützung in der grafischen Darstellung durch eine nur teilweise Abdeckung des Funktionsbereichs verdeutlicht.

Schnittstellen zwischen den unterschiedlichen Anwendungssystemen sind direkt aus der Architekturdarstellung ableitbar, ebenso grundsätzliche Aussagen zur Qualität der gegebenen Anwendungssystemarchitektur. So deutet eine Vielzahl unterschiedlicher Systeme auf einen geringen Integrationsgrad hin. Insbesondere Insellösungen sind ein Indiz für eine unzureichende Funktionalität der zentralen Softwaresysteme, da diese oftmals auf Initiative von Fachabteilungen, z. B. mit Office-Produkten, erstellt werden, wenn die vom zentralen System zur Verfügung gestellte Funktionalität für bestimmte Aufgaben nicht ausreicht.

Diese Darstellung ist auch geeignet, nochmals zu überprüfen, welche Systeme durch die auszuwählende neue WWS-Lösung abgelöst werden sollen und welche ggf. auch künftig unverändert genutzt werden sollen.

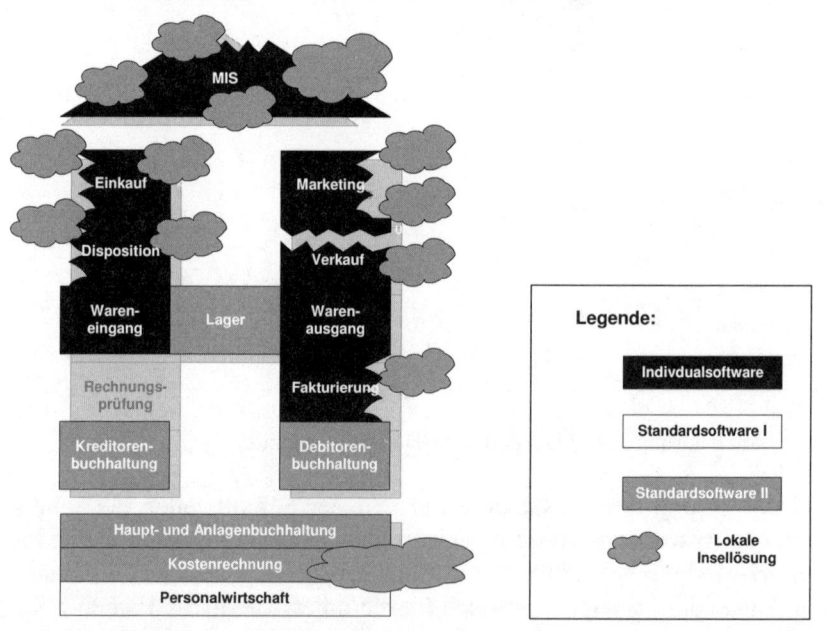

Abb. 7: Visualisierung der Anwendungssystemarchitekturen

Mit Abschluss der Bewertungsphase besteht bei den Projektbeteiligten Einigkeit über die fachliche, organisatorische und DV-technische Bewertung der Ist-Situation. Die erhobenen funktionalen, prozess- und datenbezogenen fachlichen Aspekte sind nach den unterschiedlichen Unternehmensstandorttypen gegliedert dokumentiert. Stärken-Schwächen-Profile zeigen die Qualität der derzeitigen DV-Unterstützung. Das Zusammenwirken der unterschiedlichen Anwendungssysteme ist als integrierte Anwendungssystemarchitektur festgehalten. Zusammen mit den Projektzielen liegen damit die wesentlichen Informationen vor, die zur Erstellung der Soll-Konzeption erforderlich sind.

3.3 Phase 3: Soll-Konzeption

Aufgabe der Soll-Konzeption ist es, die Anforderungen an ein neues Warenwirtschaftssystem zu formulieren und aus diesen überprüfbare Einzelkriterien abzuleiten. Wechselwirkungen mit der Phase 4 Systemevaluation bestehen, da einerseits die in der Soll-Konzeption erarbeiteten Kriterien die Basis für die Systemevaluation darstellen, andererseits können neue Erkenntnisse, die aus der Systemevaluation hervorgehen, eine Modifikation der Soll-Konzeption bewirken oder erzwingen.[19]

Um diese wechselseitigen Zusammenhänge angemessen berücksichtigen zu können und um zudem eine geringere Projektlaufzeit durch eine Parallelisierung zu ermöglichen, ist eine Verzahnung der Phase 3 Soll-Konzeption und Phase 4 Systemevaluation zu empfehlen (vgl. Abb. 8).

---

[19] Ein Beispiel für Ersteres ist die Feststellung bisher nicht bekannter technologischer oder funktionaler Fähigkeiten der am Markt angebotenen WWS, die eine Anpassung der bisherigen Soll-Konzeption ermöglichen. Ein Beispiel für Letzteres ist die nach der Vorauswahl erlangte Erkenntnis, dass keines der am Markt verfügbaren Systeme die K.O.-Kriterien erfüllt und somit – da der derzeitige Ist-Zustand nicht beibehalten werden kann oder soll – eine Änderung der Rahmenbedingungen der Soll-Konzeption erforderlich wird.

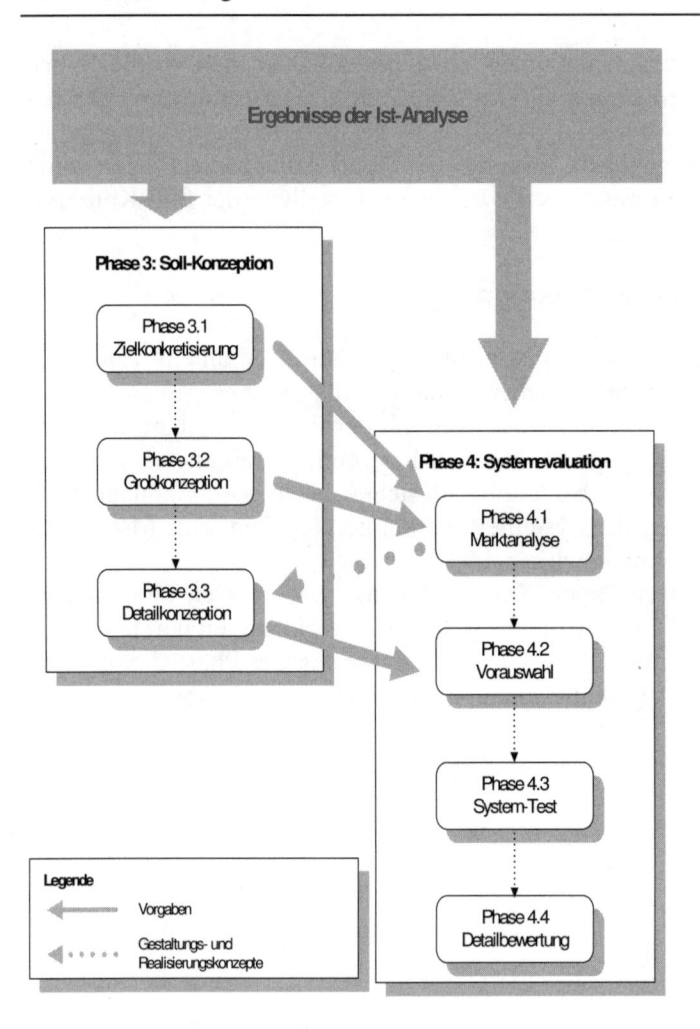

Abb. 8: Verzahnung von Soll-Konzeption und Systemevaluation

Die Soll-Konzeption wird dreistufig mit jeweils zunehmender Detaillierung durchgeführt. Nach der Überprüfung und Konkretisierung der Ziele wird zunächst eine Grobkonzeption und nachgelagert einer Detailkonzeption erstellt (vgl. Abb. 9).

Phase 3: Soll-Konzeption

Phase 3.1 Zielkonkretisierung
- Prüfung der Projektziele

Phase 3.2 Grobkonzeption
- Strategische Ausrichtung / Organisationsstrukturen
- Systemarchitektur
- Kernanforderungen Artikel
- Soll-Mengengerüst

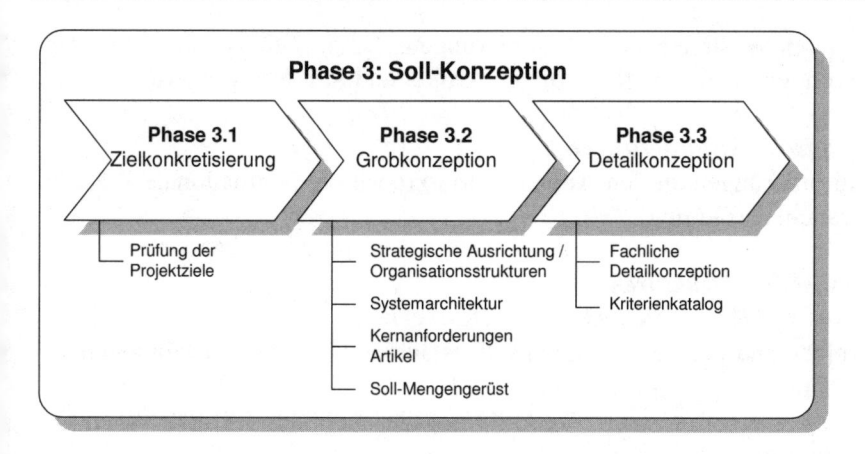

Phase 3.3 Detailkonzeption
- Fachliche Detailkonzeption
- Kriterienkatalog

Abb. 9: Aufgaben der Soll-Konzeption

3.3.1 Phase 3.1: Zielkonkretisierung

Die Ist-Analyse und -Bewertung führt im Regelfall zu einem deutlichen Wissenszuwachs bei den Projektmitgliedern, so dass sich eine Verschiebung der Projektzielsetzung ergeben kann. Ferner wurden zu Projektbeginn typischerweise nicht alle Projektziele detailliert formuliert, so dass diese nun – unter expliziter Berücksichtigung der Erkenntnisse der Ist-Analyse – konkretisiert werden können.

Zweckmäßigerweise wird zunächst eine Präsentation der Ergebnisse der Ist-Analyse vor dem Projektlenkungsausschuss gehalten. Im Anschluss daran kann vom Projektlenkungsausschuss unter Einbindung der Projektleitung und ggf. des Projektkernteams die Prüfung und Konkretisierung der Projektziele vorgenommen werden.

3.3.2 Phase 3.2: Grobkonzeption

In der Grobkonzeption werden die grundsätzlichen Rahmenbedingungen des angestrebten mittelfristigen Soll-Zustands und die daraus abgeleiteten Kernanforderungen („K.O-Kriterien") an ein Warenwirtschaftssystem ermittelt. Ziel ist es, durch möglichst wenige aber klare Kriterien eine effiziente Vorauswahl möglicher Systemalternativen (vgl. Phase 4.1) durchführen zu können.

Betrachtet werden vor allem die aus der strategischen Ausrichtung des Unternehmens resultierenden, sich von der Ist-Situation unterscheidenden künftigen Anforderungen. Inhaltlich teilt sich die Grobkonzeption u. a. in die Bereiche strategische Anforderungen, Organisationsstrukturen, Systemarchitektur, Kernanforderungen Artikel und Soll-Mengengerüst:

Strategische Anforderungen
- Anforderungen an den Anbieter (Marktposition, internationale Präsenz, Branchenerfahrung)

Organisationsstrukturen
A) Aus rechtlicher Sicht ist u. a. festzulegen,
- welche und wieviele rechtlich selbstständige Unternehmenseinheiten abzubilden sind,
- ob es eine hierarchische Verknüpfung der rechtlich selbstständigen Organisationseinheiten gibt,
- wie groß die maximale Hierarchietiefe ist,
- ob eine explizite hierarchische Abbildung dieser Strukturen im WWS erforderlich bzw. gewünscht ist,[20]
- inwieweit eine Konsolidierung / Konzernbilanzierung etc. erforderlich ist,
- welche Funktionen/Einstellungen (z. B. Bilanzierungsverfahren, Bestandsbewertungsverfahren, Bezugswegdefinitionen etc.) spezifisch je selbstständiger Unternehmenseinheit festzulegen sind.

B) Aus warenorientierter und logistischer Sicht ist u. a. festzulegen,
- auf welcher Ebene (z. B. Firma, Lager, Filiale) Bezugswege und Vorzugslieferanten definierbar sein müssen,
- inwieweit Zugriff auf Bestandsinformationen, Preise, Konditionen etc. anderer Unternehmensstandorte gegeben sein darf bzw. muss,
- welche Lieferbeziehungen innerhalb des Unternehmens (logistisch und finanzbuchhalterisch) abgebildet werden müssen,
- ob ein gemeinsamer Artikel-, Kunden- Lieferantenstamm verwendet werden soll, muss oder kann,
- ob gemeinsame Stammdatengruppierungen (Warengruppen, Kunden- und Lieferantengruppen) verwendet werden sollen, müssen oder können,
- welche Einkäufer für welche Artikel in welchen Unternehmensstandorten zuständig sind.

---

[20] Neben einer vereinfachten Berichts- und Statistikerstellung bietet eine explizite Hierarchienachbildung im WWS den Vorteil, dass bestimmte Definitionen (z. B. Bezugswege) direkt auf der relevanten Hierarchieebene und nicht redundant bei jedem untergeordneten Einzelobjekt vorgenommen werden können.

Systemarchitektur
- Eine weitere Basisentscheidung für die Entwicklung der detaillierten Soll-Konzeption stellt die Festlegung der gewünschten Systemarchitektur, der Hardware- und Datenbankplattform sowie der technologischen Realisierung des WWS dar.

Kern-Anforderungen Artikel
- Strukturellen artikelbezogenen Anforderungen kommt weitgehend der Status von K.O.-Anforderungen zu, da einerseits auf diese oftmals nicht verzichtet werden kann, sie andererseits durch individuelle Anpassungen eines WWS in der Regel nicht realisierbar sind, da verschiedenste Bereiche des WWS betroffen sind. Beispiele für derartige (strukturelle) Artikelanforderungen sind:
    - mehrstufige Artikelhierarchien,
    - Artikelgruppierungen (Set, Lot, Display),
    - Artikelvarianten (einfache oder mehrdimensionale Varianten),
    - Chargenverwaltung,
    - Restmengen / Restlängen,
    - Zuschnittartikel / Aufmaßartikel.

Soll-Mengengerüst
- Ausgehend von dem vorliegenden Ist-Mengengerüst ist unter Berücksichtigung der geplanten mittelfristigen Änderungen eine Prognose des künftigen Mengengerüsts vorzunehmen. Wie bereits bei der Erstellung des Ist-Mengengerüsts, so kommt es auch beim Soll-Mengengerüst lediglich auf die Größenordnung der einzelnen Kenngrößen an.

Für die Auswahl mittlerer und größerer WWS haben sich die nachfolgenden Kriterien bewährt. Die Kriterien müssen nicht in jedem Einzelfall als K.O.-Kriterien gelten. In vielen Projekten hat sich jedoch die Nutzbarkeit der Kriterien als solche bewiesen:
- die finanziellen Restriktionen (Anschaffungs- und Betriebskosten),
- die Abbildbarkeit der geforderten Organisationsstruktur,
- das Vorhandensein von Referenzkunden aus der Branche als Indikator für die Einsetzbarkeit des Systems in der betrachteten Branche,
- die Unterstützung der Handelsstufe (Groß-, Einzel- oder mehrstufiger Handel),
- die sinnvolle Realisierbarkeit der gewünschten Installationsgröße (z. B. Benutzeranzahl, Mengengerüst),
- die Größe des Systemanbieters,

- die Integrierbarkeit des Systems in die bestehende bzw. präferierte Hardware- und Softwarearchitektur

3.3.3 Phase 3.3: Detailkonzeption

Ziel der fachlichen Detailkonzeption ist es, ausgehend von der dokumentierten Ist-Situation und den Rahmenvorgaben der Grobkonzeption eine fachliche Soll-Konzeption zu entwickeln. Eine übermäßige Detaillierung und Formalisierung der Soll-Konzeption ist zu vermeiden, da die Detailausgestaltung letztendlich wesentlich durch das gewählte WWS determiniert wird. Erforderlich ist die fachliche Soll-Konzeption, da diese die Ausgangsbasis für die Ableitung der (fachlichen) Detailkriterien darstellt. Als pragmatisches und für Zwecke der Standardsoftwareauswahl geeignetes Vorgehen bietet sich eine Skizzierung der fachlichen Änderungen im Vergleich zur Ist-Situation an.[21] Hierzu kann mit Bezug auf die vorliegende Dokumentation der Ist-Analyse aufgezeigt werden, welche Aspekte weiterhin Gültigkeit besitzen und inwieweit geänderte Prozesse und Anforderungen in der Soll-Konzeption bestehen.

Detailanforderungen stellen eng abgegrenzte Anforderungen an das künftige Warenwirtschaftssystem dar, die so weit konkretisiert sind, dass eine Beurteilung der Anforderungserfüllung durch die Systemalternativen seitens der Softwareanbieter (und gegebenenfalls im Rahmen einer Validierung auch seitens des Projektteams) möglich ist. Die Detailanforderungen werden einerseits als Fragenkatalog aufbereitet und an die Softwareanbieter versendet, andererseits entsprechen sie den Kriterien der Nutzwertanalyse zur qualitativen Bewertung der Systeme.

Die Anforderungen sind soweit zu detaillieren, dass eine eindeutige Aussage zur Anforderungserfüllung des Warenwirtschaftssystems möglich ist und keine Trivialitäten abgefragt werden (Jedes ERP-System/WWS kann einen Auftrag erfassen und einen Wareneingang buchen; die Unterschiede liegen im „Wie" und in den Details). Tabelle 2 verdeutlicht, wie stark die Differenzierungsmöglichkeit von der exakten Formulierung der Kriterien abhängt. Während die in der linken Spalte aufgeführten Kriterien nahezu von jedem Warenwirtschaftssystem erfüllt werden, lässt die exaktere Kriterienformulierung (rechte Spalte) eine deutlich bessere Differenzierung zu – obwohl die exakt beschriebenen Kriterien keine ungewöhnlichen Sonderfälle darstellen, sondern vielmehr dem entsprechen, was oftmals implizit auch bei der allgemeinen Formulierung erwartet wird.[22]

---

[21] Dieses Vorgehen ist nicht einsetzbar, wenn eine grundlegende Veränderung der Prozesse angestrebt wird.
[22] Vgl. hierzu Schütte, Vering (2004).

Tabelle 2: Exakte Formulierung fachlicher Detailanforderungen

Kriterien – allgemein formuliert	Kriterien – detailliert und konkret
Warengruppen	Warengruppenhierarchie mit mindestens drei Hierarchiestufen
Mehrfirmenfähigkeit	Abbildung mehrerer rechtlich selbstständiger Firmen mit gemeinsamer Nutzung von Artikel- und Kundendaten
Verkaufssets	Verkaufssets mit individuellem Set-Preis und Bestandsführung auf Set-Ebene
Systemgestützte Lieferantenbewertung	Systemgestützte Lieferantenbewertung mit automatischer Berücksichtigung von Liefertreue und Rechnungsdifferenzen
Zeitsteuerung bei Preisen	Möglichkeit zur Vorerfassung von Preisen
Automatische Generierung von Bestellvorschlägen	Automatische Generierung von Bestellvorschlägen mit Berücksichtigung von Staffelpreisen und Mindestbestellwerten

3.4 Phase 4: Systemevaluation

Die Systemevaluation umfasst die Identifikation, Analyse und Bewertung der relevanten Warenwirtschaftssysteme (vgl. Abb. 10). Aufgrund der großen Anzahl verfügbarer Warenwirtschaftssysteme kann aus Aufwands- und Effizienzgründen nicht direkt eine umfassende Analyse aller Systemalternativen durchgeführt werden, stattdessen wird die Alternativenanzahl sukzessive reduziert und parallel die Detaillierung und die Anzahl der zu prüfenden Anforderungen erhöht.

In der *Marktsichtung* wird anhand von Grundmerkmalen und Kernanforderungen eine Identifikation der verfügbaren potenziell geeignet erscheinenden Warenwirtschaftssysteme durchgeführt und eine Eingrenzung auf die potenziell relevant erscheinenden Systeme vorgenommen. Mit der *Vorauswahl* wird die Alternativenanzahl anhand von fachlichen und systemtechnischen Anforderungen auf eine für den direkten *System-Test* geeignete Systemanzahl (ca. 3 bis 5 Systeme) reduziert. Diese Warenwirtschaftssysteme werden umfassend in Hinblick auf die Abdeckung der detaillierten Anforderungen (z. B. im Rahmen von systematischen Systempräsentationen) untersucht. Die *Detailbewertung* fasst dann die Erkenntnisse aus den System-Tests und die monetären Auswirkungen (Kosten & Nutzen) zusammen und liefert eine Auswahlempfehlung.

Phase 4: Systemevaluation

Phase 4.1 Marktsichtung	Phase 4.2 Vorauswahl	Phase 4.3 System-Test	Phase 4.4 Detailbewertung
– Marktanalyse – Systemidentifikation	– Erstellung des Anforderungskatalogs – Durchführung der Anbieterbefragung – Grobbewertung der Systeme	– Erstellung Testfahrplan – Durchführung der Systempräsentationen – Referenzen und Umfeldinformationen	– Bewertung der monetären Aspekte – Bewertung der qualitativen Aspekte – Erstellen der Gesamtbewertung / Auswahlempfehlung

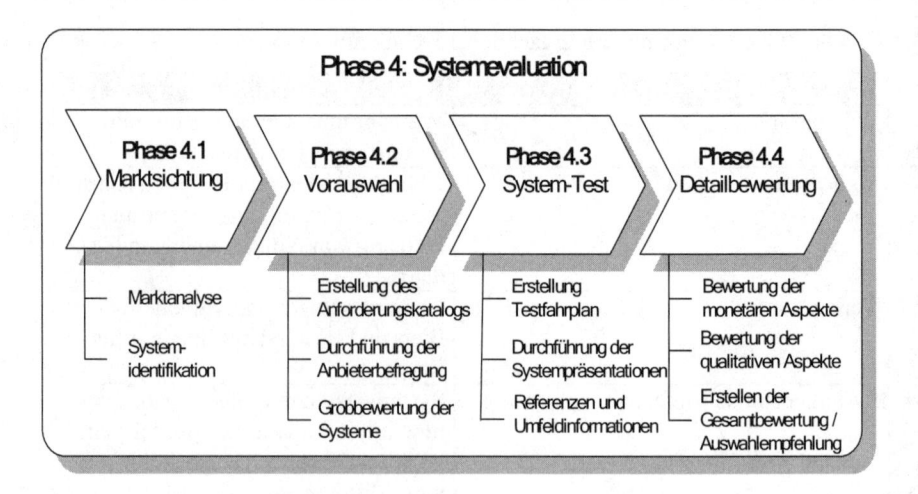

Abb. 10: Aufgaben der Systemevaluation

3.4.1 Phase 4.1: Marktsichtung

Ziel der Marktsichtung ist es, einen umfassenden Überblick über mögliche potenziell relevante Anbieter und Systeme zu erhalten. Hierzu ist es erforderlich, einerseits Kenntnis über verfügbare Standardlösungen zu erlangen und andererseits eine erste möglichst einfache und zugleich trennscharfe Unterscheidung zwischen potenziell geeigneten und eher ungeeigneten Systemen vorzunehmen.

Marktanalyse

Zur Identifikation der wichtigsten Systeme sind die nachfolgenden Informationsquellen geeignet:

Branchenpublikationen enthalten oftmals Berichte oder Anzeigen über Softwaresysteme, die für die jeweilige Branche geeignet sind. Neben Einzelberichten finden sich auch Systemgegenüberstellungen oder Analysen über die Zusammensetzung des Softwaremarkts (z. B. Marktanteile der unterschiedlichen Systeme bzw. Anbieter in der jeweiligen Branche).

Branchenverbände oder *Fachhandelsgemeinschaften* können vielfach Auskunft über die in der Branche verbreiteten Softwaresysteme geben. Einige Branchenverbände bzw. Fachhandelsgemeinschaften sind sogar aktiv – direkt oder über Kooperationen – an der Entwicklung von Warenwirtschaftssystemen beteiligt.

Ein Überblick über verfügbare Systeme kann auch durch *Messe-/Tagungsbesuche* gewonnen werden. Zu unterscheiden sind Computer- bzw. DV-Technik-Messen, wie die Cebit in Hannover oder die Systems in München, und Branchenmessen, wie die Handelsinformationssysteme-Tagung in Münster oder die Retail Technology in Düsseldorf. Letztere bieten den Vorteil, dass aufgrund des Branchenbezugs die Anzahl vorgestellter irrelevanter Alternativen geringer und somit eine Sichtung weniger aufwendig ist.

Fachpublikationen, insbesondere Marktübersichten, bieten neben Hinweisen auf relevante Systeme Hilfestellungen für die Soll-Konzeption und die Kriterienfestlegung, da sie in der Regel detailliert auf typische Anforderungen eingehen.[23]

Softwarekataloge, welche die am Markt verfügbaren Softwareprodukte anhand von Merkmalen klassifizieren und beschreiben, bieten eine weitere umfassende Informationsquelle. Eine besonders detaillierte und umfassende Recherchemöglichkeit bietet die Plattform IT-Matchmaker der Trovarit AG (www.it-matchmaker.com).[24] Dort ist sowohl eine grobe Sichtung unterschiedlicher Softwareanbieter, als auch eine systematische Vorauswahl anhand detaillierter fachlicher und technologischer Kriterien möglich. So liegen für den Bereich WWS von ca. 100 Systemen Erfüllungsangaben zu mehr als 1200 Kriterien/Anforderungen vor, über die eine gezielte Suche und Eingrenzung erfolgen kann. Da diese Systemangaben bereits vorliegen, werden durch die Nutzung dieser Plattform der Datenerhebungsaufwand und die damit verbundenen Kosten signifikant reduziert.

Insbesondere bei einer risikoaversen Einstellung kann die Analyse der bei *Konkurrenzunternehmen* eingesetzten Softwaresysteme Anhaltspunkte für geeignete Systeme liefern. Wird dieser Aspekt übermäßig betont und gegebenenfalls auf eine detaillierte Softwareevaluation verzichtet, so besteht die Gefahr, dass zwar eine verbreitete, aber nicht zwingend eine die individuellen Anforderungen gut abdeckende Lösung gefunden wird. Zur reinen Identifikation möglicher Systeme ist dieser Ansatz jedoch durchaus geeignet.

Spezialisierte *Unternehmensberater* können aufgrund umfangreicher Erfahrungen aus anderen Projekten oftmals schnell relevante Systemalternativen ermitteln und irrelevante eliminieren. Voraussetzung ist eine ausreichende Branchenerfahrung und -kompetenz des Beraters. Der Einsatz von externen Beratern verursacht zwar zum Teil nicht unerhebliche Kosten; je-

---

[23] Zu WWS-Marktübersichten vgl. Schütte, Vering (2004). Eine Untersuchung integrierter Standardsoftware (ERP) mit einem Fokus auf Anforderungen der PPS findet sich bei Fandel, Francois, Gubitz (1997).

[24] Vgl. hierzu ausführlich Beitrag V, der auf den IT-Matchmaker als Werkzeug zur Softwareauswahl eingeht.

doch kann ein Berater durch sein Erfahrungswissen und seinen anderen Blickwinkel auf das Softwareauswahlproblem den Auswahlprozess vereinfachen und das Risiko, wichtige Softwarealternativen unberücksichtigt zu lassen, reduzieren. Bei großen Softwareauswahlprojekten sowie bei einer geringeren DV-Kompetenz des Handelsunternehmens und einer fehlenden Übersicht über den WWS-Markt und aktuelle Marktentwicklungen ist der Einsatz von unabhängigen, branchenerfahrenen Beratern für die Identifikation geeigneter WWS und zur weiteren Unterstützung eines systematischen Bewertungsprozesses zu empfehlen.

Um möglichst sicher die relevanten Alternativen zu identifizieren, empfiehlt sich grundsätzlich eine kombinierte Nutzung der vorgenannten Informationsquellen. Aufgrund der relativ geringen Kosten und des großen Informationsstands sollte zwingend eine Berücksichtigung von Softwarekatalogen sowie relevanten Marktführern erfolgen.

Identifikation potenziell geeigneter Systeme

Aufgrund der Vielzahl existierender Warenwirtschaftssysteme ist bereits in der Identifikationsphase eine radikale Beschränkung auf solche Systeme geboten, die eine grundsätzliche Eignung versprechen. Insbesondere die Informationsquellen Marktstudien, Softwarekataloge, Messen und Fachpublikationen liefern neben relevanten Systemen oftmals mehrere hundert nicht geeignete Lösungen.

Kriterien zur Bewertung der potenziellen grundsätzlichen Systemeignung müssen aufgrund der großen Anzahl zu betrachtender Systeme einerseits einfach zu erheben sein und andererseits eine gute Trennschärfe besitzen. Ferner sollten die eigenen Anforderungen bezüglich dieser Kriterien bereits nach Abschluss der Ist-Analyse feststehen, so dass eine Marktanalyse parallel zur Soll-Konzeption durchgeführt werden kann. Geeignet in diesem Kontext sind vor allem die Kriterien:
- abgedeckte Wirtschaftsstufe (Einzel-/Großhandel),
- Branchenausrichtung/ Branchenreferenzen und
- typische Installationsgröße (z. B. Benutzeranzahl, Systemarchitektur).

Liegt eine zwingende Festlegung auf eine bestimmte *Hardwareplattform* vor, so kann diese als weitere Anforderung aufgenommen werden.

Die Kriterien Wirtschaftsstufe, Installationsgröße und gegebenenfalls Hardwareplattform sind als K.O.-Kriterien zu verstehen. Unterstützt ein Softwareprodukt die geforderte Wirtschaftsstufe nicht, so ist es grundsätzlich nicht weiter zu berücksichtigen. Gleiches gilt hinsichtlich der Systemgröße. Unterscheiden sich die typische und die erforderliche Installationsgröße signifikant, so ist eine weitere Verfolgung der Alternative ebenfalls nicht zweckmäßig.[25]

Die Branchenausrichtung darf hingegen nicht als K.O.-Kriterium verstanden werden, da es auch branchenneutrale Warenwirtschaftssysteme gibt, die trotz fehlender expliziter Branchenausrichtung in verschiedenen Handelsbranchen erfolgreich einsetzbar sind. Dieses Kriterium ist gleichwohl geeignet, Systeme zu eliminieren, die eine klare Fokussierung auf solche Branchen zeigen, die von der eigenen Branche stark abweichende Anforderungen besitzen. So ist ein Warenwirtschaftssystem, das explizit auf den Tonträgerfachhandel ausgerichtet ist, mit großer Sicherheit nicht effizient im Textil- oder Lebensmittelhandel einzusetzen. Die explizite Ausrichtung eines Systems auf die eigene Branche stellt ferner ein Indiz für eine potenziell gute Eignung dar.

Da die Bewertung der Systeme in der folgenden Vorauswahl noch relativ wenig Aufwand verursacht, bietet es sich an, Systeme, deren mögliche Eignung nicht sicher auszuschließen ist, tendenziell noch nicht in der Identifikationsphase zu eliminieren. Werden anderseits weniger als ca. fünf Systeme identifiziert, so ist in der Regel eine Ausdehnung der Informationsrecherche unter Hinzunahme weiterer Informationsquellen zweckmäßig.

Das Ergebnis der Marktanalyse stellt idealerweise eine ca. 10-20 Systeme umfassende Liste der als potenziell geeignet erscheinenden Warenwirtschaftssysteme dar.

3.4.2 Phase 4.2: Vorauswahl

Nach der Marktsichtung ist die Anzahl der als potenziell geeigneten Warenwirtschaftssysteme typischerweise so groß, dass vor einem direkten System-Test eine weitere Verringerung der Alternativenanzahl erforderlich ist. In dieser Phase ist es besonders wichtig, systematisch und nachvollziehbar vorzugehen, um nicht „versehentlich" gut passende Lösungen zu eliminieren. Im Kern geht es darum, die wesentlichen Soll-Anforderungen so aufzubereiten, dass die Anbieter aufgefordert werden können, anzugeben, inwieweit diese Anforderungen durch die jeweilige Lösung im Standard abgedeckt werden.

---

[25] Ist die typische Systemgröße wesentlich kleiner als die geforderte (bspw. ein System mit typischer Einplatzinstallation bei einem internationalen Handelskonzern), so ist offensichtlich, dass keinerlei Eignung besteht. Ist die typische Installationsgröße hingegen wesentlich größer (bspw. ein System mit typischerweise über 1.000 Usern bei einem Einzelhandelsunternehmen mit einer Filiale), so ist von nicht zweckmäßigen Einführungs- und Anpassungskosten sowie übermäßig hohen Lizenz- und Supportkosten auszugehen.

Die hierbei erarbeiteten Dokumente stellen zugleich auch die Grundlage für die Erstellung eines detaillierten, unternehmensspezifischen Testfahrplans für die Anbieterpräsentationen (Phase 4.3) dar.

Erstellung des Anforderungskatalogs

Die Anforderungserfüllung wird im ersten Schritt über eine fragebogenbasierte Anbietererhebung durchgeführt. Neben einer groben Darstellung der Unternehmens- und Projektsituation ist den Anbietern hierzu eine Liste der Anforderungen (Fragenkatalog) zuzusenden. Inhaltlich entspricht der Anforderungskatalog dem in der Soll-Konzeption entwickelten Kriterienkatalog.

Da eine größere Anzahl an Anforderungen nicht unüblich ist, ist es besonders wichtig eine systematische Struktur (z. B. das Handels-H-Referenzmodell[26]) zu verwenden und auch deutlich zu machen, welche Anforderungen besonders wichtig sind. Letzteres ermöglicht es den Anbietern, sich gezielt auf diese Anforderungen zu konzentrieren und ggf. umfassende Lösungsvorschläge zu skizzieren. Erwarten Sie in dieser Phase nicht, dass Ihnen die Anbieter Volltext-Antworten zu mehreren hundert Einzelanforderungen liefern. Und selbst wenn die Anbieter dies tun würden, Sie könnten diese bei der immer noch recht großen Anzahl unterschiedlicher Systeme nicht sinnvoll gegenüberstellen bzw. im Vergleich bewerten. Der Anbieter hat daher für jede Anforderung anzugeben, ob diese vom System im Standard erfüllt wird bzw. nicht erfüllt wird. Als mögliche Ausprägungen für den Erfüllungsgrad der Anforderungen hat sich eine Dreiteilung bewährt:

- „Anforderung im Standard vollständig erfüllt",
- „Anforderung im Standard teilweise erfüllt" und
- „Anforderung im Standard nicht erfüllt".

Bei einer Teilerfüllung ist vom Anbieter eine nähere Erläuterung der Art und Weise der Teilerfüllung anzugeben.

Standardsoftware deckt in der Regel nicht alle individuellen Anforderungen ab, so dass der Frage, wie Anforderungen, die im Standard nicht unterstützt werden, durch individuelle Anpassung der Software umsetzbar sind, eine zentrale Bedeutung zukommt. Da grundsätzlich eine individuelle Veränderung von Standardsoftware möglichst vermieden werden sollte, ist diese Betrachtung ausschließlich für Kernanforderungen sinnvoll.

---

[26] Vgl. Becker, Schütte (2004).

IV Systematische Auswahl von Unternehmenssoftware 87

Im Fragenkatalog sind Kernanforderungen zu kennzeichnen und die Anbieter sind aufzufordern, bei diesen – sofern sie nicht oder nur teilweise im Standard abgedeckt werden – deutlich zu machen, wie, d. h. als Add-on-Programmierung an User-Exists, als individuelle Modifikation des Standards oder als Neuaufnahme in den Standard, diese gegebenenfalls individuell realisierbar sind.

Eine Erhebungsstruktur, die verdeutlicht bei welchen Kernanforderungen eine solche individuelle Anpassung gegebenenfalls gewünscht ist, zeigt Abb. 11.

	erfüllt	teilweise erfüllt	nicht erfüllt	realisierbar als U/M/S*	Erläuterung
...					
1.3 Artikelstamm					
alphanumerische Artikelnr.					
automatische Teilgenerierung der Artikelnummern					
Chargenverwaltung					
Chargensortierung nach MHD					
autom. Chargenfindung bei Folgeaufträgen					
Kopierfunktion vollständiger Artikel					
...					

* U = User Exit
M = Modifikation des Standards
S = Aufnahme in Standard

Abb. 11: Struktur des Anforderungskatalogs

Ein wesentliches Hilfsmittel zur Erstellung des Anforderungskatalogs stellt der WWS-Fragenkatalog des IT-Matchmakers dar.[27] Dort sind in der Struktur des Handels-H-Referenzmodells über 1.200 Einzelanforderungen aufgeführt. Auf dieser Grundlage kann sehr effizient ein eigener Anforderungskatalog abgeleitet werden (Streichen der irrelevanten Fragen und Merkmale und Aufnehmen ggf. fehlender branchen- und unternehmensspezifischer Merkmale). Zudem erlaubt der IT-Matchmaker eine direkte Recherche der Anforderungserfüllung anhand der für relevant gekenn-

---

[27] Vgl. Beitrag V.

zeichneten Anforderungen des WWS-Katalogs und ermöglicht auch eine effiziente Kommunikation mit den Anbietern, um Angaben zu ggf. zusätzlich erfassten Spezialanforderungen zu erhalten.

3.5.2. Auf welcher Ebene können die Einkaufspreise definiert werden?

	verifiziert	erfüllt	
1.	O	O	unternehmensübergreifend
2.	X	X	auf Unternehmensebene
3.	O	O	auf Filialebene
4.	X	X	Unterstützung verpackungseinheitenabhängiger Preise

3.5.3. Welche Rabattarten werden unterstützt?

	verifiziert	erfüllt	
1.	X	X	prozentualer Rabatt
2.	O	O	absoluter Rabatt
3.	X	X	Rabatt-Wertstaffeln
4.	X	X	Rabatt-Mengenstaffeln
5.	X	X	Staffeln auf Positionsebene
6.	X	X	Staffeln auf Gesamtbetragsebene
7.	X	X	bis zu 5 Rabatt-Staffelstufen
8.	X	X	6 bis 10 Rabatt-Staffelstufen
9.	X	X	mehr als 10 Rabatt-Staffelstufen
10.	O	O	Frühbezugsrabatt
11.	O	O	Frühlieferungsrabatt
12.	O	O	Naturalrabatt

3.5.4. Auf welcher Ebene kann die Rabattdefinition erfolgen?
Erklärung zur Frage:
Neben der Rabattdefinition für einzelne Artikel in bestimmten Unternehmensstandorten/Filialen lassen sich Rabatte auch auf übergeordneter Ebene festlegen, bis hin zu einem globalen lieferantenbezogenen Rabatt, der für alle Artikel eines Lieferanten im gesamten Unternehmen gilt. Die Möglichkeit zur Definition von Rabatten auf mehreren Ebenen bietet eine hohe Flexibilität und reduziert oftmals den Datenpflegeaufwand deutlich.

	verifiziert	erfüllt	
1.	X	X	unternehmensübergreifend für einen Lieferanten
2.	X	X	unternehmensübergreifend für ein Lieferantenteilsortiment
3.	X	X	unternehmensübergreifend für einen Artikel
4.	X	X	auf Unternehmensebene für einen Lieferanten
5.	X	X	auf Unternehmensebene für ein Lieferantenteilsortiment
6.	X	X	auf Unternehmensebene für einen Artikel
7.	X	X	auf Standort-/Filialebene für einen Lieferant
8.	X	X	auf Standort-/Filialebene für ein Lieferantenteilsortiment
9.	X	X	auf Standort-/Filialebene für einen Artikel

3.5.5. Welche Formen der Zeitsteuerung von Konditionen werden unterstützt?
Erklärung zur Frage:
Eine Vorerfassung von Preisen und Rabatten erlaubt die Eingabe neuer Konditionen mit einem "gültig ab"-Datum. Eine Preishistorie bietet eine übersichtliche Darstellung der Preisentwicklung über ggf. mehrere Änderungen hinweg. Eine Zeitsteuerung, die mehrere Zeiträume unterstützt, erlaubt die parallele Festlegung von Konditionen für mehrere Intervalle. Dazu ist jeweils eine Angabe der Gültigkeit in Form von "von...bis"-Angaben erforderlich. Bei geschachtelten Zeiträumen kann eine Kondition eine andere für einen bestimmten Zeitraum überschreiben (z.B. bei Aktionen). Während bei Preisangaben automatisch der eingelagerte Preis gilt, ist bei Rabatten festzulegen, ob diese additiv oder substitutiv gelten sollen.

	verifiziert	erfüllt	
1.	X	X	Preise
2.	X	X	Rabatte

Abb. 12: Auszug aus dem WWS-Fragenkatalog des IT-Matchmakers

Typischerweise werden in dieser Phase auch erste grobe Kostenangaben mit abgefragt. Relativ gut ermittelbar sind zu diesem frühen Zeitpunkt zum Beispiel die Lizenzkosten (laut Standardpreisliste) und Tagessätze für Projektleitung, Beratung und Programmierung (laut Standardpreisliste), sowie ggf. eine erste Abschätzung zu den Hardwarekosten (sofern eine Präferenz für eine bestimmte Hardwareplattform schon vorgegeben wurde).

Durchführung der Anbieterbefragung
Die Fragebögen sollten zeitgleich an die Anbieter versandt werden. Erfahrungsgemäß muss den Anbietern ein Zeitraum von etwas 14 Tagen für die Beantwortung des Anforderungskatalogs gegeben werden. Geben Sie den Anbietern auch die Möglichkeit, sich bei Rückfragen zu den wesentlichen Anforderungen oder grundsätzlichen Verständnis-/Hintergrundfragen bei Ihnen melden zu können. Dies kann wesentlich dazu beitragen, die Qualität der Antworten zu erhöhen und Missverständnisse zu vermeiden.

Grobbewertung der Systeme

Nach dem Rücklauf der Fragebögen empfiehlt es sich, die Angaben zur Anforderungserfüllung in einer Gesamttabelle gegenüberzustellen und aggregierte Werte über Art und Umfang der Erfüllung zu erstellen. Unter Berücksichtigung der groben Kostenangaben und weiterer Umfeldinformationen (z. B. Positionierung des Anbieters, Marktpositionierung der Lösung, Referenzen etc.) sind dann idealerweise 3 bis 5 Systeme auszuwählen, die in der Folge detailliert betrachtet und bewertet werden sollen. Eine Detailbetrachtung einer größeren Anzahl an Systemen ist nicht zu empfehlen, da entweder der Analyse- und Vergleichsaufwand erheblich steigt oder – was in der Praxis häufig zu beobachten ist – der Detaillierungsgrad zu stark reduziert wird.

3.4.3 Phase 4.3: System-Test

Kern des Systems-Tests sind die Anbieterpräsentationen anhand eines unternehmensspezifisch erstellten Testfahrplans. Durch die Vorgabe eines detaillierten Testfahrplans für die Präsentationen wird sichergestellt, dass die tatsächlich relevanten Aspekte in vergleichbarer Form von allen Anbietern dargestellt werden. Nach den Anbieterpräsentationen finden dann typischerweise noch Referenzbesuche und eine Erhebung weiterer Umfeldinformationen (z. B. Marktstellung Anbieter, Detaillierung Kostenschätzung) statt.

Erstellung des Testfahrplans

Eine System-Präsentation schafft eine gute Möglichkeit, einen Eindruck vom praktischen Einsatz des Systems und der Professionalität des Anbieters zu erhalten, und sollte daher als Pflichtbestandteil eines jeden Softwareauswahlprojekts angesehen werden. Neben einer typischerweise vom Softwareanbieter frei gestalteten Einführung sind primär vom Handelsunternehmen vorzugebene Szenarien und Problemfälle zu betrachten. Eine marketinggetriebene Standard-Präsentation universeller Systemfunktionen, die ggf. ohnehin als unkritisch bzw. als irrelevant eingeschätzt werden, ist zwingend zu vermeiden.

Es empfiehlt sich daher im Vorfeld eigenständig einen detaillierten Testfahrplan zu erstellen und diesen den Anbietern als feste Vorgabe der zu präsentierenden Inhalte zu geben. Selbst wenn es für die Anbieter mitunter einen erheblichen Aufwand bedeutet, Spezialwünsche aus dem Testfahrplan im System vorzubereiten, so sind diese auf der anderen Seite vielfach sogar dafür dankbar, das Klarheit über Struktur und Inhalt der Präsentationen besteht.

Der Fokus des Testfahrplans sollte bei der System-Präsentation vor allem auf einer zusammenhängenden Darstellung zentraler Geschäftsprozesse liegen, da bestehende Probleme oftmals erst bei einer Betrachtung durchgehender Beispiele offensichtlich werden. Ergänzend können wesentliche strukturelle Aspekte, wie die konkrete Abbildung der Unternehmensstrukturen, der Artikel- und Sortimentsstrukturen sowie des Konditionswesens thematisiert werden und nicht zuletzt auch Fragen der Kostenrechnung/ Finanzbuchhaltung (sofern ebenfalls im Fokus des Auswahlprojektes).

Es sollte auch ein grober Überblick über zentrale systemtechnische Aufgabenstellungen und Funktionen, wie z. B. Berichts-/Formulargestaltung, Import-/Export-Funktionalität, OLAP-Funktionalität und technologische Anforderungen, eingefordert werden.

Tabelle 3 zeigt eine konkrete Testfahrplanstruktur für eine eintägige Anbieterpräsentation bei einem Distributionsunternehmen.

Tabelle 3: Exemplarische Struktur eines Testfahrplans

Teil I: Einführung		3
1	AUFGABENSTELLUNG	3
1.1	Ausgangssituation	3
1.2	Ziele und Status des Auswahl-Projektes	4
1.3	Mengengerüst	6
1.4	Übersicht Kerngeschäft	9
2	ERWARTUNGEN BEIM SYSTEMTEST	11
3	BEURTEILUNGSSYSTEMATIK	12
4	TAGESORDNUNG FÜR DEN SYSTEMTEST	13
Teil II: Systemanforderungen		**14**
1	SYSTEMMANAGEMENT	14
1.1	Systemanpassungen und Userrechte	14
1.2	Mailingfunktionen	14
1.3	Systemtechnik	15
2	STAMMDATEN UND BASISSTRUKTUREN	16
2.1	Organisationsstrukturen	16
2.2	Artikelstamm	17
2.3	Kundenstamm	20
3	PREISE UND KONDITIONEN	22
3.1	Einkaufskonditionen	22
3.2	Verkaufskonditionen	23
4	KERNPROZESSE	24
4.1	Rahmenauftrag	24
4.2	Wareneingang	24
4.3	Einzelversand mit Bezug zum Rahmenauftrag	25
4.4	Einzelversand mit Kommissionierliste	26
4.5	Verteiler / Routineversand	26
4.6	Sonderabwicklungen	29
4.7	Abrufaufträge	30
4.8	Streckenbestellung	31
4.9	Retouren / Gutschriften	32
5	WEITERE ANFORDERUNGEN WWS	33
6	LAGERWESEN	35
6.1	Lagerort- und Lagerplatzverwaltung	35
6.2	Inventur	36
7	INTERNET-SHOP-LÖSUNG	36
8	KOSTENRECHNUNG	38
8.1	Allgemeine Fragen	38
8.2	Kostenartenrechnung	38
8.3	Kostenstellenrechnung	38
8.4	(Nach-)Kalkulation	39
8.5	Projekte als übergeordnete Auswertungs- / Bezugsebene	40
9	FINANZBUCHHALTUNG	40
10	QUERSCHNITTSFUNKTION	41
10.1	Formulare / Druckersteuerung usw.	41
10.2	Berichte und Reports	41
10.3	Schnittstellengestaltung	43
10.4	Technische Anforderungen	44
11	EINFÜHRUNGS- UND SCHULUNGSKONZEPT	51
11.1	Einführungskonzept	51
11.2	Schulungskonzept	52
A	ANHANG A (SCHNITTSTELLENÜBERSICHT)	53
B	ANHANG B (TESTDATEN)	54

Der Detaillierungsgrad des Testfahrplans ist so zu wählen, dass sichergestellt ist, dass die unterschiedlichen Anbieter die gewünschten Sachverhalte auch vergleichbar präsentieren (vgl. Abb. 13). Dies kann unter Anderem dadurch unterstützt werden, dass auch die konkret zu verwendenden Stamm- und Bewegungsdaten (im Anhang des Testfahrplans) mit vorgegeben werden. Bei sehr unternehmensspezifischen Anforderungen ist zudem auf eine entsprechende Erläuterung zu achten, damit die Anbieter die Zusammenhänge verstehen und geeignete Lösungsansätze vorbereiten können (vgl. nachfolgenden Exkurs zu unternehmensspezifischen Prozessen). Es ist ferner wichtig, die Anbieter darauf hinzuweisen, dass nicht zwingend eine 100-prozentige Abdeckung im Standard erwartet wird, aber zumindest für alle wesentlichen Anforderungen ein (konzeptioneller) Lösungsansatz vorgestellt wird.

Fragestellung	System 1	System 2	System 3
35. Wie können Verkaufssets zusammengestellt und verwaltet werden? • Definition von Sets • Bestandsführung auf Komponentenebene • Positionsnummern für Set-Komponenten			
36. Mehrstufige Sets • Sets als Komponente von Sets			
37. Set-Darstellung in Lieferschein und Rechnung • Set als eine Position mit Set-Bezeichnung • Set als eine Position inkl. Auflistung aller Unterpositionen			
38. Wie kann der Set-Preis festgelegt werden? • Set-Preis gleich Summe der Einzelkomponenten (als Defaultwert) • Manuelles Festlegung des Set-Preises			

Beispiel Set-Artikel:
Bitte bilden Sie den nachfolgenden Set-Artikel ab. So dass er in den nachfolgenden Prozess auch exemplarisch (z.B. Kundenauftrag) verwendet werden kann.

ArtNr	StücklistenartikelNr	Menge
6510011000	6515211709	1
6510011000	6515213007	1
6510011000	6515213806	2

(Anmerkung: die Artikel sollen alle im System verfügbar sein; vgl. Musterdaten Artikelstamm im Anhang A)

Abb. 13: Ausschnitt Testfahrplan: funktionale / strukturelle Anforderungen zu Verkaufssets

Exkurs: Ausschnitt Testfahrplan: komplexe unternehmensspezifische Prozesslogik

Das Sortiment der Firma xxx umfasst eine Vielzahl von Artikeln (z. B. Produktprospekte), die als Routineversand regelmäßig an bestimmte Ansprechpartner versandt werden. Abzubilden ist eine Hinterlegung der relevanten Ansprechpartner mit ihren jeweils individuellen Artikelmengen. Diese Zuordnung wird als Verteiler bezeichnet und ist in Form von Stammdaten zu speichern und zu verwalten. Pro Artikel gibt es nur einen Verteiler. In einem Artikelverteiler können mehrere Ansprechpartner desselben Kunden enthalten sein.

Beispieldaten Verteiler:

Artikel	Kunde	Ansprechpartner	Verteilermenge
Verteiler Artikel A1			
A1	K1	AP3	1
A1	K2	AP3	3
A1	K3	AP1	2
A1	K4	AP1	1
Verteiler Artikel A2			
A2	K1	AP2	1
A2	K2	AP3	2
A2	K2	AP1	4
Verteiler Artikel A3			
A3	K1	AP3	2
A3	K2	AP2	1
A3	K3	AP1	3

A) Routineversand des Artikels A1 über den zugehörigen Verteiler A1
Es ergeben sich die nachfolgenden Versandaufträge/Lieferscheine (automatische Erstellung der Lieferscheine nach Erzeugung des Versandauftrags)

Kunde	Ansprechpartner	Artikel	Verteilermenge
K1	AP3	A1	1
K2	AP3	A1	3
K3	AP1	A1	2
K4	AP1	A1	1

B) Routineversand des Artikels A1 über den Artikelverteiler A2
Anstelle des „eigenen" Verteilers eines Artikels zu wählen, ist es möglich, einen Artikel über einen anderen Verteiler zu versenden. So kann es sein, dass Ansprechpartner, die einen Informationsordner (Artikel A2) erhalten haben, nun einen Nachtrag (Artikel A1) in der passenden Anzahl erhalten sollen.

Es ergeben sich die nachfolgenden Versandaufträge/Lieferscheine

Kunde	Ansprechpartner	Artikel	Verteilermenge
K1	AP2	A1	1
K2	AP3	A1	2
K2	AP1	A1	4

C) Gruppierender Routineversand des Artikels A1 (über Verteiler A1), des Artikels A2 (über Verteiler A2) und des Artikels A3 (über Verteiler A3)

Ziel des gruppierenden Routineversands ist es, gleichzeitig Versandaufträge für verschiedene Artikel zu generieren, und diese dann Ansprechpartner-bezogen zu Sammellieferscheinen zusammenzufassen, um den Ansprechpartnern die Artikel gemeinsam in einer Warensendung zukommen zu lassen.

Für das Beispiel ergeben sich die nachfolgenden Versandaufträge:

Kunde	Ansprechpartner	Artikel	Verteilermenge
K1	AP3	A1	1
K2	AP3	A1	3
K3	AP1	A1	2
K4	AP1	A1	1
K1	AP2	A2	1
K2	AP3	A2	2
K2	AP1	A2	4
K1	AP3	A3	2
K2	AP2	A3	1
K3	AP1	A3	3

Durch die anschließende Gruppierung ergeben sich die folgenden Lieferscheine:

Kunde	Ansprechpartner	Artikel	Verteilermenge
K1	AP3	A1	1
		A3	2
K2	AP3	A1	3
		A2	2
K3	AP1	A1	2
		A3	3
K4	AP1	A1	1
K1	AP2	A2	1
K2	AP1	A2	4
K2	AP2	A3	1

Beim gruppierenden Routineversand werden derzeit in einem Vorgang bis zu 6.000 Versandaufträge generiert. Insgesamt liegen derzeit ca. 300.000 Verteilerdatensätze (Artikel-Kunde-Ansprechpartner-Menge) im System vor.

➔ *Eine ausreichende Performance des (gruppierenden) Routineversands ist daher erforderlich.*

Bitte bilden Sie den obigen Verteiler im System ab (bzw. zeigen Sie einen konkreten Lösungsansatz auf) und gehen Sie insbesondere auf die nachfolgenden Fragestellungen ein.

Fragestellung	System 1	System 2	System 3
Wie lassen sich die zuvor skizzierten artikelbezogenen Verteiler realisieren? • Anlage und Änderung von Verteilerdatensätzen • Zugriff auf den Verteiler über den Artikel (Zeige alle hinterlegten Ansprechpartner bei einen Artikel, inkl. Menge) • Zugriff auf den Verteiler über den Ansprechpartner (Zeige alle Artikel, bei denen der Ansprechpartner im Verteiler ist, inkl. Menge)			
Nachtragspflichtige Artikel • Kennzeichnung bestimmter Artikel als „nachtragspflichtig" • Bei direkter Bestellung (nicht bei Versand über Verteiler) eines solchen Artikels wird automatisch die Artikelanzahl des bestellenden Ansprechpartners im Verteiler um die Bestellmenge erhöht (bzw. die Zuordnung Artikel-Ansprechpartner mit der Bestellmenge neu in den Verteiler eingefügt) *Anmerkung: Diese Funktion wird z. B. benötigt, um nachvollziehen zu können, welche Ansprechpartner in welcher Menge Informations-Ordner erhalten haben, da diese nachfolgend Aktualisierungslieferungen bedingen.*			
Definition von Fracht- und Versandkosten bei Generierung der verteilerbasierten Versandaufträge, so dass diese automatisch in alle resultierenden Versandaufträge übernommen werden			
Verteiler Import/Export von/nach Excel			

Anmerkung: Der obig beschriebene Prozess ist kein typischer Warenwirtschaftsprozess, er ist in der beschriebenen Form nach aktuellem Kenntnisstand des Autors in keinem WWS im Standard vollständig enthalten. Gleichwohl bieten verschiedene Anbieter Lösungsansätze, um dies mehr oder weniger effizient abbilden zu können. Aufgrund dieser Besonderheit und der großen Bedeutung für die Kernprozesse des Kundens, wurde das oben beschriebene umfangreiche Szenario in den Testfahrplan aufgenommen. In den Systempräsentationen haben alle Anbieter – gut vergleichbar – anhand des vorgegebenen Szenarios aufgezeigt, wie sie sich einen Lösungsansatz vorstellen könnten. Dieser Detaillierungsgrad ist allerdings tatsächlich nur für sehr spezifische und zugleich wesentliche Anforderungen sinnvoll.

Exkursende

Durchführung der Anbieterpräsentationen

An den Anbieterpräsentationen sollte das erweiterte Projektteam teilnehmen. Insbesondere sind die Key User bzw. Vertreter der Fachabteilungen einzubinden, da diese für die fachliche Bewertung der aufgezeigten Lösungen unbedingt erforderlich sind.

Es hat sich bewährt, durch jeden Präsentationsteilnehmer eine Bewertung seines subjektiven Eindrucks der Erfüllung aller im Testfahrplan aufgeführten Aspekte vornehmen zu lassen. Je Einzelaspekt ist dabei eine Note (beispielsweise anhand des Schulnotensystems) zu vergeben.

Dies erlaubt einerseits eine systematische Konsolidierung der Einzeleindrücke und unterstützt den Vergleich der Systemalternativen; andererseits trägt dies dazu bei, dass alle Teilnehmer der Präsentation stets (d. h. auch in den funktionalen Bereichen, für die sie im Tagesgeschäft nicht verantwortlich sind) aufmerksam sind und den Vorführungen aktiv folgen.

Es ist darauf zu achten, dass keine zu detaillierten fachlichen Sonderfalldiskussionen geführt werden und dass der vorgesehene Zeitplan eingehalten wird. Um einen straffen Ablauf der Präsentationen zu gewährleisten und den Anbieter zu einer Präsentation strikt nach dem Testfahrplan zu „zwingen" hat sich eine Moderation der Präsentationen durch einen externen Berater bewährt. Dieser kann als „neutraler" Mittler sowohl die Anbieter als auch die Anwender immer wieder zurück zum Testfahrplan führen.

Aspekte die im Rahmen der Präsentation nicht oder nur unzureichend dargestellt werden konnten, sind dem Anbieter als nachzuliefernde Aufgaben mitzugeben. Ebenso sollten die Anbieter nach der Präsentation aufgefordert werden, eine aktualisierte/ konkretisierte Kostenabschätzung zu erstellen.

Prüfung Referenzen und Umfeldinformationen

Die Zeit, die die Anbieter nach den Präsentationen zur Klärung der noch offenen Punkte und zur Konkretisierung der Kostenabschätzung benötigen sollte genutzt werden, um sich bei Referenzkunden selbst ein Bild von der Anwendung der Software im Echtbetrieb zu machen.

Die Kontaktaufnahme mit Referenzkunden des Softwareanbieters bietet die Gelegenheit, das Warenwirtschaftssystem im produktiven Einsatz zu sehen und sich ein Urteil zur Leistungsfähigkeit und Reaktionszeit des Anbieters zu bilden. Referenzkunden geben ferner eine realistischere Einschätzung der Stärken und Schwächen des Systems, als dies der Systemanbieter typischerweise selbst kann bzw. will. Für eine Übertragung der Einschätzungen des Referenzkunden auf das eigene Unternehmen ist eine möglichst hohe Übereinstimmung hinsichtlich der Unternehmensstruktur, der Handelsbranche, der Wirtschaftsstufe und des Transaktionsvolumens erforderlich.

Ergänzend sollten in dieser Phase auch noch weitergehende Informationen zum Anbieter, dessen Marktposition und dessen Entwicklungsstrategie etc. erhoben bzw. eingefordert werden.

3.4.4 *Phase 4.4: Detailbewertung*

Basierend auf den im Rahmen der Anbieteranfragen, der Systempräsentationen, der Referenzkundenbesuche und der Kostenabschätzungen der Anbieter erhaltenen Informationen ist nun eine detaillierte Gegenüberstellung und Bewertung der Alternativen erforderlich. Grundsätzlich zu unterscheiden ist hierbei zwischen den monetären Aspekten (welche im Rahmen einer Wirtschaftlichkeitsbetrachtung zu berücksichtigen sind) und den nicht monetären Aspekten (welche primär durch eine Nutzwertanalyse zu verdichten und zu bewerten sind). Diese Einzelbewertungen sind dann zu einer Gesamtbewertung und einer Auswahlempfehlung zusammenzuführen (vgl. Abb. 14).

```
┌─────────────────────────────────────────────────────┐
│          Vorausgewählte Systemalternativen          │
└─────────────────────────────────────────────────────┘

┌─────────────────────────────────────────────────────┐
│              Ermittlung der Daten                   │
├──────────────┬──────────────────┬───────────────────┤
│  Fragebogen  │   Präsentation   │     Interview     │
└──────────────┴──────────────────┴───────────────────┘

        ⬇                              ⬇

┌──────────────────────────┐   ┌──────────────────────┐
│  Bewertung der nicht-    │   │ Bewertung der monetären│
│    monetären Aspekte     │   │       Aspekte        │
└──────────────────────────┘   └──────────────────────┘

     ⬇              ⬇                   ⬇

┌──────────────┬──────────────┐   ┌──────────────────┐
│  NWA (mit    │ Stärken-/    │   │      VOFI        │
│Sensitivitäts-│ Schwächen-   │   │(und Szenario-    │
│  analyse)    │  Profile     │   │   Technik)       │
└──────────────┴──────────────┘   └──────────────────┘

┌─────────────────────────────────────────────────────┐
│              Entscheidungsgrundlage                 │
└─────────────────────────────────────────────────────┘
```

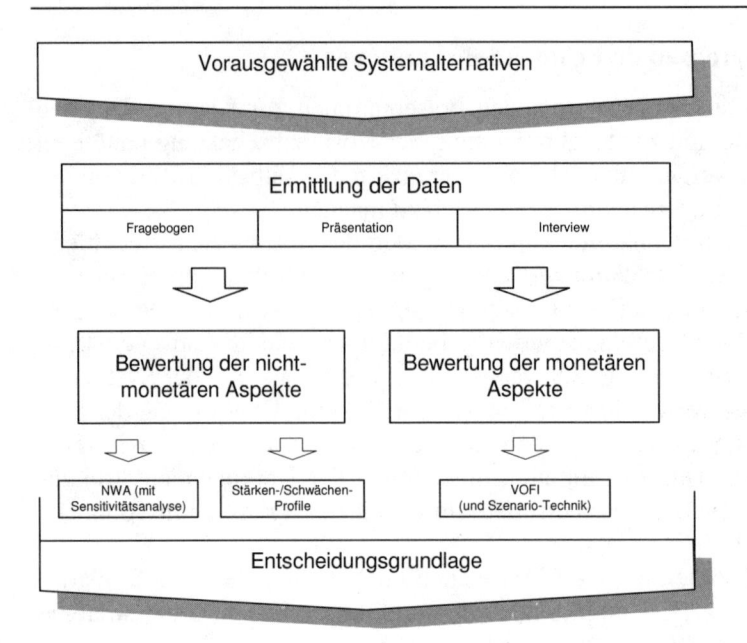

Abb. 14: Struktur der Detailbewertung

Bewertung der monetären Aspekte

Ziel der Bewertung der monetären Aspekte ist die möglichst realistische Ermittlung der Wirtschaftlichkeit der Alternativen im Vergleich zueinander sowie indirekt gegenüber der Ist-Situation. Die vollständige Finanzplanung (VOFI) bietet neben den grundsätzlichen Vorteilen dynamischer Verfahren einen weitgehenden Verzicht auf implizite Prämissen, so dass eine hohe Transparenz gegeben ist. Zudem ist auf einfache Weise eine Berücksichtigung steuerlicher Aspekte möglich.[28] In Anbetracht der typischen Nutzungsdauer von Warenwirtschaftssystemen erscheint ein Betrachtungszeitraum von fünf bis zehn Jahren zweckmäßig. Der konkrete Zeitraum ist projektspezifisch insbesondere unter Berücksichtigung der geplanten Nutzungsdauer des Warenwirtschaftssystem festzulegen.

Um dem Charakter der einzelnen Kostenarten gerecht zu werden, bietet sich eine aussagekräftige Teilverdichtung zu sechs Kostenblöcken an. Diese können unverdichtet in den vollständigen Finanzplan aufgenommen

---

[28] Zum Konzept des VOFI und den damit verbundenen Vorteilen vgl. ausführlich z. B. Grob (2001), S. 95ff.

werden, so dass die strukturelle Zusammensetzung der Kosten weiterhin transparent bleibt.

1.) Softwarelizenzen
- Warenwirtschaftssystem (zentrale WWS und ggf. FWWS),
- Basissoftware (Datenbank, zentrale und dezentrale Betriebssysteme, Terminalserversoftware etc.),
- Zusatzsysteme (LVS, Dispo-System, Regalverwaltungssystem etc.).

2.) Hardware
- zentrale Hardware,
- dezentrale Hardware,
- Netzinfrastruktur (LAN und WAN).

3.) Beratungsleistung
- Einführungs- und Reorganisationsberatung,
- Customizing,
- Altdatenübernahme,
- Schulung.

4.) Betrieb und Wartung
- Hardware-Wartungsverträge,
- jährliche Softwarewartungs- /-lizenzkosten,
- sonstige jährliche Lizenzkosten (Datenbank, Zusatzsysteme etc.),
- Datensicherung.

5.) Interne Kosten
- Personalkosten für intern durchgeführte Projektarbeiten.

6.) Sonstige Kosten
- sonstige Sachkosten (Papier, Drucketiketten, Datenträger, Strom etc.),
- Reisekosten,
- Rückstellungen für Risiken.

Sofern für die einzelnen Kostenarten noch keine differenzierten periodenbezogenen Werte vorliegen, sind diese unter Berücksichtigung der (zeitlichen) Rahmendaten der geplanten Einführungsstragie zu prognostizieren. Bei den einzelnen Softwarealternativen kann die zeitliche Kostenverteilung (beispielsweise aufgrund unterschiedlicher Einführungsstragien, verschieden schneller Implementierungszeiten etc.) deutlich differieren. So ist es denkbar, dass ein komplexes Warenwirtschaftsytem einen um ein Jahr längeren Vorlauf bis zur Produktivnahme erfordert und so bestimmte Kosten, aber auch alle Nutzeffekte, im Vergleich zu anderen Alternativen erst mit zeitlicher Verzögerung eintreten.

Die Kostenprognose muss auch allgemeine Kostentrends, wie erwartete Preissteigerungen (z. B. bei künftigen Beratungsleistungen) oder Preissenkungen (z. B. bei Kommunikations- oder Hardwarekosten), berücksichtigen. Die Konsistenz der Prognosen bezüglich gleicher Kostenarten ist alternativenübergreifend sicherzustellen.

Tabelle 4: Exemplarische Ermittlung der Hardware-Investitionskosten

Einführungsplanung (Rahmenbedingungen)	2002 Zentrale Ausbaustufe 1; 2 Niederlassungen; 50 Arbeitsplätze	2003 Zentrale Ausbaustufe 2; 25 weitere Niederlassungen / 400 Arbeitsplätze	... Zentrale Ausbaustufe n; 10 weitere Niederlassungen / 100 Arbeitsplätze
Zentrale Hardware - Kauf Server Ausbaustufe 1 - Kauf Server Ausbaustufe 2 - Aufbau WAN	250.000 € 15.000 €	 1.150.000 € 140.000 €	 55.000 €
je Niederlassung - ein GUI-Server zu 12.000 EUR - vier Drucker zu 2.500 EUR - Netzinfrastruktur zu 2000 EUR	48.000 €	600.000 €	240.000 €
je Arbeitsplatz - ein Network Computing Device zu 1.500 EUR - zwei 17''-Monitore zu 350 EUR - Netzinfrastruktur (LAN) arbeitsplatzbezogene Kosten je 150 EUR	117.500 €	940.000 €	235.000 €
Summe Hardwarekosten	430.500 €	2.830.000 €	530.000 €

Im Gegensatz zu den Kosten liegen die Nutzeneffekte primär auf qualitativer bzw. nicht-monetärer quantitativer Ebene vor. Relativ gut monetarisierbar sind Nutzeneffekte, die aus direkten *Kosteneinsparungen* im IT-Bereich im Vergleich zur Ist-Situation resultieren. Beispiele hierfür sind

- der Wegfall von Leasingverträgen,
- Einmalerlöse aus dem Verkauf von Hardware oder Softwarelizenzen,
- die Kündigung von Hardware-Wartungsverträgen,
- die Kündigung von Software-Entwicklungs-/Pflegeverträgen,

- offensichtliche interne Personalkosteneinsparungen im IT-Bereich.[29]

Weitere *Personalkosteneinsparungen* können aus der Freisetzung von Mitarbeitern der Fachabteilungen aufgrund einer Automatisierung bisher manueller Arbeitsabläufe oder einer effizienteren Prozess-/Arbeitsgestaltung resultieren. Tabelle 5 führt exemplarisch einige typische Einspareffekte auf.

Tabelle 5: Einspareffekte durch Automatisierung und organisatorische Optimierungen

Einspareffekte durch Automatisierung	Einspareffekte durch organisatorische Optimierungen
• Eliminierung von manuellen Faxbestellungen durch einen Faxserver • Einführung einer automatischen Disposition in dafür geeigneten Sortimentsbereichen • Eliminierung von redundanten Tätigkeiten (bspw. Wiedererfassen von Daten beim Übergang Angebot-Auftrag) • Einführung einer automatischen Rechnungsprüfung • Verstärkter Einsatz von EDIFACT (z. B. Wegfall der Rechnungserfassung) • automatische Ermittlung und Verfolgung der Bonusansprüche im WWS	• optimierte Lagerhaltung durch chaotische Lagerung (z. B. bessere Lagerplatzausnutzung, weniger Umlagerungen) • Ablösung manueller Listen (z. B. durch Verwaltung von Rahmenverträgen im WWS) • vereinfachte Artikelstammdatenpflege • verbesserte Dispositionsunterstützung • effiziente Auftragserfassungs/Telefonverkaufsunterstützung • vollständige Integration des Web-Shops • Optimierung der Kommissionierreihenfolge (z. B. durch Berücksichtigung der räumlichen Lagergegebenheiten)

Um eine möglichst umfassende Identifikation dieser Nutzeffekte zu erreichen, wird in Anlehnung an das Verfahren "Time-Saving Time-Salary"[30] für jeden Prozess bzw. Funktionsbereich ermittelt, inwieweit Nutzeffekte zu erwarten sind. Unterscheiden sich die Softwarealternativen in einem Prozess (z. B. automatische Rechnungsprüfung) nicht signifikant hinsichtlich ihrer Leistungsmerkmale, so ist es zweckmäßig, bei allen Warenwirtschaftssystemen den gleichen Einspareffekt zu unterstellen. Existieren

---

[29] Beispielsweise die Freisetzung von Mitarbeitern durch Outsourcing der Systemadministration auf ein externes Rechenzentrum.
[30] Vgl. Pietsch (1999), S. 124 ff.

deutliche Leistungsunterschiede, so sind die Einspareffekte individuell für jedes System zu prognostizieren. Wirken die Nutzeffekte nicht direkt und konstant in voller Höhe sondern erst mit Zeitverzug, was üblicherweise der Fall ist, so sind die personellen Einsparpotenziale periodenindividuell zuzuordnen.

Zur besseren Vergleichbarkeit mit der Soll-Konzeption und der Leistungserhebung der Systeme wird wiederum die Handels-H-Struktur (gegebenenfalls ergänzt um eine standortbezogene Betrachtung) verwendet. Eine wesentliche Größe zur Ermittlung des absoluten Einsparpotenzials stellen in der Ist-Aufnahme detailliert erhobene Mitarbeiterzahlen je Funktionsbereich bzw. Prozess dar (vgl. Abb. 15). Kritisch zu hinterfragen ist allerdings die Realisierbarkeit der identifizierten Einsparpotenziale, da diese – beispielsweise aufgrund arbeitsrechtlicher Restriktionen - nur eingeschränkt oder verzögert gegeben sein kann. Nach einer Überprüfung der Realisierbarkeit werden die Einsparpotenziale den relevanten Gehaltsgruppen zugeordnet, monetär bewertet und so je Systemalternative die jährlichen Gesamteinsparpotenziale im personellen Bereich ermittelt.

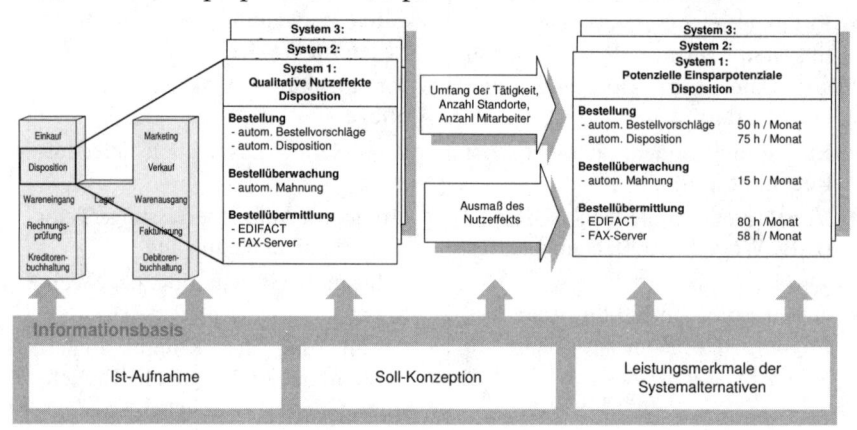

Abb. 15: Ableitung personeller Einsparpotenziale im Bereich Disposition

Die dritte relevante Nutzenkategorie stellen reduzierte *Kapitalbindungskosten* dar, die vielfach durch eine verbesserte Lagerhaltung und damit einhergehenden geringeren durchschnittlichen Lagerbeständen erreicht werden können. Die Basis für die Ermittlung dieser Nutzeneffekte stellen die durchschnittlichen derzeitigen Lagerbestände und die prognostizierte Reduktion dar. Bei heterogenen Standorttypen (z. B. Zentrallager und Filialen) ist eine standorttypbezogene Ermittlung dieser Nutzeneffekte zweckmäßig. Erfahrungen mit der Einführung integrierter Warenwirtschaftssysteme haben gezeigt, dass Bestandsreduktionen von 15% möglich sind.[31] Dieser Wert ist allerdings stark abhängig von der Qualität der derzeitigen Disposition und Lagersteuerung.

Die so ermittelten Werte für Kosten- und Nutzeneffekte können mittels eines VOFI zusammengefasst und ein Wirtschaftlichkeitswert je Systemalternative ermittelt werden.

Fast alle zuvor aufgeführten monetären Kosten-/Nutzen-Größen sind aufgrund der unsicheren zukünftigen Entwicklung grundsätzlich mit Unsicherheit versehen. Um diese Unsicherheit zu explizieren, wird die Szenario-Technik empfohlen,[32] die eine explizite Betrachtung unterschiedlicher Umweltszenarien erlaubt. Neben dem erstellten VOFI für das als realistisch angesehene Szenario wird ergänzend ein Szenario für den Worst-Case (pessimistisches Szenario) und den Best-Case (optimistisches Szenario) betrachtet. Ausgehend von dem vorliegenden VOFI sind dazu die einzelnen monetären Ausgangsgrößen hinsichtlich möglicher Risiken und Chancen bei pessimistischen bzw. optimistischen zukünftigen Rahmenbedingungen zu bewerten. Neben der absoluten Höhe eines monetären Effekts ist auch ein möglicher veränderter Eintrittszeitpunkt (beispielsweise ein längeres time lag bis zum Erreichen positiver Nutzeffekte) zu prüfen.

Nach Zusammenstellung der Kosten- und Nutzengrößen für das pessimistische und das optimistische Szenario wird jeweils ein VOFI aufgestellt.

Bewertung der qualitativen Aspekte

Die Vielzahl der qualitativen Aspekte, die für eine Bewertung eines Warenwirtschaftssystems erforderlich ist, entspricht aus entscheidungstheoretischer Sicht einem hochgradig mehrdimensionalen Zielsystem. Eine direkte Bewertung der Vorteilhaftigkeit der unterschiedlichen Alternativen ist direkt nicht mehr möglich, so dass eine der Entscheidung vorgelagerte Informationsverdichtung erforderlich ist. Hierzu kann auf die weit verbreiteten und für praktische Problemstellungen vertretbaren Verfahren der Nutzwertanalyse (auch als Scoringmodelle bezeichnet) zurückgegriffen werden.[33] Basierend auf einem gewichteten Kriterienkatalog wird die Kriterienerfüllung der einzelnen Entscheidungsalternativen erhoben, je Krite-

---

[31] Zum Ausmaß der Einspareffekte durch eine verbesserte Lagerhaltung und -steuerung vgl. Conradi (1989), S. 74 f.
[32] Vgl. u. a. Scherm (1992), S. 95 ff.
[33] Zur Darstellung der Nutzwertanalyse vgl. u. a. Zangemeister (1993).

rium in eine Punktzahl überführt und zu einem Gesamtnutzwert aggregiert. Zu wählen ist die Entscheidungsalternative mit dem höchsten Nutzwert.

Tabelle 6 zeigt einen Ausschnitt aus einer mehrstufigen Nutzwertanalyse.

Tabelle 6: Mehrstufige Kriteriengewichtung und Nutzenermittlung

Kriterium/ Kriteriengruppe	Kriterien / Kriteriengewichte				Kriterienerfüllung					absoluter Nutzenbeitrag					Gesamtnutzen
	Gewicht Kriteriengruppe	relatives Kriteriengewicht	absolutes Kriteriengewicht		Kernanforderung - Standard	Kernanforderung - User-Exit	Kernanforderung - Aufnahme in Standard	Kernanforderung - Modifikation	Sonstige Anforderungen	Kernanforderung - Standard	Kernanforderung - User-Exit	Kernanforderung - Aufnahme in Standard	Kernanforderung - Modifikation	Sonstige Anforderungen	
Gesamtbewertung										0,45	0,12	0,01	0,16	0,14	0,88
...															
1.3 Artikel	0,1									0,05	0,005	0	0,01	0,018	0,083
Chargenverwaltung		0,2	0,02		1					0,02					
Restlängen		0,2	0,02		0,5		0,5			0,01		0,01			
MHD-Sortierung		0,05	0,005					1					0,005		
Artikelgewicht		0,05	0,005					0					0,000		
Artikelmaße		0,1	0,01					1					0,010		
Varianten		0,2	0,02		1					0,02					
Matrixvarianten		0,1	0,01		0	0,5					0,005				
Schnellpflege Preise		0,05	0,005						0,5					0,003	
Bildzuordnung		0,05	0,005						0					0,000	
1.4 Artikel	0,1														0,083
...															

Durch eine grafische Aufbereitung der Nutzwerte der einzelnen Kriterienkategorien können oftmals die Systemunterschiede gut visualisiert werden (vgl. Abb. 16). Es hat sich gezeigt, dass nur in den seltensten Fällen eine Systemalternative existiert, die in allen Teilbereichen die „beste" ist. In diesen Fällen sind die unterschiedlichen Stärken/Schwächen der Systeme nochmals an den initial formulierten Projektzielen zu spiegeln und darauf basierend ist eine Rangfolge zu ermitteln.

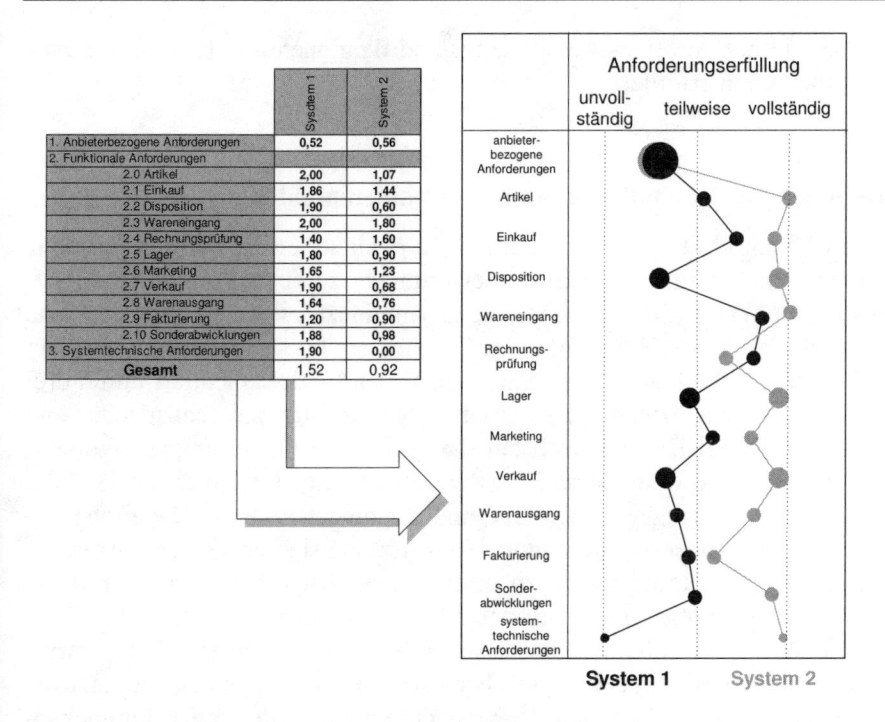

IV Systematische Auswahl von Unternehmenssoftware   105

	System 1	System 2
1. Anbieterbezogene Anforderungen	0,52	0,56
2. Funktionale Anforderungen		
2.0 Artikel	2,00	1,07
2.1 Einkauf	1,86	1,44
2.2 Disposition	1,90	0,60
2.3 Wareneingang	2,00	1,80
2.4 Rechnungsprüfung	1,40	1,60
2.5 Lager	1,80	0,90
2.6 Marketing	1,65	1,23
2.7 Verkauf	1,90	0,68
2.8 Warenausgang	1,64	0,76
2.9 Fakturierung	1,20	0,90
2.10 Sonderabwicklungen	1,88	0,98
3. Systemtechnische Anforderungen	1,90	0,00
Gesamt	1,52	0,92

Abb. 16: Initiale Nutzwerte der einzelnen Alternativen

Ist keine durchgängige Überlegenheit eines Systems festzustellen, so lässt sich eine grobe Reihenfolgebildung anhand von Heuristiken herleiten. Beispiele für derartige Regeln sind:[34]

- Bei gleichem initialen Nutzwert ist das System zu wählen, welches den größten Nutzwert unter Berücksichtigung von "Aufnahme in den Standard" und "Add-on-Programmierung" erreicht.
- Ein System, das die strategischen und systemtechnischen Anforderungen gut abdeckt, aber funktionale Defizite aufzeigt, welche durch "Add-on-Programmierung" behoben werden können, ist auch bei (leicht) niedrigerem initialen Nutzwert einem System vorzuziehen, das eine gute initiale Funktionsabdeckung und nicht behebbare Defizite bei den systemtechnischen und strategischen Anforderungen besitzt.
- Aufgrund der grundsätzlichen Problematik struktureller Modifikationen sind Systeme, welche die Kernanforderungen nur mit strukturellen Modifikationen erfüllen können, deutlich schlechter zu bewerten als Syste-

---

[34] Die genannten Regeln können – auch wenn sie sich in verschiedenen Auswahlprojekten bewährt haben – lediglich Anhaltspunkte für eine projektspezifische Festlegung darstellen, da die Regeln wesentlich durch die Präferenzen der Entscheidungsträger geprägt werden und in Einklang mit den Unternehmens-/Projektzielen stehen müssen.

me, die nur Anzeige-/Auswertungsmodifikationen und funktionale Modifikationen erfordern.

Erstellen der Gesamtbewertung/ Auswahlempfehlung

Nach Durchführung der monetären und qualitativen Bewertung der Systemalternativen sind diese Einzelbewertungen zu einer Rangfolge der betrachteten Warenwirtschaftssysteme zusammenzufassen, so dass sich eine Empfehlung für die Auswahl eines Systems ergibt. Der Auswahlvorschlag stützt sich sowohl auf die monetäre Bewertung – dokumentiert durch drei vollständige Finanzpläne je Alternative (pessimistischer, realistischer und optimistischer Fall) – als auch auf die qualitative Bewertung – dokumentiert durch eine differenzierte Nutzwertbetrachtung, durch Stärken-/Schwächenprofile sowie gegebenenfalls eine Argumentenbilanz. Die Frage, ob die monetären oder die nicht monetären Aspekte stärker gewichtet werden, ist jeweils projektindividuell zu entscheiden. Wichtig ist, dass für beide Bereiche eine umfassende Transparenz erreicht wurde.

Die Auswahlempfehlung sollte im Rahmen einer Präsentation dem internen Projektauftraggeber, typischerweise der Unternehmensleitung, vorzustellen und zu diskutierten. Insbesondere beim Fehlen einer dominanten Systemalternative sind die Kompatibilität der vorgenommenen Bewertung und das Zusammenführen der Teilbewertungen nochmals zu überprüfen. Die letztendliche formelle Entscheidung ist dann – abgestützt auf die umfassenden Bewertungsdokumente – durch die Unternehmensleitung herbeizuführen.

An die Phase der Auswahlempfehlung schließt sich direkt die Vertragsvorbereitung und -gestaltung an. Neben den üblichen juristischen Fragestellungen zur Vertragsgestaltung kann es ggf. auch sinnvoll sein, noch vor Vertragsabschluss vertiefende Workshops zu einzelnen zentralen Fragestellungen vorzusehen. Das Vorziehen dieser – im Projektverlauf ohnehin erforderlichen – Workshops vor den Vertragsabschluss bietet nochmals die Chance, Risiken weiter zu minimieren und zudem eine konkretere Vertragsgestaltung (z. B. hinsichtlich des zu erbringenden Leitungsumfangs) zu erreichen. Als Anlage für den Vertrag kann ferner auch der verwendete Testfahrplan dienen.

4 Fazit

Im Rahmen dieses Beitrags wurde ein Vorgehensmodell für eine systematische Auswahl von Warenwirtschaftssystemen vorgestellt. Dieser Ansatz ist nicht nur methodisch abgesichert, sondern auch praxisgeeignet und im Rahmen vieler Projekte auch praxisbewährt. Es wird ein besonderer Fokus auf die klare Dokumentation und eine nachvollziehbare sowie möglichst objektive Entscheidungsfindung gelegt. Die Einbindung der Geschäftsführung, der Vertreter der Fachabteilungen und der IT stellt sicher, dass die verschiedenen Sichtweisen und Präferenzen berücksichtigt werden und letztendlich eine Entscheidung getroffen wird, die von allen Stakeholdern mitgetragen wird.

Das Hauptargument für diese systematische Vorgehensweise liegt in der Steigerung der Investitionssicherheit und der Minimierung der Projektrisiken. Gemäß entsprechenden Untersuchungen lassen sich 60% der Risiken auf eine unzureichende Anforderungsdefinition zurückführen. Dass diese Fehler gemacht wurden, ist jedoch leider erst sehr spät, vielfach zu spät, nämlich zu 65-80% erst im Rahmen der Softwareeinführung (d. h. nach Vertragsabschluss) zu erkennen. Zu diesem Zeitpunkt ist die Entscheidung aufgrund der bereits geleisteten Investitionen und Vorarbeiten oftmals kaum noch änderbar.

Letztendlich gilt: Ein gutes und erfolgreiches Softwareeinführungsprojekt kann es nur geben, wenn eine passende Software ausgewählt wurde. Die größte Sicherheit dies auch tatsächlich zu tun, bietet nur ein systematischer Auswahlprozess, wie er in diesem Kapitel skizziert wurde.

5 Literatur

Balzert, H.: Lehrbuch der Software-Technik. Band 1: Software-Entwicklung. 2. Aufl., Berlin, Heidelberg 2000.

Becker, J.; Schütte, R.: Handelsinformationssysteme. Landsberg/Lech 2004.

Bernroider, E.; Koch, S.: Entscheidungsfindung bei der Auswahl betriebswirtschaftlicher Standardsoftware – Ergebnisse einer empirischen Untersuchung in österreichischen Unternehmen. Wirtschaftsinformatik 42 (2000) 4, S. 329-338.

Conradi, E.: Nur aus der Warenwirtschaft resultieren Gewinne. Lebensmittel Zeitung 41 (1989) 21, vom 26. Mai 1989, S. 74-81.

Eisenführ, F.; Weber, M.: Rationales Entscheiden. 3. Aufl., Berlin u. a. 1999.

Fandel, G.; Francois, P.; Gubitz, K.-M.: PPS- und integrierte betriebliche Softwaresysteme. 2. Aufl., Berlin u. a. 1997.

Freeman, R. E.: Strategic Management: A Stakeholder Approach. Cambridge, Mass. 1984.

Grob. H. L.: Einführung in die Investitionsrechnung. 4. Aufl., München 2001.

Maisberger, P.: Methodische Auswahl von Software. In: Industrie-Management 13 (1997) 3, S. 14-17.

Mearian, L. (2001a): Supermarket Dumps $ 89M SAP Project. Computerworld, Feb. 05, 2001. http://www.computerworld.com/cwi/story/0,1199,NAV47_STO57382,00.html

Mearian, L. (2001b): Canadian supermarket chain abandons SAP's retail software. Computerworld, Feb. 05, 2001. http://www.computerworld.com/cwi/story/0,1199,NAV47_ NLTW_STO57293,00.html

Pietsch, T.: Bewertung von Informations- und Kommunikationssystemen. Berlin 1999.

Scherm, E.: Die Szenario-Technik – Grundlage effektiver strategischer Planung. WISU 21 (1992) 2, S. 95-97.

Schütte, R.; Vering, O.: Erfolgreiche Geschäftsprozesse durch standardisierte Warenwirtschaftssysteme. 2. Aufl., Berlin et al. 2004.

Sobeys: http://www2.cdn-news.com/scripts/ccn-release.pl?/2001/01/24/0124 095n.html

Vering, O. : Methodische Softwareauswahl im Handel - Ein Referenz-Vorgehensmodell zur Auswahl standardisierter Warenwirtschaftssysteme, Berlin 2002.

Weber, B. (2001a): Barnes & Noble führt Retek ein. Lebensmittelzeitung Nr. 5, vom 2.2.2001, S. 28.

Weber, B. (2001b): Sobeys schmeißt SAP Retail raus – Einführung abgebrochen. Lebensmittel Zeitung Nr. 5 vom 2. Februar 2001, S. 28.

Zangemeister, C.: Nutzwertanalyse in der Systemtechnik. 5. Aufl., Berlin 1993.

V Einsatz von Werkzeugen zur Softwareauswahl am Beispiel des IT-Matchmakers

Karsten Sontow, Trovarit AG

Peter Treutlein, Trovarit AG

1 Riskantes Unterfangen „ERP-/WWS-Auswahl"

Die Suche nach einer neuen Software-Lösung stellt vielfach eine große Herausforderung für Unternehmen dar. Oftmals wird nach dem Motto „aufgeschoben ist ja nicht aufgehoben" gehandelt, um den mit der Softwareauswahl verbundenen Aufwand für ein Unternehmen so lange wie möglich hinauszuzögern. Will man jedoch seine Wettbewerbsfähigkeit langfristig steigern, gilt es, die Scheu vor dem „Ungeheuer" ERP-/WWS-Projekt zu überwinden.

Von der „Golfplatz"-Entscheidung bis zur „Akademischen Übung" reichen die praktizierten Ansätze der ERP-/WWS-Auswahl. Ähnlich stark unterscheiden sich Projektergebnisse, Aufwand und Dauer der Projekte. Eine Vielzahl von Einflussgrößen erschwert Unternehmen die Standortbestimmung und die Festlegung des richtigen Wegs zur passenden ERP-/WWS-Lösung.

In vielen Unternehmen herrscht Unsicherheit, wenn es um die Frage geht, wie ein ERP-/WWS-Projekt richtig anzugehen ist: Experten warnen vor Fehlschlägen und verweisen auf große Investitionsrisiken. Negative Erfahrungsberichte machen immer wieder die Runde. So geben einer Studie von Droege und Comp. zufolge bis zu 85% der befragten Unternehmen an, dass sie ihre inhaltlichen Projektziele nicht erreicht haben.[1] Gravierende Probleme führen bei ca. 28% der ERP-/WWS-Projekte sogar zum Abbruch.[2] Vor diesem Hintergrund erscheint es umso wichtiger, sich im Vorfeld intensiver mit den Vor- und Nachteilen der verschiedenen Ansätze der

---

[1] Vgl. o. V. (2003).
[2] Vgl. Standish Group (2000).

Softwareauswahl auseinanderzusetzen, um jenen auswählen zu können, der für das eigene Projekt am Erfolg versprechendsten erscheint.

2 Effizienz durch den Einsatz von Werkzeugen zur Auswahl von Software-Lösungen

Mit steigender Komplexität des ERP-/WWS-Projektes sollten sich Unternehmen für eine möglichst systematische Vorgehensweise bei der ERP-/WWS-Auswahl entscheiden. Denn mit der Komplexität eines Projektes steigt auch sein Investitionsrisiko und damit die Gefahr, bei der Wahl eines undurchdachten Ansatzes das Budget des Unternehmens unnötig zu strapazieren. Allerdings scheuen die Unternehmen den Aufwand, der mit einer solch „kalkulierten Entscheidung" einhergeht. Diesen Aufwand zu minimieren hat sich die Trovarit AG zum Ziel gesetzt und mit dem IT-Matchmaker ein Instrument entwickelt, dass die Suche nach einer passenden Software-Lösung vereinfacht und beschleunigt.

Das folgende Kapitel beschreibt den Prozess einer ERP-/WWS-Systemauswahl über den IT-Matchmaker von der Projekteinrichtung über die Phasen der Lastenhefterstellung, Marktrecherche und Ausschreibung bis hin zur Endauswahl der geeigneten ERP-/WWS-Lösung (vgl. Abb. 1).

Unternehmen riskieren bei ERP-/WWS-Projekten hohe Investitionsbeträge, gleichzeitig belasten ERP-/WWS-Auswahl und -Einführung die Personalkapazität in einem Maße, das zumeist völlig unterschätzt wird. Bei einem klassischen Mittelständler (ca. 25-50 ERP-Arbeitsplätze) muss beispielsweise mit einem internen Personalaufwand von mehr als 3,0 Personenjahren gerechnet werden. Das Risiko eines ERP-/WWS-Projektes lässt sich an drei Aspekten festmachen:
- Erreichen der inhaltlichen Zielsetzung,
- Einhalten von Terminplanung und Kapazitätsbudgets und
- Einhalten des Investitionsbudgets

Um diese Risiken zu reduzieren, sollte man sich eines vergegenwärtigen: Bei ERP-/WWS-Projekten handelt es sich um komplexe Investitionsvorhaben, welche entsprechend abgesichert werden sollten. Zur Gewährleistung einer dem Risiko entsprechenden Investitionssicherheit sind folgende Aufgaben im Rahmen des Evaluierungs-Projektes abzuarbeiten:
- Klare und verbindliche Formulierung der Anforderungen an die Software und den Service des Software-Anbieters.
- Fundierte Prüfung des Marktangebotes (potenzielle Anbieter und Systeme).

- Klare und verbindliche Fixierung des Leistungsumfangs (Software und Dienstleistungen), der Liefertermine und der finanziellen Konditionen.

Angesichts der o. g. Risiken, der hohen Kosten und Aufwände sowie der Komplexität von ERP-/WWS-Projekten sollten Projektverantwortliche bereits mit Beginn des Vorhabens den Fokus auf eine strukturierte Vorgehensweise legen. In Abb. 1 sind die acht elementaren Projektschritte einer Softwareauswahl dargestellt. Zur Gewährleistung eines sicheren Projektverlaufs ist zudem ein robustes Projektmanagement unerlässlich – in der Beschaffungsphase ohne und - spätestens mit der Auftragserteilung - mit Einbindung des zukünftigen Software-Partners. Angesichts der geringen Projektfrequenz verfügen nur wenige Unternehmen über die Expertise, die für eine sichere Projektdurchführung erforderlich ist. Unternehmen müssen sich diese Expertise erfahrungsgemäß im konkreten Projektfall „erarbeiten" – entweder auf eigene Faust oder mit der Unterstützung einer auf ERP-/WWS-Projekte spezialisierten Unternehmensberatung.

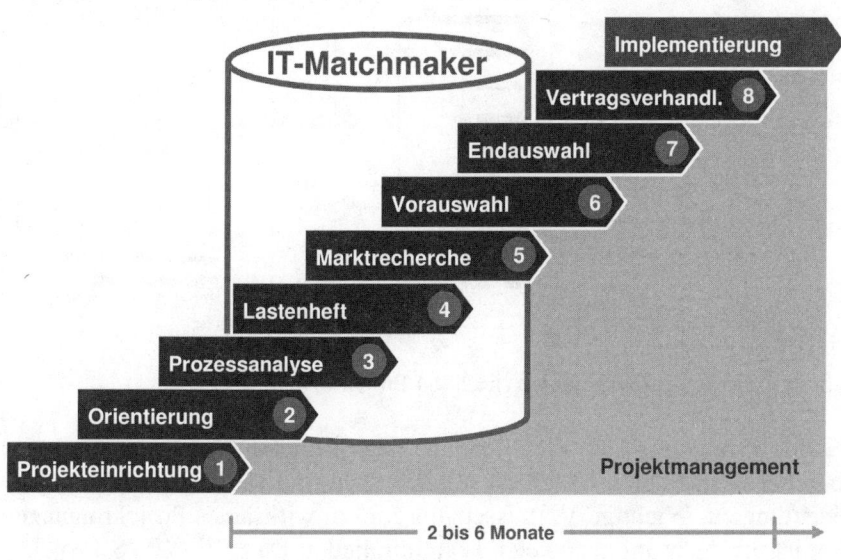

Abb. 1: Projektschritte einer Softwareauswahl mit dem IT-Matchmaker

2.1 Projekteinrichtung

Im Rahmen der Projekteinrichtung sind einige grundlegende Entscheidungen zu treffen. Zu Beginn des Projektes sollten zunächst die Projektziele festgelegt werden. Im Rahmen einer breit angelegten Studie der Trovarit

AG[3] wurden Projektverantwortliche nach den Zielen ihres Projektes befragt. In Abb. 2 sind mögliche Zielsetzungen nach Anzahl der Nennungen dargestellt. Hieraus geht hervor, dass sehr viele Unternehmen mit der Einführung einer neuen ERP-/WWS-Lösung die Vereinfachung bzw. Verbesserung ihrer Abläufe und Prozesse bezwecken. An zweiter Position steht der schnellere Zugriff auf bessere Informationen. Um sich nicht zu „verzetteln", muss die Geschäftsführung Ziele und Betrachtungsbereich des ERP-/WWS-Projektes klar vorgeben bzw. abstecken. Dies gilt insbesondere für Unternehmen, die erstmalig den breiteren Einsatz einer (integrierten) ERP-/WWS-Lösung anstreben.

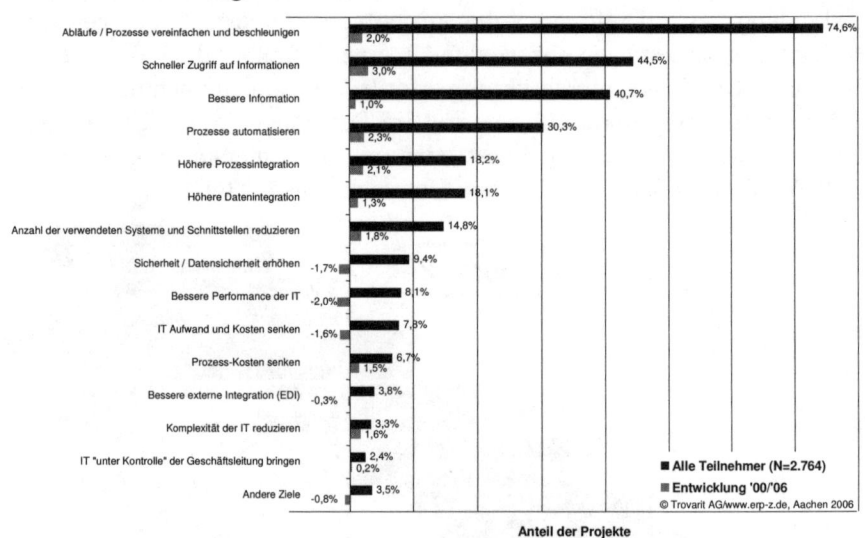

Abb. 2: Ziele von ERP-Projekten (n=2.764 Projekte)[4]

Bei der Erreichung der Ziele kommt dem Projektmanagement und der Vorgehensweise bei der ERP-/WWS-Auswahl und -Einführung besondere Bedeutung zu. Wichtige Voraussetzung für ein wirksames Projektmanagement ist die Auswahl geeigneter Teammitglieder. Da ERP-/WWS-Projekte einen großen Einfluss auf viele Unternehmensbereiche haben, muss das Projektteam die Anforderungen aus allen betroffenen Bereichen in die Projektarbeit einbringen können. Das Kernteam umfasst im Mittelstand ca. zwei bis sechs Personen, die zeitweise themenbezogen durch weitere drei bis sechs Personen unterstützt werden. Der anfallende Aufwand, z. B. für Datenaufbereitung, Organisations- und Systemanpassungen oder auch die

---

[3] Vgl. Sontow, Treutlein, Scherer (2006), S. 21.
[4] Vgl. Sontow, Treutlein, Scherer (2006), S. 21.

Schulung der Software-Anwender, wird dabei oftmals unterschätzt. Er beläuft sich bei Mitgliedern des Kernteams schnell auf 40-60% der Personalkapazität – bei erheblichen Schwankungen über die einzelnen Projektphasen.

Die erste Aufgabe, die das eingesetzte Projektteam in aller Regel zu bewältigen hat, ist die Definition eines Projekt- bzw. Zeitplans und des damit verbundenen internen Aufwands sowie die Ermittlung des benötigten Budgets. Nach eigenen Angaben werden kleinere Anwenderunternehmen durch die Vorbereitung und Umsetzung der ERP-/WWS-Einführung durchschnittlich mit etwa sechs bis zehn Monaten belastet, wobei diese Werte erheblichen Schwankungen von Projekt zu Projekt unterliegen. Betrachtet man z. B. die durchschnittliche Bearbeitungsdauer von ERP-/WWS-Projekten, dann hängt diese in hohem Maße von der Unternehmensgröße ab – sie liegt bei Unternehmen über 500 Mitarbeiter fast doppelt so hoch wie bei Unternehmen unter 50 Mitarbeitern.[5] Diese Abhängigkeit ist angesichts der unterschiedlichen Projektkomplexität in den jeweiligen Größenklassen leicht nachzuvollziehen. Auffällig ist jedoch, wie stark die Projektdauer von Fall zu Fall schwankt: So werden einerseits ca. 15% der Projekte in einem Zeitraum durchgeführt, der um mehr als 50% unter dem Mittelwert in der jeweiligen Größenklasse liegt. Andererseits liegt ein vergleichbarer Anteil weit über dem Klassendurchschnitt. Auch die finanziellen Aufwände unterliegen ähnlichen Schwankungen. Nach Angaben der befragten Unternehmen liegen die Kosten für Software-Lizenzen und -Implementierung ohne Hardware-Investition im Durchschnitt bei ca. 4.500,00 EURO je ERP-/WWS-Arbeitsplatz.[6] Bei der Ermittlung der Kosten sollten neben den zu erwartenden externen Kosten auch die internen Aufwände ausgewiesen werden.

2.2 Orientierung

Wie bei jedem klassischen Beschaffungsvorgang ist es wichtig, dass sich die Projektverantwortlichen einen ersten Überblick über den Anbieter- bzw. Systemmarkt verschaffen. Im Gegensatz zu klassischen Investitionsvorhaben - z. B. im Bereich von Produktionsanlagen – zeichnet sich der ERP-/WWS-Markt jedoch durch eine nahezu unüberschaubare Vielfalt potenzieller Software-Lieferanten aus. Um in diesem Dschungel einen Überblick zu bekommen, können die unterschiedlichsten Informationsquellen (Fachzeitschriften, Messen, Internet etc.) genutzt werden.

---

[5] Vgl. Sontow, Treutlein, Scherer (2006), S. 40.
[6] Vgl. Sontow, Treutlein, Scherer (2006), S. 37.

Spezialisierte Such- und Rechercheplattformen, wie z. B. der IT-Matchmaker der Trovarit AG, können zudem eine wertvolle Unterstützung leisten. Mit IT-Matchmaker quicksearch können Anwender kostenlos nach Anbietern und Software-Produkten recherchieren. Hierbei können mittels eines einfachen Suchprofils in Frage kommende Systeme und Anbieter identifiziert werden. Ein wesentlicher Vorteil solcher Plattformen ist die Vergleichbarkeit der Ergebnisse, da die gesuchten Informationen strukturiert gegenüber gestellt werden.

2.3 Prozessanalyse

Die Prozessanalyse hat das Ziel, bestehende Organisationsstrukturen und Prozesse zu erfassen, Schwachstellen und ihre Ursachen zu identifizieren und gegebenenfalls erste organisatorische Verbesserungsmaßnahmen einzuleiten. Allein die Einführung einer Software-Lösung stellt kein Patentrezept zur Beseitigung organisatorischer Probleme dar. Vielmehr zeigt die Erfahrung, dass betriebliche Abläufe durch die Einführung einer Software-Lösung gefestigt und damit u. U. Schwachstellen manifestiert werden können. Unabhängig von etwaigen Notwendigkeiten zur Reorganisation der betrieblichen Strukturen dient die Organisationsanalyse gleichzeitig dazu, eine solide Grundlage für die Formulierung der Anforderungen an eine Software-Lösung zu schaffen.

Zur Reduzierung des Aufwandes für die Prozessanalyse hat es sich bewährt, auf sog. Referenzmodelle zurückzugreifen. Referenzmodelle enthalten typische Unternehmensprozesse und/oder -aufgaben, die auf Basis einer Vielzahl von ähnlichen Prozessen bzw. Aufgaben abgeleitet wurden. Bei der Analyse der Unternehmensabläufe ohne Referenzmodell müssen im Rahmen der Prozessaufnahme alle relevanten Prozessschritte eigenständig identifiziert und dokumentiert werden – eine Aufgabe, die nur mit entsprechender Erfahrung in überschaubarer Zeit erfüllt werden kann.

Die Dokumentation der aufgenommen Unternehmensprozesse erfolgt heute i. d. R. mit entsprechenden EDV-Werkzeugen. Neben gebräuchlichen Textverarbeitungs- oder Zeichenprogrammen gibt es auch spezielle Programme für die Prozessmodellierung. Basierend auf Microsoft-Visio hat die GPS Gesellschaft zur Prüfung von Software mbH aus Ulm den SoftwareAtlas entwickelt. Neben der Funktionalität zur Abbildung und Dokumentation der Prozesse wird mit dem SoftwareAtlas auch ein Referenzmodell ausgeliefert. Der SoftwareAtlas bzw. die Elemente des Referenzmodells sind über eine Schnittstelle mit der Lastenheft-Vorlage des IT-Matchmakers (vgl. Kapitel 2.4 in diesem Beitrag) gekoppelt. Somit besteht die Möglichkeit, parallel zur Prozessanalyse Anforderungen an das neue ERP-/WWS-System zu erfassen und im weiteren Auswahlverfahren in den IT-Matchmaker zu importieren.

Ein weiteres Programm zur Unterstützung der Prozessanalyse ist das System Bonapart EMPRISE Process Management GmbH aus Bonn. Dieses eigens für die Prozessmodellierung entwickelte Werkzeug ermöglicht die strukturierte Erfassung und Darstellung von Prozessen. Im Rahmen der Prozessaufnahme mit Bonapart besteht die Möglichkeit, Einzelaufgaben aus einem Referenzmodell per Drag and Drop in den jeweiligen Prozess zu kopieren. Das ausgelieferte Aufgabenreferenzmodell entspricht in seiner Struktur der Lastenheft-Vorlage des IT-Matchmakers (siehe Schritt 4 „Lastenheft"). Über ein zusätzliches AddIn können in Bonapart zu den Aufgaben aus dem Referenzmodell Anforderungen an ein neues ERP-/WWS-System definiert werden (siehe Abb. 3). Somit kann bereits im Rahmen der Prozessmodellierung ein mit dem IT-Matchmaker kompatibles Lastenheft erstellt werden. Dieses kann über eine Schnittstelle in den IT-Matchmaker importiert werden und steht für den weiteren Verlauf des Auswahlprojektes, beispielsweise für die Marktrecherche oder die Ausschreibung, online zur Verfügung.

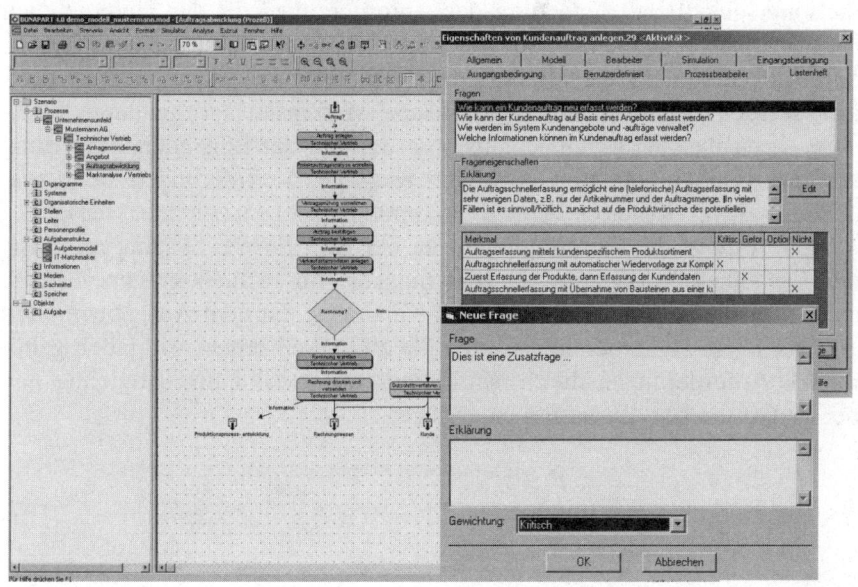

Abb. 3: Prozessanalyse mit Bonapart und Aufgabenreferenzmodell

2.4 Lastenheft

Ein fundierter Vergleich von ERP-/WWS-Systemen und -Anbietern kann nur auf Basis eines individuellen Anforderungsprofils erfolgen. Dieses unternehmensspezische Lastenheft stellt im weiteren Verlauf des Projektes auch die Grundlage für strukturierte Anbieterworkshops dar und sollte nach Beantwortung durch den zukünftigen Anbieter wesentlicher Bestandteil des angestrebten Projektvertrages sein. Daher sollten bei der Ermittlung der Anforderungen neben dem Projektteam und dem Systembetreuer auch die Prozessverantwortlichen mit eingebunden werden. Prinzipiell ist es denkbar, dass im Rahmen der Lastenheft-Erstellung die einzelnen Anforderungen an die neue Software ohne Vorlagen zusammengetragen werden. Wesentlich effizienter kann ein individuelles Lastenheft jedoch mit einer vorstrukturierten Checkliste erstellt werden. Die Lastenheft-Vorlage im IT-Matchmaker ist nach betrieblichen Aufgaben gegliedert.

Neben den funktionalen Anforderungen sind in dem Lastenheft auch Restriktionen, z. B. hinsichtlich der Hardware, der Datenbank oder des Betriebssystems, zu berücksichtigen und entsprechend zu dokumentieren. Um die unterschiedliche Bedeutung der Anforderungen für das Unternehmen im Lastenheft darzustellen, sind die Anforderungen zu gewichten. Besondere Anforderungen, die von der gesuchten Software-Lösung unbedingt erfüllt werden müssen, sind als „kritische Merkmale" (so genannte K.O.- oder Ausschluss-Kriterien) einzustufen und bei der folgenden Bewertung separat zu dokumentieren. Weniger wichtige Anforderungen oder sog. „Nice to Have"-Kriterien können als „optional" gekennzeichnet werden.

Abb. 4 zeigt die Anforderungen an ein ERP-/WWS-System auf Basis der Lastenheft-Vorlage im IT-Matchmaker. Im rechten grauen Bereich sieht man die Struktur des Vorlagen-Kataloges, die dem Aufgabenmodell entspricht. Im Hauptbereich werden die zu den einzelnen Aufgaben gehörenden Anforderungen durch Markierung ausgewählt und gewichtet und bei Bedarf um sog. Zusatzfragen ergänzt.

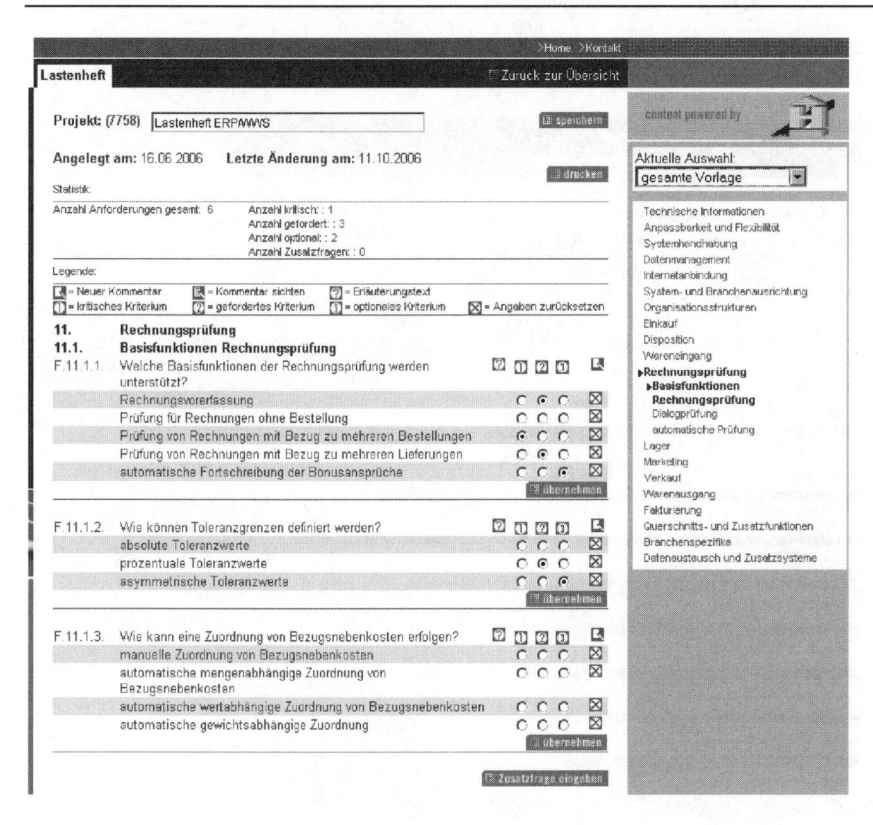

Abb. 4: Formulierung und Gewichtung von Anforderungen mit Hilfe der Plattform http://www.it-matchmaker.com

2.5 Marktrecherche

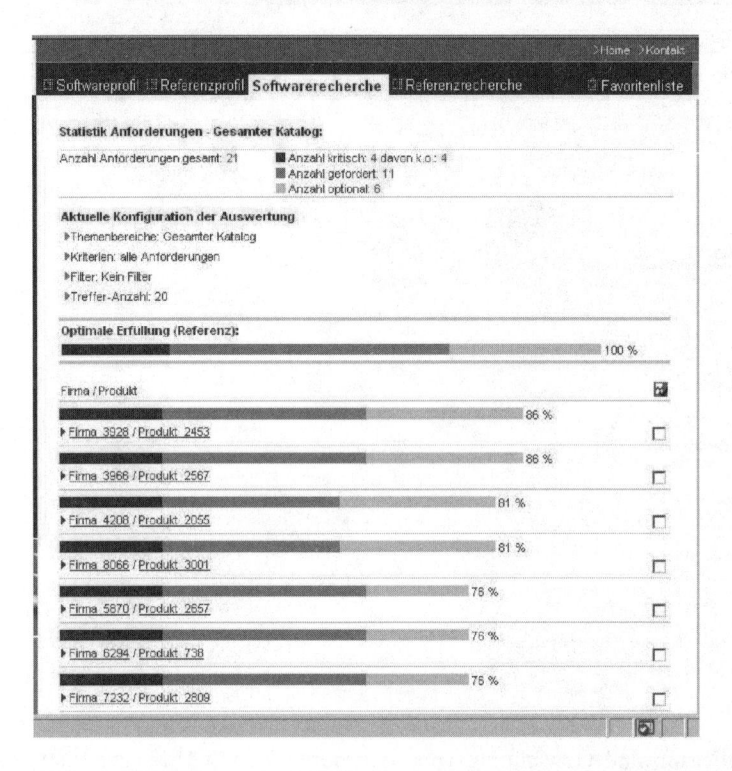

Abb. 5: Ermittlung der Erfüllungsgrade bezogen auf die individuellen Anforderungen auf http://www.it-matchmaker.com (Ausschnitt mit Demodaten)

Ziel der Marktrecherche ist es, aus dem gesamten Marktangebot die Anbieter und Systeme zu identifizieren, welche die benötigten Anforderungen möglichst gut im Standard abdecken. Die potenziellen Softwareprodukte sind hinsichtlich der Eignung bzgl. Technologie, Funktionalität und Branchenpassung einzuordnen. Zur Reduzierung des Rechercheaufwandes hat es sich bewährt, die Informationsbeschaffung und -auswertung sukzessive zu verfeinern. Im ersten Schritt genügt es i. d. R., die Systemfunktionalität auf Modul und Submodulebene auszuwerten. Auch die technologische Passung und die generelle Brancheneignung kann zur Eingrenzung des Marktangebotes herangezogen werden. Diese Vorgehensweise gewährleistet die sichere Eingrenzung des Marktangebotes; sie ist jedoch nur möglich, wenn die Leistungsprofile der Systeme in der gleichen Form wie die Suchprofile vorliegen. Daher bilden die Anbieter die Leistungsprofile ihrer Produkte im IT-Matchmaker auf Basis eines einheitlichen Kriterienkatalogs ab, der gleichzeitig auch als Rechercheprofil für suchende Unternehmen herangezogen wird. Durch vielfältige Auswertungsmöglichkeiten entsteht ein umfassendes Bild von der Eignung der Software-Lösungen für den individuellen Bedarfsfall. Die Ergebnisse der Auswertungen werden in Form von Rangreihen angezeigt, in denen die Abdeckung der Anforderungen durch die einzelnen Lösungen grafisch veranschaulicht wird (vgl. Abb. 5).

Neben der Ermittlung der funktionalen Erfüllungsgrade der Software-Produkte, spielen bei der Festlegung der Favoritengruppe auch Informationen über die Anbieter und ihre Referenzprojekte eine große Rolle. Besondere Bedeutung kommt dabei z. B. der Branchenerfahrung, dem Dienstleistungsangebot, der regionalen Verteilung sowie der Unternehmensgröße und -historie zu. Schließlich geht mit einer neuen Software-Lösung einerseits eine langfristige Zusammenarbeit mit dem Anbieter einher, andererseits ist die Abwicklung der Einführung sowohl im Hinblick auf die Kosten als auch auf die Terminstellung in erheblichem Maße von der Kompetenz und der Erfahrung des Einführungspartners abhängig. Zur Absicherung dieses Entscheidungskriteriums steht auf dem IT-Matchmaker die sog. Referenzrecherche zur Verfügung. Hierbei kann das suchende Unternehmen basierend auf einem individuellen Suchprofil über mehr als 6.000 Einzelprojekte (Stand 09/2006) recherchieren, welche Anbieter bereits bei Unternehmen ähnlicher Branche und Unternehmensgröße Implementierungen durchgeführt haben.

Anhand der Erfüllungsgrade und der Zusatzinformationen ist eine sichere Ermittlung der Favoritengruppe möglich. Die Erfahrung hat gezeigt, dass acht bis fünfzehn Anbieter für die Erstansprache ausgewählt werden sollten, um weder durch eine zu starke Beschränkung geeignete Systeme auszugrenzen, noch den Aufwand für die weitere Eingrenzung durch einen zu großen Favoritenkreis unnötig zu erhöhen.

2.6 Vorauswahl

Bei der bisherigen Marktrecherche wurden Anschaffungs- und Betriebskosten der in Frage kommenden Software-Lösungen nicht berücksichtigt. Im Bereich betriebswirtschaftlicher Standard-Software sind i. d. R. weder allgemeingültige Preisinformationen verfügbar noch sind die Anbieter bereit bzw. in der Lage, bei einer sehr geringen Auftragswahrscheinlichkeit und ohne fundierte Informationen projektspezifische Kostenabschätzungen abzugeben. Darüber hinaus wäre der Aufwand zur Ermittlung der Kostenangaben bei einer großen Anzahl von Anbietern sehr hoch und würde die Vorauswahlphase erheblich verlängern.

Um von den Anbietern zur weiteren Eingrenzung der Favoritengruppe realistische Kostenabschätzungen und eine erste Darstellung ihrer Lö-

sungskompetenz bezogen auf das Projekt zu erhalten, werden den Anbietern im Rahmen der Anfrage über den IT-Matchmaker daher folgende Informationen zur Verfügung gestellt:
- die Eckdaten des Unternehmens (Branche, Anzahl Standorte, Anzahl Mitarbeiter etc.),
- die Eckdaten des Projektes (Projektteam, -ziele, Userzahlen, ggf. Budget etc.) und
- das gesamte Lastenheft für die neue ERP-/WWS-Lösung.

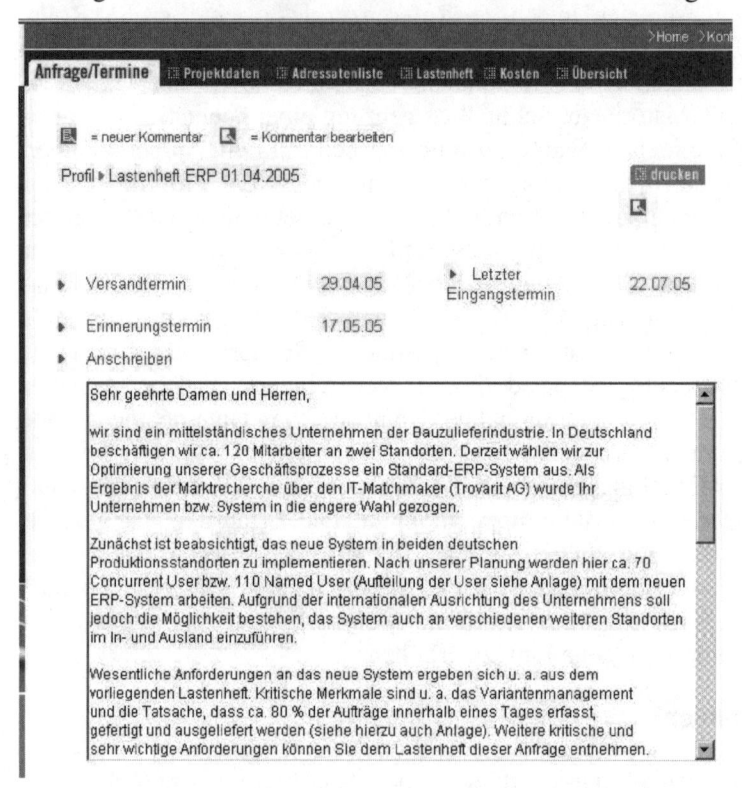

Abb. 6: Erstellung einer Anfrage auf der Plattform http://www.it-matchmaker.com

Alle favorisierten Anbieter erhalten im Rahmen der Anfrage genau die gleichen Informationen, können diese online einsehen und bearbeiten. Die Anbieter werden aufgefordert, insbesondere Stellung zu den im Standard „nicht erfüllten kritischen Anforderungen" sowie den Zusatzfragen zu nehmen und die Kosten abzuschätzen. Im Rahmen dieser Kostenabschätzungen werden die einzelnen Kostenpositionen abgefragt, getrennt nach Lizenz-, Implementierungs- und – wenn angefordert – Hardwarekosten. Die

V Softwareauswahlwerkzeuge: Beispiel IT-Matchmaker 121

Kostenangaben werden dabei bereits nach Tagessätzen und Aufwänden getrennt dargestellt. Darüber hinaus hat der Anbieter die Möglichkeit, dem Interessenten im Rahmen der Anfrage besonders gut passende Referenzprojekte zuzuordnen. Hierdurch kann der Implementierungspartner nochmals seine Beratungskompetenz und die Passung der Software unter Beweis stellen. Abb. 6 zeigt ein Beispiel für das an die Anbieter gerichtete Anschreiben einer Projektanfrage.

Die online eingehenden Antworten werden im IT-Matchmaker transparent gegenübergestellt und zu einer fundierten Entscheidungsgrundlage zusammengestellt (Benchmarking) (vgl. Abb. 7). Berücksichtigung finden dabei neben den Richtpreisangaben inkl. ihrer Kommentierung durch die Anbieter vor allem die Stellungnahmen der Anbieter zu den „nicht erfüllten kritischen Anforderungen" und den „Zusatzfragen". Auch die Auswertung der von den Anbietern zugeordneten Referenzprojekte kann komfortabel mit der ausgelieferten Entscheidungsvorlage durchgeführt werden.

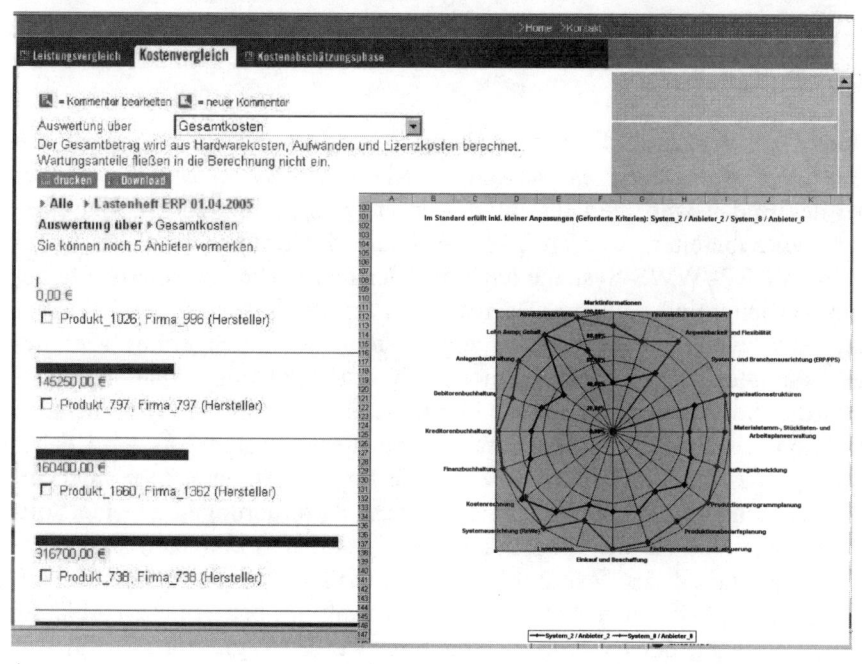

Abb. 7: Benchmarking der Kandidaten anhand der eingehenden Kostenabschätzungen auf http://www.it-matchmaker.com (Demodaten)

Als Zwischenschritt zwischen Vorauswahl und der nachfolgend anstehenden Endauswahl empfiehlt es sich, ein sog. Anbieter-Assessment durchzuführen. Im Rahmen von inhaltlich vorstrukturierten Kurzpräsentationen durch sechs bis acht Anbieter kann die Festlegung der Favoritengruppe für die Endauswahl untermauert werden. Neben der weiteren Informationsbeschaffung zur Absicherung der Entscheidung kann einem weiter gefassten Teilnehmerkreis des suchenden Unternehmens ein erster Eindruck von der Leistungsfähigkeit der berücksichtigten Anbieter und Systeme vermittelt werden. Als Vorbereitung der Anbieter-Workshops ist eine klar strukturierte Agenda zu erstellen. Neben einer kurzen Vorstellung von Anbieter, System und passenden Referenzen werden für ausgewählte Bereiche systemseitige Lösungen beim Anbieter abgefragt. Anhand der vorliegenden Informationen werden letztlich zwei bis max. fünf Anbieter und Systeme identifiziert, die die Anforderungen des Unternehmens in hohem Maße erfüllen, entsprechende Brancheneignung vorweisen und auch kostenseitig in einem angemessenen Rahmen liegen.

2.7 Endauswahl

Durch die Vorauswahl wurde sichergestellt, dass die am besten zu den jeweiligen Anforderungen passenden ERP-/WWS-Systeme und -Anbieter bei der Endauswahl berücksichtigt werden. Um die endgültige Entscheidung vorzubereiten, werden in dieser Phase die Unterschiede der ausgewählten ERP-/WWS-Systeme auf Basis der real vorliegenden Abläufe herausgearbeitet und bewertet. Dazu werden mit den favorisierten Anbietern ein- oder zweitägige Workshops (sog. Systemtests) durchgeführt. Ziel dieser Systemtests ist es, einen fundierten Eindruck davon zu erhalten, inwiefern die Software-Produkte die individuellen Abläufe im Unternehmen funktional unterstützen. Zur Vorbereitung dieser Systemtests wird daher ein sog. Testfahrplan erstellt, in dem alle für den Anbieter relevanten Informationen über das Unternehmen, dessen Anforderungen an eine Software-Lösung sowie die Modalitäten des Systemtests enthalten sind. Zentraler Bestandteil des Testfahrplans ist die strukturierte Auflistung der unternehmensspezifischen Anforderungen entlang der betrieblichen Abläufe, die im Rahmen der Systemtests abgefragt werden (vgl. Abb. 8). Im Anschluss an die durchgeführten Systemtests werden die Beurteilungen aller beteiligten Projektteammitglieder zu den einzelnen Funktionsbereichen erfasst und zu einem aussagefähigen Gesamtergebnis verdichtet. Daneben dienen solche Systemtests auch dazu, den persönlichen Eindruck zum Anbieter zu vertiefen, schließlich muss man nach der Implementierung des neuen Systems lange Zeit miteinander auskommen. In diesem Zusammenhang kann auch ein Blick auf die aktuellen Ergebnisse der ERP-

Zufriedenheitsstudie der Trovarit AG aufschlussreich sein. Hier sind die persönlichen Erfahrungen von Anwendern mit ihren implementierten Software-Lösungen und dem Servicepaket der jeweiligen Anbieter anschaulich dokumentiert.[7]

Die Vorbereitung bzw. Durchführung der Systemtests versetzt die Anbieter in die Lage, einen weitgehend belastbaren Kostenvoranschlag abzugeben. Dieser sollte neben den Lizenz- und Wartungskosten auch detaillierte Abschätzungen von Schnittstellenprogrammierungen und zwingend erforderlichen Anpassungen umfassen. Der IT-Matchmaker bietet auch hier den Anbietern und dem Anwender entsprechende Unterstützung, da analog zur Erfassung der Kostenabschätzung entsprechende Erfassungsmasken und Analysewerkzeuge zur Verfügung gestellt werden.

B	C	L	N	O
7.1.1.6	Welche Dispositionsdaten (neben der Wiederbeschaffungszeit) sollen für die Sekundarbedarfsermittlung geführt werden? Vorlaufzeit Sicherheitsbestand Kanbanlosgröße Höchstbestand Beschaffungsmenge Beschaffungsrhythmus	2		
7.1.2	Beschaffungsartzuordnung			
7.1.2.1	Welche Beschaffungsart soll den Einzelbedarfen zugeordnet werden? Fremdvergabe Mit Kundenbeistellung Mit Lieferantenbeistellung Selbst definierte (z.B.: Eigenfertigung, Einkauf, Verlängerte Werkbank, Copacker)	2 K K K		
7.1.2.2	Welche Möglichkeiten der Beschaffungsartzuordnung sollen angeboten werden? Alternative Beschaffungsart bedeutet, dass im Teilestamm nicht eine, sondern mehrere mögliche, aber konkret genannte Beschaffungsarten angegeben sind. Alternative Beschaffungsarten je Bedarf	2 K		
7.2	Einkauf			
7.2.1	Allgemeine Fragen	Gew.	System 1	System 2
7.2.1.2	Welche Materialstammdaten (neben Standardlieferzeiten) sollen lieferantenbezogen verwaltet werden können? Artikelnummer des Lieferanten Artikelbezeichnung des Lieferanten Spezifikation bzw. Bemerkung Ausgehend von einer Klassifizierung werden Artikel identifiziert, für die ein Sicherheitsdatenblatt hinterlegt sein muss. Wie kann die Aktualität der zu hinterlegenden Sicherheitsdatenblätter gewährleistet werden? Wie kann mit dem System die Benachrichtigung der entsprechenden Lieferanten abgebildet werden?	2 K K K 2		
7.2.2	Verwaltung von Lieferantenrahmenaufträgen			
7.2.2.1	Welche Möglichkeiten soll die Rahmenauftragsverwaltung (neben der Verwaltung von Rahmenaufträgen für ein Teil) in der Beschaffungsplanung bieten? Verwaltung eines Rahmenauftrags für eine Teilegruppe mit wertmäßiger Verrechnung der Teile Verwaltung mehrerer Rahmenaufträge pro Artikel und Lieferant Verwaltung von Lieferabrufen	2		

Abb. 8: Dokumentation des Testfahrplans

---

[7] Vgl. Sontow, Treutlein, Scherer (2006), S. 7.

Wenn noch erforderlich, kann die Entscheidung durch Referenzkundenbesuche weiter abgesichert werden. Der jeweilige Referenzkunde sollte der gleichen Branche angehören wie das suchende Unternehmen. Sofern zu diesen Referenzkunden keine Konkurrenzsituation besteht, berichten sie in der Regel offen über ihre praktischen Erfahrungen bei der Einführung und täglichen Anwendung mit den jeweiligen ERP-/WWS-Systemen. Im Rahmen dieser Besuche können weitere Informationen über den Betrieb der ERP-/WWS-Systeme (Performance, Wartungsaufwand, Zuverlässigkeit etc.) sowie über die Zusammenarbeit mit dem Anbieter (Problemlösungskompetenz, Einführungsunterstützung, Reaktionsschnelligkeit bei Störungen etc.) eingeholt werden. Darüber hinaus kann ein Erfahrungsaustausch über die Erfolgsfaktoren und Fehler bei der Systemeinführung durchgeführt werden. Explizit sollten Probleme bei der Schnittstellengestaltung angesprochen werden.

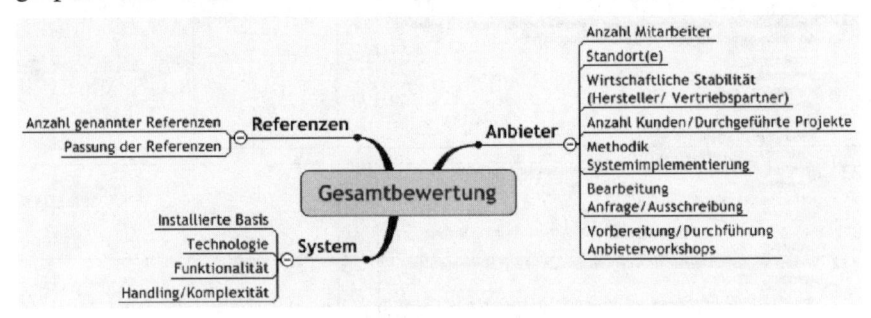

Abb. 9: Bewertungsschema im Rahmen der Endauswahl

Ergebnis der Endauswahl ist eine abschließende Gesamtbewertung. Durch die strukturierte Vorgehensweise können auch in dieser Phase alle vorliegenden Informationen sehr gut miteinander verglichen und zu einem Gesamtwert je Anbieter und System verdichtet werden. Im Rahmen der Gesamtbewertung sollten hierbei die in Abb. 9 dargestellten Aspekte berücksichtigt und den Kostenangaben der Anbieter gegenübergestellt werden. Beispielsweise kann dies in Form des in Abb. 10 dargestellten Portfolios erfolgen. Hierbei wurde die Gesamtbewertung den anfallenden Kosten der nächsten fünf Jahre gegenübergestellt. Auf dieser Basis kann eine sichere Entscheidung für den „TOP-Anbieter" getroffen werden. Diese Entscheidung hat insofern jedoch einen vorläufigen Charakter, da natürlich im Rahmen der Vertragsverhandlungen noch die vertragliche Einigung erzielt werden muss.

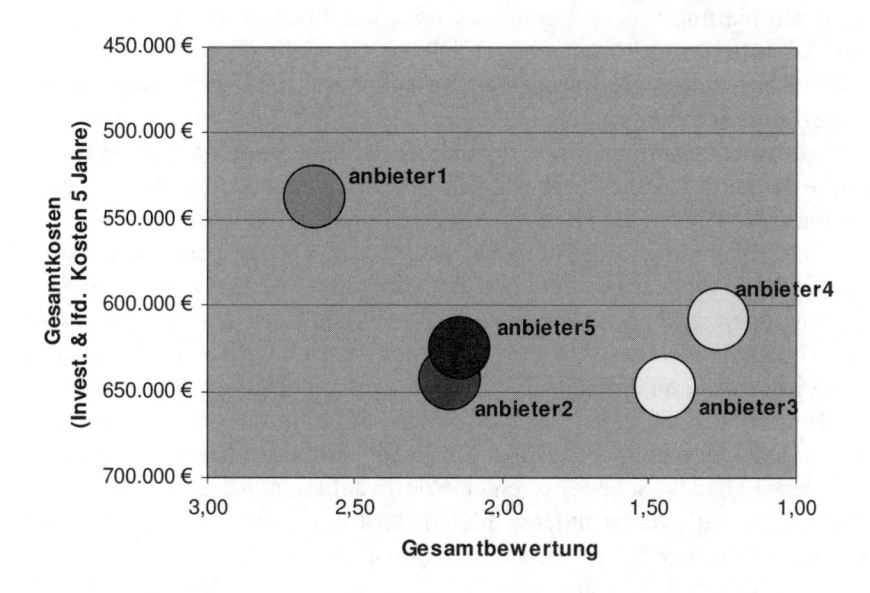

Abb. 10: Portfolio – Gesamtbewertung über Kosten

2.8 Vertragsverhandlung

Als letzter Schritt steht die Vertragsverhandlung/-gestaltung mit dem „TOP-Anbieter" an. Grundlage für den Vertrag bildet das Pflichtenheft. Alle Leistungen beider Vertragspartner – also auch die Mitwirkung des ausschreibenden Unternehmens – werden hier eindeutig definiert und dokumentiert.

Das Pflichtenheft wird auf Basis des Lastenheftes, des Testfahrplans sowie aller bisher gewonnenen Erkenntnisse erstellt. Alle benötigten, vor allem die über die Standardleistungen der Software hinausgehenden Funktionen werden im Pflichtenheft dokumentiert. Oftmals werden während der Systemtests Schwächen erkannt und der Ergänzungs-, Änderungs- bzw. Anpassungsbedarf identifiziert, der im Pflichtenheft festzuhalten ist. Unter Umständen sind für die Pflichtenhefterstellung weitere Workshops mit dem Systemanbieter durchzuführen, in denen kritische Anforderungen nochmals detailliert untersucht werden und die systemtechnische Umsetzung fixiert wird. Fixiert werden müssen auch die erforderlichen Schnittstellenprogrammierungen und die **Aufwendungen zur Übernahme der Daten aus den Altsystemen**. Dies ist **unabdingbar**, zumal die Kosten für die

Programmierung von Anpassungen und Schnittstellen neben den Lizenz- und Dienstleistungskosten maßgeblich das Gesamtbudget ausmachen.

Im Rahmen der Vertragsgestaltung sollte ein detaillierter Implementierungs- und Schulungsplan erstellt werden, der die Basis für eine fristgemäße Implementierung und Inbetriebnahme der neuen Software ist. Weiterhin sollte spezielles Augenmerk auf die gewünschten Dienstleistungen gelegt werden, die sich an die Hard- und Softwareinstallation anschließen.

Eine allgemeingültige Vorgehensweise zur Vertragsgestaltung wird an dieser Stelle nicht abgeleitet, da diese auch stark von den jeweiligen Randbedingungen, z. B. den jeweiligen Einkaufsrichtlinien des Anwenders oder dem Lizenzmodell des Anbieters, abhängt. Je nach Größe und Komplexität des Projektes kann eine Pilotinstallation sinnvoll sein, mit der die Software im Betrieb ausgiebig getestet wird. In diesem Fall muss die Pilotinstallation in den Implementierungsplan einfließen. In bestimmten Fällen werden für den Fall des Scheiterns einer Pilotinstallation Rücktrittsklauseln im Vertrag formuliert. In anderen Fällen wird ein Vertrag erst nach einer – meist kostenpflichtigen – Pilotinstallation abgeschlossen.

Generell gilt: Eine gründliche Arbeit im Rahmen der Vertragsgestaltung zur Fixierung der Softwarefunktionalitäten bzw. -performance und der für die Implementierung und den Betrieb erforderlichen Dienstleistungen bewahrt den Anwender und den Anbieter vor unliebsamen Überraschungen bei der Software-Implementierung bzw. -Inbetriebnahme.

3 Fazit

Um für anspruchsvolle ERP-/WWS-Projekte (ab ca. 25 ERP/WWS-Arbeitsplätzen) eine möglichst hohe Investitionssicherheit zu gewährleisten, ist eine strukturierte Vorgehensweise bei der Auswahl von Anbieter und System unerlässlich. Ein systematisches Vorgehen bei der Entscheidungsfindung bedeutet zwar einerseits einen höheren Aufwand in der Vorbereitungsphase des ERP-/WWS-Projektes, ist andererseits jedoch mit deutlich weniger Aufwand und Risiken in der Umsetzungsphase verbunden. Daneben ist auch der Einsatz von Werkzeugen zur Softwareauswahl empfehlenswert, da solche den Aufwand und auch die Projektrisiken nochmals erheblich reduzieren (vgl. Abb. 11).

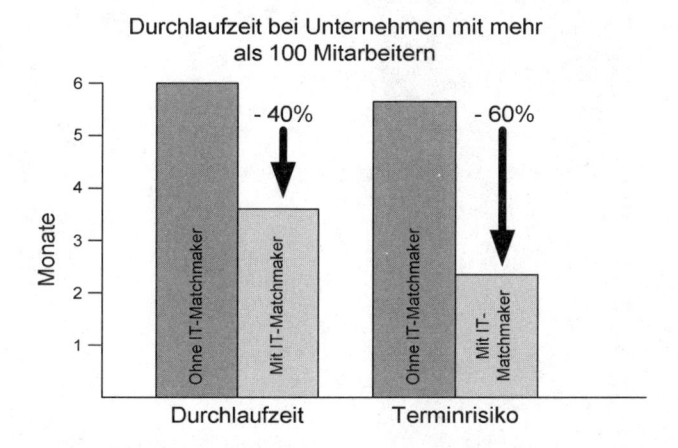

Abb. 11: Durchlaufzeit und Terminrisiko eines ERP-/WWS-Projekts mit und ohne den IT-Matchmaker als Werkzeug zur Softwareauswahl

Bedauerlicherweise gibt es jedoch keinen Königsweg zur passenden Software-Lösung. Daher sollte man sich im Vorfeld des Projektes intensiv mit dem Thema und den verschiedenen Wegen und Möglichkeiten auseinandersetzen, damit einer erfolgreichen Implementierung der neuen ERP-/WWS- Lösung erwartungsvoll entgegengesehen werden kann.

4 Literatur

Sontow, K.; Treutlein, P. Scherer, E.: Anwender-Zufriedenheit ERP/Business Software Deutschland 2006/2007. ERP-Zufriedenheitsstudie 2006/2007. Hrsg.: Trovarit AG, Aachen 2006, S. 21.
Standish Group: Chaos Report 2/2000.
o. V.: Kaum professionelles Projektmanagement. Frankfurter Allgemeine Zeitung vom 28.07.2003.

VI Bewertung der Kosten und des Nutzens von Softwareprojekten

Axel Winkelmann, ERCIS

1 Entscheidung trotz knapper Mittel

Die Kosten für Informationstechnologien sind in vielen Unternehmen ein langsam, aber durch neue Projekte unter Beibehaltung der alten Infrastruktur stetig steigender Fixkostenblock. Unternehmen mit höheren IT-Kosten sind – empirisch belegt – aufgrund effizienterer Systeme häufig effektiver und profitabler als sparsame Wettbewerber.[1] Niedrigste Aussagen von Handelsunternehmen zu ihren jährlichen IT-Ausgaben liegen bei 0,3% bis 0,4% und reichen bis hin zu 4% (vgl. Abb. 1). Dabei darf jedoch nicht vergessen werden, dass der Handel einen hohen Umsatz bei geringer In-House-Wertschöpfung hat, so dass sich ein generell günstiges Verhältnis zwischen IT-Kosten und Umsatz ergibt, während bei Unternehmen mit einer hohen Wertschöpfungstiefe diese Zahl eher höher ausfällt. In vielen Industrieunternehmen dürften die IT-Kosten etwa zwischen 0,5% und 2% liegen. Allerdings sind viele Manager nicht in der Lage, den Einfluss der IT auf die Wertschöpfung des Unternehmens zu messen. Kennzahlen der Leistungsfähigkeit der IT und bewertbare Ergebnisse sind allerdings eine Grundvoraussetzung für das Treffen sinnvoller Entscheidungen.

---

[1] Vgl. beispielsweise Becker, Winkelmann (2006), S. 387 ff.

Beispiel 1: Handelsunternehmen - Einzelhandel	
IT-Kosten pro Umsatz	1,57 %
IT-Investitionen pro Umsatz	0,48 %
IT-Kosten pro Mitarbeiter	4.950 €
IT-Kosten pro IT-Mitarbeiter	171.000 €
IT-Kosten pro PC / Endgerät	13.000 €
IT-Kosten pro Endbenutzer	12.300 €
% der Mitarbeiter die Endbenutzer sind	41 %
% der Mitarbeiter die IT-Mitarbeiter sind	2,45 %
Anzahl Endbenutzer pro IT-Mitarbeiter	32,5
Anzahl Endgeräte pro IT-Mitarbeiter	28,7

Beispiel 2: Handelsunternehmen - Großhandel	
IT-Kosten pro Umsatz	1,38 %
IT-Investitionen pro Umsatz	0,61 %
IT-Kosten pro Mitarbeiter	10.400 €
IT-Kosten pro IT-Mitarbeiter	232.000 €
IT-Kosten pro PC / Endgerät	19.600 €
IT-Kosten pro Endbenutzer	20.400 €
% der Mitarbeiter die Endbenutzer sind	62 %
% der Mitarbeiter die IT-Mitarbeiter sind	4,2 %
Anzahl Endbenutzer pro IT-Mitarbeiter	37,1
Anzahl Endgeräte pro IT-Mitarbeiter	45,6

Beispiel 3: Industrieunternehmen - Fertigung	
IT-Kosten pro Umsatz	1,57 %
IT-Investitionen pro Umsatz	0,72 %
IT-Kosten pro Mitarbeiter	9.000 €
IT-Kosten pro IT-Mitarbeiter	190.000 €
IT-Kosten pro PC / Endgerät	5.500 €
% der Mitarbeiter die Endbenutzer sind	65 %
% der Mitarbeiter die IT-Mitarbeiter sind	3 %
Anzahl Endbenutzer pro IT-Mitarbeiter	29
Anzahl Endgeräte pro IT-Mitarbeiter	29

Abb. 1: Beispiele für IT-Kennzahlen und Ausprägungen in Handel und Industrie[2]

Gerade bei der Entscheidung für eine neue Unternehmenssoftware stellt sich die Frage, ob denn das alte „nicht noch tut". Eine größtmögliche Verschiebung der Investition, wie dieses nach Abflachen des Jahr-2000-Hypes bei vielen Unternehmen festzustellen war, kann die Folge sein. In einigen Fällen führt dieses Verhalten sogar soweit, dass bereits im Unternehmen eingeführte Prozesse in der IT nicht mehr oder nur unter hohem Aufwand unterstützt werden. Es ist daher sinnvoll, alle Softwareprojekte strategisch zu managen und entsprechend ihres Potenzials und ihren Notwendigkeiten anzugehen, um ein unendliches Verzögern einzelner Projekte zu vermeiden.

Portfolio-Darstellungen bieten sich als Grundlage für die Diskussion in entsprechenden Abteilungen oder Gremien an, um Softwareeinführungen zu priorisieren (vgl. Abb. 2). Neue Geschäftsmöglichkeiten erschließen sich dabei einerseits durch die Erweiterung bestehender Dienstleistungen oder der Schaffung neuer sowie der Schaffung neuer Produkte andererseits. Ziel sollte es sein, sowohl Rationalisierungs- als auch Innovationspotenziale größtmöglich auszuschöpfen, so dass IT-Investitionen, die sich in

---

[2] Vgl. Glohr (2003), S. 9.; Glohr (2006), S. 150.

der rechten oberen Ecke befinden vor solchen in der linken unteren Ecke realisiert werden sollten.³

```
Realisierung neuer
Geschäftsmöglich-
     keiten
        ↑
         │
         │   ( CRM )      ( ERP/WWS )
         │
         │
         │                   ( PPS )
         │    ( Standort-
         │     vernetzung )
         │
         │            ( RFID )
         │
         └──────────────────────→  Rationalisierungs-
                                    potenzial
```

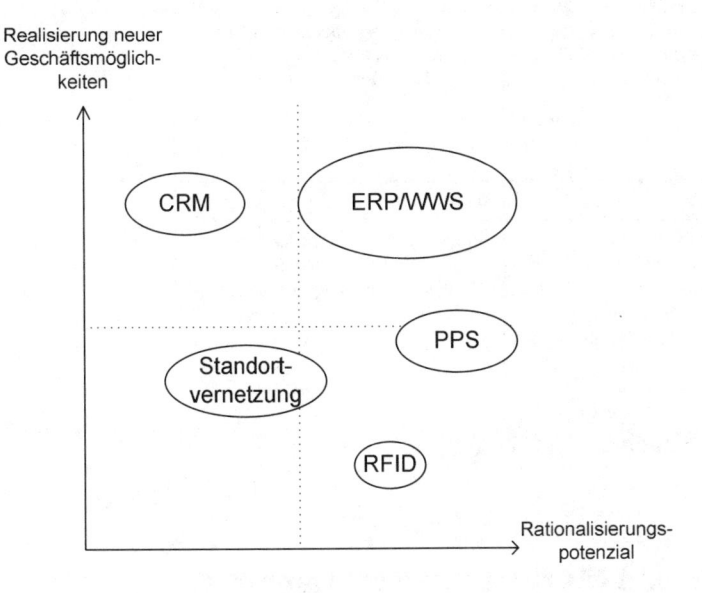

Abb. 2: Priorisierung von Software-Investitionen

Eine SWOT-Analyse[4] hilft darüber hinaus, sich die Vor- und Nachteile, sowie Chancen und Risiken einer Entscheidungsalternative zu verdeutlichen. In der einfachen Form werden die Argumente für die vier Aspekte in eine 4-Felder-Entscheidungsmatrix eingetragen (vgl. Abb. 3). In einer erweiterten Form werden die Argumente in Anlehnung an eine Nutzwertanalyse mit subjektiven Nutzwerten versehen, um somit die positiven oder negativen Aspekte quantifizieren und entsprechend aggregiert mit konkurrierenden Investitionsprojekten gegenüberstellen zu können.[5] Hierbei kann jedoch durch die subjektive Gewichtung einzelner Faktoren nahezu willkürlich auf das Ergebnis der Bewertung Einfluss genommen werden.

---

[3] Vgl. hierzu auch Schönsleben (2001), S. 48 f.
[4] SWOT steht für Strength, Weaknesses, Opportunities und Threats.
[5] Vgl. hierzu auch Kütz (2005), S. 259 ff.

Einführung eines Standard-ERP-Systems	
Pro	**Kontra**
Einheitliches Layout Senkung der Lizenzgebühren Schnellere Dateneingabe Verringerung des Supportaufwands Geringere Einarbeitung neuer MA	Hoher Migrationsaufwand Austausch von Hard- und Software Schulung aller Nutzer
Chancen	**Risiken**
Insellösungen abschaffen Schnittstellenreduktion Datenintegration Stabilitätserhöhung Optimierung der Geschäftsprozesse	Änderung von Geschäftsprozessen „Standardprozesse" Abhängigkeit von Anbieter

Abb. 3: Beispiel einer SWOT-Analyse

2 Kosten und Nutzen eines Softwareprojekts

2.1 Kosten

Die Schwierigkeiten der Investition in IT liegen darin, dass sie nicht dem betriebswirtschaftlichen Standardfall entsprechen und viele Unwägbarkeiten enthalten. Häufig werden die Kosten der Softwareeinführung unterschätzt. Nicht selten bleiben interne Kosten bei der Budgetierung in großen Teilen unberücksichtigt, auch wenn sich als Faustformel für jeden investierten Euro in Software noch einmal ein Euro in Hardware und drei bis sechs Euro für die eigentliche Einführung rechnen lassen. Pro Arbeitsplatz sind Gesamtkosten von 5.000 Euro durchaus realistisch, wobei die Arbeitsplatzkosten von der Nutzeranzahl abhängig sind und bei größerer Useranzahl eher sinken, allerdings tendenziell nicht linear sondern polynomisch (vgl. Abb. 4).[6] Die Hardwarekosten sinken zunächst, steigen dann aber wieder an, weil mit zunehmender Userzahl zusätzliche Hardware erforderlich wird, es sich also um sprungfixe Kosten handelt. Die Zunahme der Kosten pro User, nachdem bis ca. 150 User die Kosten pro User ab-

---

[6] Die ERP-Zufriedenheitsstudie der Trovarit AG ergab 2004 bei der Untersuchung von knapp 1.700 Installationen, dass die durchschnittlichen Kosten pro User bezogen auf die Software bei 3.125 Euro, bezogen auf die Hardware bei 2.192 Euro und bezogen auf die Beratung bei 1.972 Euro lagen.

nehmen, lässt sich bei den Beratungs- und Softwarelizenzkosten am ehesten durch mächtigere Systeme bei höheren Userzahlen und somit insgesamt erhöhte Beratungs- und Lizenzkosten erklären. Typische weitere Kostentreiber sind der Grad der Abweichung vom Standard und die allgemeinen Anforderungen an das System mit der entsprechenden Hardwareauslegung.

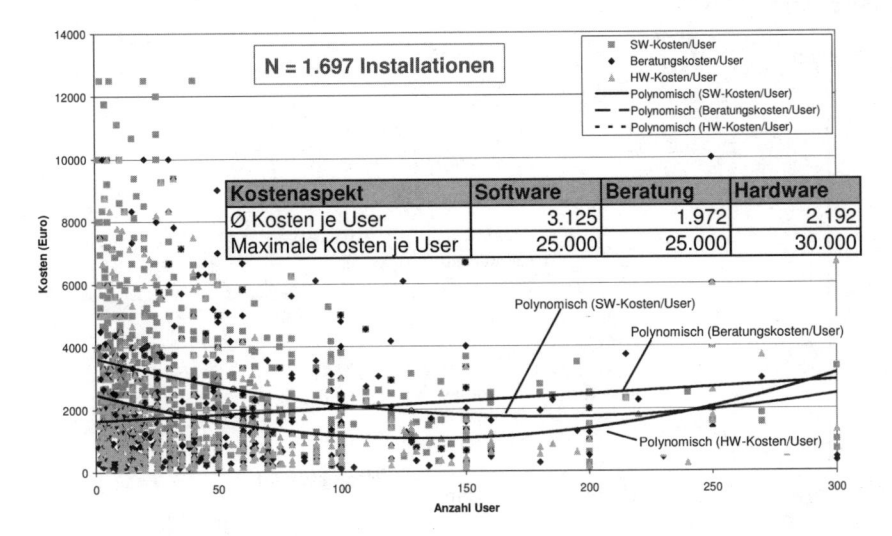

Kostenaspekt	Software	Beratung	Hardware
Ø Kosten je User	3.125	1.972	2.192
Maximale Kosten je User	25.000	25.000	30.000

Abb. 4: Kostengrößen von ERP-Projekten[7]

Typischerweise erfolgt die Einführung von Unternehmenssoftware aus Kosten- und Ressourcengründen in mehreren Ausbaustufen. Zunächst werden häufig Lager, Produktion, Einkauf und Verkauf unterstützt, bevor dann nachgelagert Personalwirtschaft, Buchhaltung und weitere Unternehmensbereiche folgen. In einigen Projekten wird auch ein nicht ergebnisrelevanter Bereich vorgezogen, z. B. die Personalwirtschaft, um für die Großumstellung Erfahrungen mit der neuen Hard- und Softwarearchitektur sammeln zu können, auch wenn hierbei weder eine Rationalisierung noch eine Erweiterung der Geschäftsmöglichkeiten stattfinden. Das gestaffelte Vorgehen macht die Kostenermittlung noch einmal zusätzlich schwieriger, da sich Kosten und Nutzenrealisierung über einen langen Zeitraum hinziehen.

Wesentliche Einflussfaktoren für den Projektaufwand sind die Quantität der Anforderungen und die geforderte Qualität bei der Einführung bzw.

---

[7] ERP-Zufriedenheitsstudie (2004).

Umsetzung der Unternehmensstrategie. Beide determinieren die Projektdauer und die Projektkosten. Die Projektdauer ist insgesamt zu minimieren, um den Nutzen von Softwareprojekten möglichst frühzeitig zu erhalten. Allerdings bedeutet eine Minimierung der Projektdauer auch zusätzliche direkte Projektkosten. Den Trade-Off zwischen frühzeitiger Nutzung des neuen Systems einerseits und den höheren direkten Projektkosten beschreibt Abb. 5.

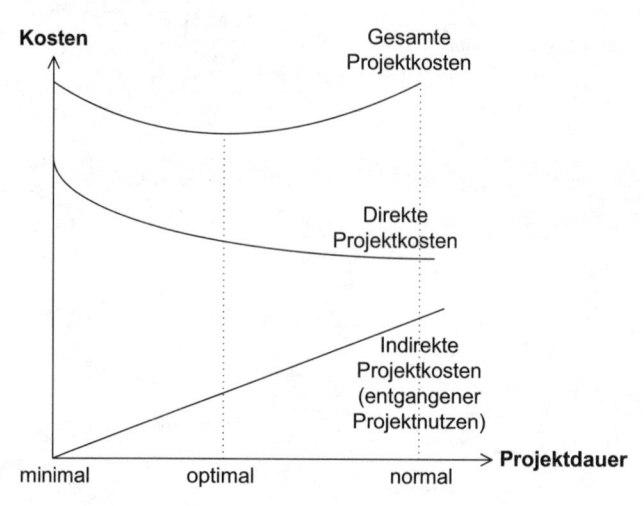

Abb. 5: Balance zwischen Projektdauer und -kosten[8]

Während der Arbeitsaufwand der direkt beteiligten Projektmitarbeiter meist noch in die Kalkulation einfließt, werden interne Aufwände für die Einbeziehung von Key-Usern, also Mitarbeitern, die bei der Spezifikation ihrer Abteilungsanforderungen aktiv mit dem Kern-Projektteam zusammenarbeiten, ebenso wenig wie die in Schulungen verbrachten Mitarbeitertage mitgerechnet, obwohl der Personalaufwand auch im Mittelstand für derartige Projekte bei 5-6 Mannjahren liegen kann. Innerhalb des Kernarbeitsteams kann der Aufwand für Reorganisation, Customizing und Datenaufbereitung rund 40-60% der Arbeitszeit ausmachen, die entsprechend nicht für das Tagesgeschäft zur Verfügung stehen. Auch Unternehmen mit 25 bis 50 Arbeitsplätzen können 2-3 Mannjahre – verteilt auf verschiedenste Mitarbeiter – für die Einführung einrechnen. Allein für die Auswahl und Bewertung unterschiedlicher System lassen sich inklusive Sollkonzeption und Informationsbeschaffung rund 5-15% des Gesamtbudgets veranschlagen. Die zunächst noch geringere Produktivität im Umgang mit dem

---

[8] Vgl. Litke (2004), S. 128.

neuen System, die zur temporären Einstellung von zusätzlichem Personal führen kann, sowie der Arbeitsausfall durch anfängliche und spätere Schulungen sind ebenso zu bedenken wie der Aufwand, der sich durch die Unternehmensreorganisation ergibt. Jährliche Lizenz- und Wartungskosten sollten in der Kalkulation ebenfalls nicht unberücksichtigt bleiben. Sie liegen bei ca. 15-20% des Einkaufs-, teilweise aber auch des Listenpreises.

Projektleiter und -management neigen dazu, einmal geschätzte Projektkosten während des Projektes nicht oder nur in geringem Maße zu hinterfragen. Es ist jedoch Aufgabe des Projektleiters, diese Kosten permanent zu beobachten und bei Änderungen im Projekt, etwa durch neue Projektanforderungen, die Gesamtaufwandsschätzung in Form von Mitarbeitertagen und Kosten begründet anzupassen. Tabelle 1 spiegelt den Umgang mit verschiedenen Kostenarten bei der Auswahl betrieblicher Standardsoftware wider. Es lässt sich feststellen, dass viele Unternehmen sich bei zahlreichen Kostenarten auf grobe Schätzungen verlassen oder diese Kosten nicht berücksichtigen.

Tabelle 1: Berücksichtigung von Kostenarten bei österreichischen Softwareprojekten (n=119)[9]

	Nicht berücksichtigt	Grobe Schätzung	Hochrechnung aus Pilotprojekt	Vergleiche mit anderen Firmen	Angebotseinholung
Kosten ERP	0,8%	1,7%	2,5%	5%	90%
Kosten Zusatzsoftware	26,9%	18,5%	3,4%	3,4%	47,8%
Kosten Hardware	4,2%	5,1%	5,1%	3,3%	82,3%
Kosten Einführung (Netzaufbau, Administration usw.)	11,8%	19,3%	10,1%	6,7%	52,1%
Kosten Datenmigration	10%	41,2%	14,3%	5,9%	28,6%
Kosten laufende Datenrücksicherung	36,1%	32,8%	13,4%	3,4%	14,3%
Kosten Netzwerkbetrieb (Wartung)	26,1%	34,4%	10,9%	3,4%	25,2%
Kosten Dienstreisen	30,3%	45,4%	5%	0,8%	18,5%
Kosten Schulungen	10,1%	37,8%	5,9%	4,2%	42%
Kosten Endbenutzer	36,1%	45,4%	11,8%	5%	1,7%
Kosten Risikorückstellung	61,3%	32,8%	4,2%	1,7%	-

---

[9] Daten entnommen Bernroider, Koch (1999), S. 44-49. Die Daten wurden auf die antwortenden Unternehmen hochgerechnet und missing values entfernt.

Vor allem bei den externen Kosten werden Aufwendungen für Datenbank- und Softwarelizenzen, die nur indirekt mit dem eigentlichen ERP-/WWS-System zu tun haben, ohne die aber dessen Betrieb nicht möglich ist, gern zu niedrig angesetzt. Kosten für Netzwerkerweiterungen, zusätzlich zu entwickelnde Schnittstellen oder Add-Ons werden ebenso wie die Datenaufbereitung in vielen Fällen nicht oder nur ungenügend budgetiert. Abb. 6 gibt einen Überblick über die maßgeblich relevanten internen und externen Kosten eines ERP-Einführungsprojekts.

Abb. 6: Interne und externe Kosten eines Softwareeinführungsprojekts

Anbieter, die während der Softwareauswahl ihre Systeme präsentieren, sind selten geneigt, bereits in diesem frühen Stadium ihre Kalkulation offen zu legen. Dennoch ist es sinnvoll, bereits zu diesem Zeitpunkt Vorab-Preisinformationen einzuholen, um eine erste Einschätzung der Leistungen und Kosten des Anbieters zu erhalten. Damit lassen sich Leistungen und Kosten vergleichen, und das Verständnis des Anbieters über das Projekt kann überprüft werden. Nicht selten vergessen Anbieter einzelne Posten, weil die Projektanforderung noch nicht voll verstanden ist. Eine Berechnung der durchschnittlichen Kosten dieser Vorab-Angebote ermöglicht eine bessere Abschätzung der auf das Unternehmen zukommenden Kosten und des benötigten Budgets. Es ist allerdings wenig sinnvoll, auf Grundlage dieser Vorab-Kalkulationen Systementscheidungen zu treffen, denn ein günstiges System kann sich aufgrund des Zusatzaufwandes für Anpassungen und neue Funktionalität im Endeffekt als sehr teuer erweisen.

2.2 Nutzen

Grundsätzlich lässt sich der Einsatz von Unternehmenssoftware nach qualitativem und quantitativem Nutzen bewerten. Während qualitative Aussagen nur begrenzt getroffen werden können, lassen sich quantitative Nutzen bewerten und monetär ausdrücken.

Quantitative Nutzenpotenziale sollten bereits im Vorwege der Softwareauswahl von Management und Projektleitung ermittelt werden und in die Projektzieldefinition mit einfließen. Zum einen erleichtert dieses die Systemauswahl, da Anforderungen gezielt auf beabsichtigte Nutzenpotenzialausschöpfungen hin gestellt werden können, und zum anderen lässt sich anhand der identifizierten Möglichkeiten während und nach der Softwareeinführung der Erfolg dieser Implementierung und institutionellen Verankerung feststellen. Zudem kann die erwartete Nutzenpotenzialhebung, quantifiziert mit entsprechenden Kosteneinsparungen und als Cashflow diskontiert, als Indikator für das für die Implementierung zur Verfügung zu stellende Budget herangezogen werden. Nutzeneffekte ergeben sich beispielsweise durch mehr Transparenz und Ausschöpfung der von den Herstellern eingeräumten Konditionen oder beim Abbau von zu hohen Lagerbeständen. MARTIN kommt bei einer Auswertung von 260 Projekten von 4 ERP-Systemen zu der Schlussfolgerung, dass Nutzenpotenziale insbesondere im Bereich Unternehmenscontrolling, Kunden- und Marktorientierung sowie bei der Verbesserung der Geschäftsprozesse zu erwarten sind (vgl. Abb. 7).[10]

---

[10] Martin (2003), S. 66.

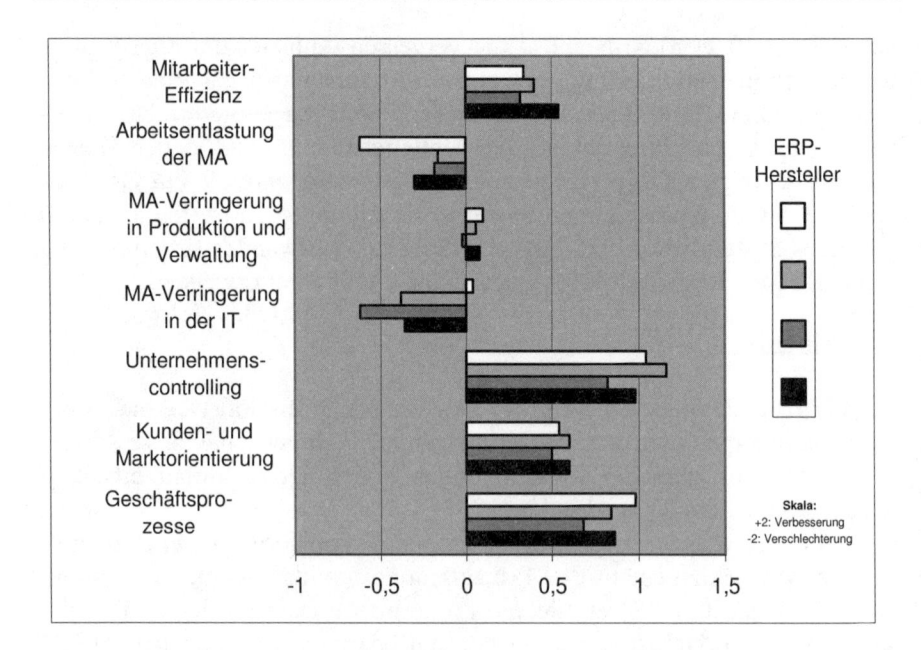

Abb. 7: Messung der Implementierung von 4 ERP-Systemen bei 260 Unternehmen[11]

Zu den quantitativen Nutzenpotenzialen neuer Unternehmenssoftware zählen vor allem Aspekte im Bereich der Reorganisation und Verschlankung von Prozessen. Hierzu zählen beispielsweise der Abbau von Lagerbeständen durch schnellere Nachorder-Möglichkeiten oder eine Verringerung der Auftragseingabe- und Durchlaufzeit verbunden mit einer Reduktion der Mitarbeiteranzahl (vgl. beispielhaft Abb. 8).

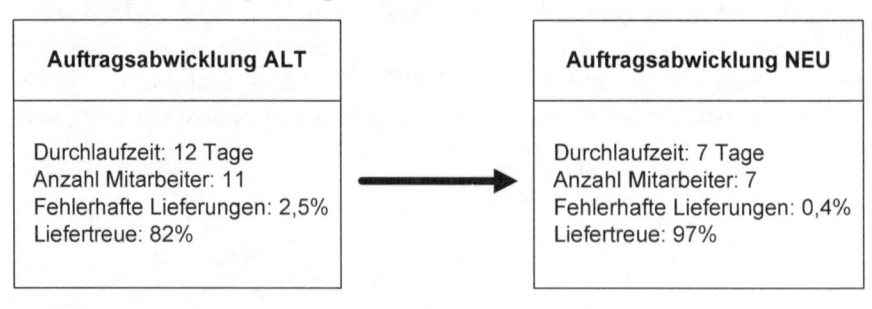

Auftragsabwicklung ALT	Auftragsabwicklung NEU
Durchlaufzeit: 12 Tage Anzahl Mitarbeiter: 11 Fehlerhafte Lieferungen: 2,5% Liefertreue: 82%	Durchlaufzeit: 7 Tage Anzahl Mitarbeiter: 7 Fehlerhafte Lieferungen: 0,4% Liefertreue: 97%

Abb. 8: Nutzenpotenziale in der Auftragsabwicklung

---

[11] Martin (2003), S. 66.

Qualitative Nutzenpotenziale lassen sich im Gegensatz zu den quantitativen im Regelfall nicht oder nur schwer monetär bewerten. Ihre genaue Erhebung würde viel Aufwand erfordern und würde im Zweifelsfall nicht im Verhältnis stehen. Qualitative Nutzenpotenziale sind beispielsweise eine bessere Datenverfügbarkeit, um Kunden Auskunft geben zu können, oder eine verbesserte Prozesstransparenz und somit ein besseres Prozessverständnis und höhere Motivation der Mitarbeiter. Die Argumente sollten – wie auch die quantitativen Nutzaspekte – in einer Argumentebilanz gesammelt und den nicht monetär erfassbaren Kostenaspekten gegenübergestellt werden, damit das Management sowohl aus quantitativen als auch qualitativen Gesichtspunkten heraus für die Systemeinführung entscheiden kann. Mögliche qualitative Argumente sind beispielsweise:
- Größtmögliche Ablösung von Insellösungen,
- Verbesserung der Benutzerführung,
- höhere Transparenz der Prozesse,
- Erwerb von zusätzlichem betriebswirtschaftlichem Know-How,
- besserer und schnellerer Informationsfluss,
- schnellere Umsetzung und höhere Flexibilität bei neuen Unternehmensstrategie sowie
- verbesserte Innovationsfähigkeit.

3 Wirtschaftlichkeitsanalyse

3.1 Vorgehen

Studien ergeben, dass bei Berücksichtigung der Wirtschaftlichkeitsbetrachtung während der Softwareauswahl primär nur statische Effekte betrachtet werden, was aber aufgrund des zeitlichen Auseinanderfallens von Kosten- und Nutzeneffekten problematisch ist. Eine Untersuchung bei 138 österreichischen Unternehmen kam zu dem Ergebnis, dass nur 19% der untersuchten Unternehmen dynamische, hingegen aber 69% statische Investitionsrechnungsverfahren für die Softwareeinführung benutzten. 61% der Unternehmen führten keine Nutzenbewertung durch und 28% ermittelten quantitativen Nutzen. Qualitativer Nutzen wurde hingegen nur von einem Unternehmen ermittelt.[12]

LITKE schlägt für die Kostenplanung vor, Kostenpakete zu strukturieren, indem aus z. B. dem Projektstrukturplan entsprechende Aufgabenpakete

---

[12] Vgl. Bernroider, Koch (2000), S. 62 und S. 337.

und die zu erwartenden Fremd- und Eigenaufwände erfasst und im Projektablauf überwacht werden. Im Rahmen der Kalkulation des Gesamtprojekts bei der Entscheidung für einen Anbieter sollten spätestens entsprechende betriebswirtschaftliche Analysen wie Cash-Flow-Rechnungen usw. durchgeführt werden, damit die finanziellen Risiken der Gesamtprojektes erfasst werden können. Die abschließende Budgeterteilung sollte im Projektablauf nur geändert werden, wenn der Leistungsumfang geändert wird, sich neue Schätzungen als realistischer erweisen oder die Plankosten für spezifische Leistungen nicht ausreichend sind.[13]

Bei der Wirtschaftlichkeitsanalyse sollte darauf geachtet werden, dass mit fortschreitenden Erkenntnissen über das Projekt die Wirtschaftlichkeitsrechnung verfeinert wird und Änderungen Eingang in die Berechnungen finden. Trotz zahlreicher Instrumente zur Wirtschaftlichkeitsanalyse ist es bei der Einführung von Unternehmenssoftware nicht möglich, exakt zu kalkulieren, da Vergleichsmöglichkeiten ebenso wie Übersichten über alle Kosten und Nutzen fehlen. Daher sollte die Genauigkeit nicht übertrieben und anstelle dessen lieber vorsichtig kalkuliert werden.

3.2 Instrumente der Wirtschaftlichkeitsanalyse

Zur Ermittlung der Wirtschaftlichkeit werden in der Praxis gern statische Verfahren angewendet, da diese mit leichten, modellhaften Formeln Erfassungs- und Präzisierungsaufwand stark begrenzen. Dieses Vorgehen grenzt allerdings die Validität der Berechnungen relativ ein. Grundsätzlich stehen vier Betrachtungsweisen bei der Wirtschaftlichkeitsanalyse eines Softwareprojekts zur Verfügung:
- Einfache Berücksichtigung der monetären Aspekte mit einer Kapitalwertanalyse. Qualitative Betrachtungen entfallen.
- Versuch der monetären Bewertung der qualitativen Aspekte (Skalentransformation) zusätzlich zu den quantitativen Aspekten.
- Bewertung von quantitativen Aspekten mit Investitionsrechnungsverfahren. Zusätzliche Betrachtung der qualitativen Gesichtspunkte in einer Nutzwertanalyse.
- Reine Betrachtung der qualitativen Aspekte.

Aus Sicht einer objektiven Analyse ist eine reine monetäre Betrachtung ebenso wenig wie eine rein qualitative Analyse zielführend, da beide Verfahren der Zielsetzung des Projektes nicht gerecht werden würden. Eine monetäre Verdichtung wäre zum einen sehr subjektiv geprägt und würde zum anderen zu einem deutlichen Informationsverlust führen. Daher em-

---

[13] Vgl. Litke (2004), S. 126 f.

VI Bewertung der Kosten und des Nutzens von Softwareprojekten

pfiehlt sich eine getrennte Betrachtung von qualitativen und quantitativen Aspekten, auch wenn die vollständige Erfassung nicht möglich ist. Abb. 9 listet Verfahren zur Investitionsrechnung auf. Neben der Unterteilung in dynamische Verfahren, die Veränderungen im Zeitablauf berücksichtigen, und statischen Verfahren kann (theoretisch) zwischen Investitionen unter vollständiger Sicherheit und unter Unsicherheit unterschieden werden.[14]

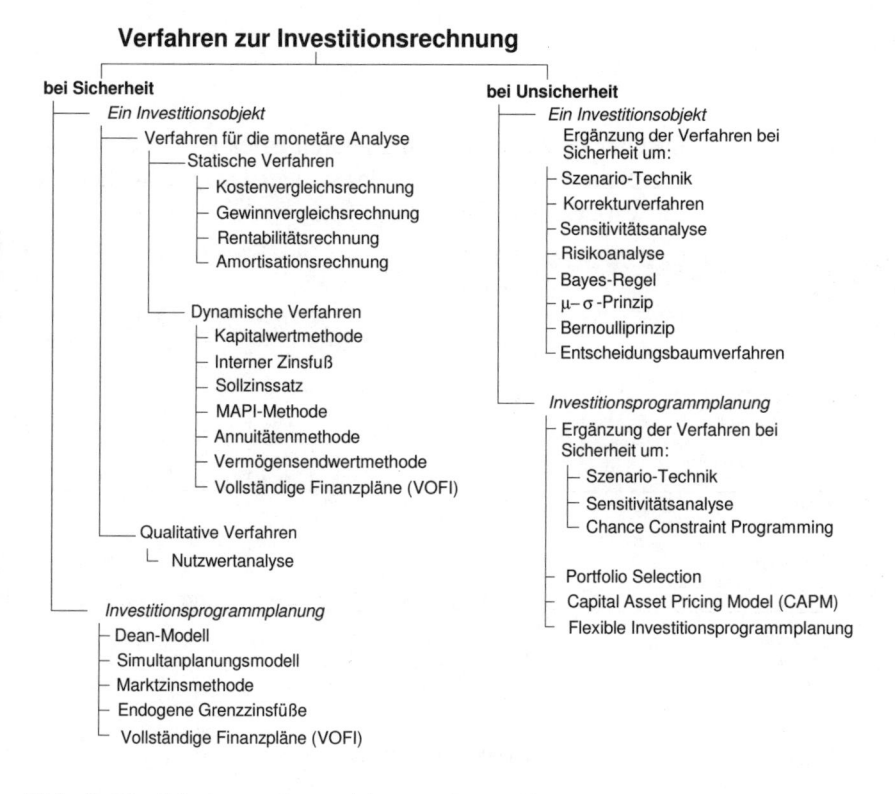

Verfahren zur Investitionsrechnung

- **bei Sicherheit**
  - Ein Investitionsobjekt
    - Verfahren für die monetäre Analyse
      - Statische Verfahren
        - Kostenvergleichsrechnung
        - Gewinnvergleichsrechnung
        - Rentabilitätsrechnung
        - Amortisationsrechnung
      - Dynamische Verfahren
        - Kapitalwertmethode
        - Interner Zinsfuß
        - Sollzinssatz
        - MAPI-Methode
        - Annuitätenmethode
        - Vermögensendwertmethode
        - Vollständige Finanzpläne (VOFI)
    - Qualitative Verfahren
      - Nutzwertanalyse
  - Investitionsprogrammplanung
    - Dean-Modell
    - Simultanplanungsmodell
    - Marktzinsmethode
    - Endogene Grenzzinsfüße
    - Vollständige Finanzpläne (VOFI)

- **bei Unsicherheit**
  - Ein Investitionsobjekt
    - Ergänzung der Verfahren bei Sicherheit um:
      - Szenario-Technik
      - Korrekturverfahren
      - Sensitivitätsanalyse
      - Risikoanalyse
      - Bayes-Regel
      - $\mu-\sigma$-Prinzip
      - Bernoulliprinzip
      - Entscheidungsbaumverfahren
  - Investitionsprogrammplanung
    - Ergänzung der Verfahren bei Sicherheit um:
      - Szenario-Technik
      - Sensitivitätsanalyse
      - Chance Constraint Programming
    - Portfolio Selection
    - Capital Asset Pricing Model (CAPM)
    - Flexible Investitionsprogrammplanung

Abb. 9: Verfahren zur Investitionsrechnung[15]

Die Kapitalwertmethode als statische, einfache Berechnungsformel für Investitionen berücksichtigt die in einzelnen Perioden anfallenden Einzahlungen (e) und Auszahlungen (a), d. h. alle monetären Effekte, und diskontiert diese mit einem Zinssatz i ab, so dass der gegenwärtige Investitionswert (C in Periode 0) errechnet werden kann, der sich dann mit anderen Investitionen vergleichen lässt. Die Methode geht zumindest im einfachsten

---

[14] Zu einer detaillierten Einführung in die Investitionsrechnung vgl. beispielsweise Grob (2006); Götze (2005).
[15] Becker, Schütte (2004), S. 192.

Modell von einem vollkommenen Markt aus, bei dem Soll- und Habenzinsen identisch sind und keine Steuern gezahlt werden. Mit Hilfe der Kapitalwertmethode können allerdings nur monetär bewertbare Aspekte betrachtet werden. Problematisch ist dieser Ansatz vor allem dann, wenn sich die Einführung des neuen Systems nicht monetär bewerten lässt bzw. der Kapitalwert negativ ist, da im Unternehmen in erster Linie nicht quantifizierbarer Nutzen erwartet wird.

$$C_0 = -a_0 + \sum_{t=1}^{n} (e_t - a_t)(1+i)^{-t}$$

Wesentlich dynamischer lassen sich die monetären Effekte eines Softwareprojekts mit Hilfe entsprechender Exceltableaus oder entsprechender Projektmanagementsoftware erfassen (vgl. Abb. 10).

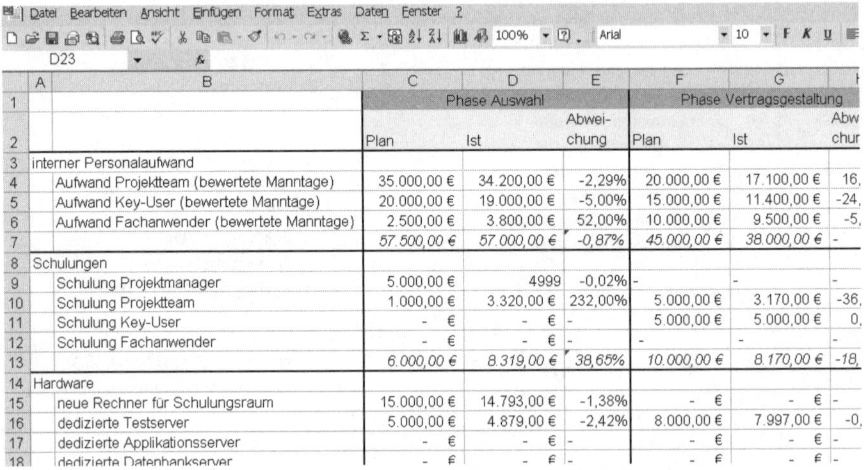

	A / B	C	D	E	F	G	H
1		Phase Auswahl			Phase Vertragsgestaltung		
2		Plan	Ist	Abweichung	Plan	Ist	Abw chur
3	interner Personalaufwand						
4	Aufwand Projektteam (bewertete Manntage)	35.000,00 €	34.200,00 €	-2,29%	20.000,00 €	17.100,00 €	16,
5	Aufwand Key-User (bewertete Manntage)	20.000,00 €	19.000,00 €	-5,00%	15.000,00 €	11.400,00 €	-24,
6	Aufwand Fachanwender (bewertete Manntage)	2.500,00 €	3.800,00 €	52,00%	10.000,00 €	9.500,00 €	-5,
7		*57.500,00 €*	*57.000,00 €*	*-0,87%*	*45.000,00 €*	*38.000,00 €*	-
8	Schulungen						
9	Schulung Projektmanager	5.000,00 €	4999	-0,02%	-	-	-
10	Schulung Projektteam	1.000,00 €	3.320,00 €	232,00%	5.000,00 €	3.170,00 €	-36,
11	Schulung Key-User	- €	- €	-	5.000,00 €	5.000,00 €	0,
12	Schulung Fachanwender	- €	- €	-	-	-	-
13		*6.000,00 €*	*8.319,00 €*	*38,65%*	*10.000,00 €*	*8.170,00 €*	*-18,*
14	Hardware						
15	neue Rechner für Schulungsraum	15.000,00 €	14.793,00 €	-1,38%	- €	- €	-
16	dedizierte Testserver	5.000,00 €	4.879,00 €	-2,42%	8.000,00 €	7.997,00 €	-0,
17	dedizierte Applikationsserver	- €	- €	-	- €	- €	-
18	dedizierte Datenbankserver	- €	- €	-	- €	- €	-

Abb. 10: Auszug aus einer Kostenberechnung

Für die weichen, nicht monetär bewertbaren Faktoren steht analog die Nutzwertanalyse zur Verfügung, bei der eine Vorauswahl von Alternativen anhand ihrer Nutzen vorgenommen wird. Einzelnen Eigenschaften werden subjektiv mit Nutzwerten belegt. Ausgangspunkt ist die Prämisse, dass ein Gesamtnutzen aller Eigenschaften besteht und die Teilnutzen additiv dazu beitragen. In einem ersten Schritt werden die Zieleigenschaften erfasst (z. B. einheitliche Benutzeroberfläche, effiziente Bedienung, transparenter Informationsfluss) und entsprechend ihrer Bedeutung für das Unternehmen gewichtet, so dass die Gesamtheit der Gewichte 1 ergibt. Anschließend wird für jede Alternative festgehalten, inwieweit das jeweilige Zielkriterium erreicht wird. In Tabelle 2 wird hierbei eine Kardinalskala von 1 (sehr schlecht) bis 10 (sehr gut) zu Grunde gelegt. Multipliziert mit der jeweiligen Gewichtung ergibt sich der Teilnutzen für eine Alternative. In Summe wird daraus der Gesamtnutzen einer Alternative. Damit wäre rein aufgrund des Nutzens im Beispiel Softwaresystem 4 vorzuziehen, wobei bei diesem Beispiel weder Kosten noch KO-Kriterien, beispielsweise in Form bestimmter Funktionen, die zwingend erfüllt sein müssen, berücksichtigt sind.

Tabelle 2: Anwendung der Nutzwertanalyse

	Gewichtung	Softwaresystem 1	Softwaresystem 2	Softwaresystem 3	Softwaresystem 4
Funktionaler Erfüllungsgrad	0,70	9	8	10	9
Einheitlichkeit der Benutzeroberfläche	0,02	7	5	8	10
Effiziente Bedienung	0,05	3	5	6	9
Leichte Erlernbarkeit	0,03	6	2	8	7
Erweiterbarkeit des Systems	0,1	6	3	9	2
Wartbarkeit des Systems	0,03	7	6	8	5
Transparenter Informationsfluss	0,02	6	6	6	8
…	0,05	7	7	6	7
Summe	**1,00**	7,38	6,62	8,34	7,65

4 Fazit

Die bewusste Entscheidung für eine neue Unternehmenssoftware ist aufgrund des – eigentlich immer – zu knappen IT-Budgets nicht einfach. Portfolios und langfristige, strategische Zielsetzungen können helfen, IT-Investitionen entlang ihrer Bedeutung für das Unternehmen zu treffen.

Aufwende für eine neue Unternehmenssoftware sind häufig schwierig zu schätzen, da sich Randbedingungen ändern (eingeplante Hardware nicht ausreichend, keine termingerechte Fertigstellung usw.) und Zielsetzungen verschieben können. Analogien zu anderen Projekten lassen sich aufgrund der Einmaligkeit des Projektes nur schwer herstellen. Neben den quantifizierbaren Kosten für ein IT-Projekt und den daraus entstehenden Nutzen durch Rationalisierung, geringere Lagerkosten usw. ergeben sich auch Nutzeneffekte, die sich nur indirekt messen lassen oder nicht monetär bewertbar sind. Ein System, das zuverlässig ohne größere Fehler arbeitet, eine schlüssige Bedienung erlaubt und schnell die gewünschten Ergebnisse liefert, wird deutlich zur Beschleunigung des Arbeitsflusses und somit zur Erhöhung der Mitarbeiterzufriedenheit beitragen. Kapitalwertmethoden und Nutzwertanalyse können in diesen Fällen helfen, auf einfache Weise die richtige Softwarealternative auszuwählen bzw. ihre Auswahl im Nachhinein zu rechtfertigen.

5 Literatur

Becker, J.; Schütte, R.: Handelsinformationssysteme. 2. Aufl. Frankfurt / Main 2004.

Becker, J.; Winkelmann, A.: Handelscontrolling. Optimale Informationsversorgung mit Kennzahlen. Berlin, Heidelberg, New York 2006.

Bernroider, E.; Koch, S.: Empirische Untersuchung zur Entscheidungsfindung bei der Auswahl betriebswirtschaftlicher Standardsoftware in österreichischen Unternehmen. Diskussionspapiere zum Tätigkeitsfeld Informationsverarbeitung und Informationswirtschaft, Nr. 20. Hrsg.: H. R. Hansen, H. Janko. Wirtschaftsuniversität Wien 1999.

Bernroider, E.; Koch, S.: Entscheidungsfindung bei der Auswahl betriebswirtschaftlicher Standardsoftware – Ergebnisse einer empirischen Untersuchung in österreichischen Unternehmen. Wirtschaftsinformatik 42 (2000) 4, S. 329-338.

Götze, U.: Investitionsrechnung. Modelle und Analysen zur Beurteilung von Investitionsvorhaben. 5. Aufl. Berlin, Heidelberg 2005.

Glohr, C.: IT-Kostenoptimierung / IT-Kennzahlen – Steigerung der Effizienz durch aktives IT-Kostenmanagement und Benchmarking. http://www.controlling-portal.org/file_upload/T-Kostenmanagement-ppt.pdf. Abrufdatum: 2005-06-15.

Glohr, C.: IT-Kennzahlen für den CIO. Controlling 18 (2006) 3, S. 149-155.

Grob, H. L.: Einführung in die Investitionsrechnung. 5. Aufl. München 2006.

Kütz, M.: IT-Controlling für die Praxis. Konzeption und Methoden. Heidelberg 2005.

Litke, H.: Projektmanagement. Methoden, Techniken, Verhaltensweisen. 4. Aufl. München, Wien 2004.

Martin, R.: Rechnen sich ERP-Systeme? Die Software allein ist nicht das entscheidende Erfolgskriterium. Neue Züricher Zeitung (NZZ) Nr. 220 vom 23. 09. 2003.

Schönsleben, P.: Integrales Informationsmanagement. Informationssysteme für Geschäftsprozesse – Management, Modellierung, Lebenszyklus und Technologie. Berlin, Heidelberg 2001.

VII Gebrauchte oder neue Lizenzen?

Reiner Hirschberg, HHS usedSoft GmbH

1 Einleitung

Lange Zeit schien für Software ausgeschlossen, was für jedwedes Produkt nahe liegend und natürlich ist: der Kauf und Verkauf auf dem Gebrauchtmarkt. Den großen marktbeherrschenden Software-Herstellern war es über Jahrzehnte hinweg erfolgreich gelungen, Kunden und Zwischenhändlern mit juristisch fragwürdigen Lizenzbedingungen den Eindruck zu vermitteln, der Handel mit Gebraucht-Lizenzen sei rechtswidrig. Vor sechs Jahren aber stellte der Bundesgerichtshof mit einem für den gesamten Software-Markt richtungweisenden Urteil klar, dass der Handel mit so genannter OEM-Software rechtens ist.[1] Mit dieser höchstrichterlichen Entscheidung war der Weg frei für den Weiterverkauf bereits verwendeter Lizenzen, und ein neuer Markt für Gebraucht-Software entstand.

Für Unternehmen bedeutet diese Entwicklung in erster Linie ein enormes Sparpotenzial: Gebrauchte Lizenzen liegen im Vergleich bis zu 50 Prozent unter dem Marktpreis für eine neue Software. Der Einsatz von Gebraucht-Software ermöglicht damit eine signifikante Senkung der IT-Kosten, ohne Abstriche bei der Qualität machen zu müssen. Da sich eine Lizenz in keiner Weise „abnutzt", erhält der Zweiterwerber stets genau dasselbe Produkt wie der Vorbesitzer.

Unternehmen können aber noch anderweitig vom Handel mit bereits verwendeten Nutzungsrechten profitieren. In nahezu jedem Betrieb sammeln sich über die Jahre überschüssige Lizenzen an. Software, die nur noch ungenutzt auf dem Server und den Rechnern ruht oder nur noch als „Leiche" in den Bilanzen existiert. In diesen Lizenzen aber liegt unter Umständen ein enormes Kapital brach. Durch den neu entstandenen Markt für Gebraucht-Software haben Unternehmen nun erstmals die Möglichkeit, diese stillen Reserven frei zu setzen.

---

[1] Vgl. BGH (2000).

Der folgende Beitrag soll eine Orientierungshilfe bieten für alle Unternehmen, die ebenfalls die Vorteile des Handels mit gebrauchten Lizenzen nutzen möchten. Hierzu wird zunächst dargelegt, wie das Geschäftsmodell „Gebraucht-Software" in seinen Grundzügen funktioniert: Welche Vorteile ergeben sich für Käufer und Verkäufer? Was genau erhält ein Unternehmen, das gebrauchte Lizenzen erwirbt, und welche Software ist auf dem Gebraucht-Markt verfügbar? Im Weiteren werden die rechtlichen Hintergründe des Handels erläutert, wie beispielsweise das bereits erwähnte BGH-Urteil, der zugrunde liegende Erschöpfungsgrundsatz sowie die aktuelle Rechtsprechung.

Es folgt ein Kapitel über die Kunden der Gebraucht-Software-Händler: Für welche Unternehmen erweist sich der Kauf bzw. Verkauf von bereits verwendeten Lizenzen als besonders lohnend? Und wie lässt sich das neue Geschäftsmodell für das unternehmensinterne Lizenzmanagement und potenzielle Nachlizenzierungen nutzen? Ebenso werden Fragen nach Update-Berechtigung, Wartung und Gewährleistung von Gebraucht-Software beantwortet. Nach einer kurzen Darstellung der Position der Software-Hersteller gegenüber dem Handel mit Gebraucht-Lizenzen, folgt abschließend eine Übersicht über die gegenwärtige Marktstruktur in Deutschland: Wer sind die Händler, wie groß ist das aktuelle Marktvolumen und vor allem: Welche Perspektiven bieten sich dem noch jungen Markt?

2 Das Geschäftsmodell „Gebraucht-Software"

2.1 Lizenzübertragung

Beim Handel mit gebrauchten Software-Lizenzen werden in erster Linie Nutzungsrechte weiterveräußert. Über die Software selbst verfügt der Käufer in aller Regel schon. So würde es z. B. bei der Einführung einer neuen ERP-Software kaum Sinn machen, diese ohne die entsprechende Unterstützung von Seiten des Herstellers oder eines mit diesem verbundenen Systemhauses zu implementieren. Das Ziel beim Kauf von bereits verwendeten Lizenzen ist es vielmehr, den vorhandenen Lizenzbestand kostengünstig zu erweitern. Dies gilt insbesondere für so genannte Client-Software oder Benutzerlizenzen, sprich für die Anzahl der Rechner, auf der diese installiert sein darf, bzw. für die Anzahl der Anwender, für die die Benutzung lizenziert ist. Diese Art von Nachlizenzierung ist bekanntermaßen für Unternehmen notwendig, die im Rahmen einer Expansion den eigenen Mitarbeiterstamm vergrößern.

Beim Kauf einer gebrauchten Lizenz erwirbt das Unternehmen somit eine spezifische Anzahl von Nutzungsrechten, die der Ersterwerber nicht mehr benötigt und entsprechend nicht mehr nutzt. Dies ist übrigens eine entscheidende Voraussetzung: Würde eine Lizenz parallel von verschiedenen Anwendern genutzt, würde es sich um eine unrechtmäßige Vervielfältigung handeln. Das Recht auf Vervielfältigung aber liegt einzig beim Urheber einer Software.

Um die Lizenzübertragung für alle Beteiligten (Erstnutzer, Händler und Zweitnutzer) zweifelsfrei nachzuweisen und einer solchen Doppelnutzung entgegenzuwirken, bietet sich beispielsweise eine notarielle Testierung an. In dieser versichert der Verkäufer gegenüber einem Notar, die verkauften Lizenzen nicht mehr zu nutzen und entsprechend von den Rechnersystemen gelöscht zu haben (vgl. Kapitel 3.4 in diesem Beitrag).

2.2 Im Handel befindliche Software

Die im Handel befindlichen, gebrauchten Lizenzen stammen aus unterschiedlichsten Quellen. Zum einen kaufen Software-Händler Nutzungsrechte aus Insolvenzen und Geschäftsaufgaben auf. Aber auch durch Umstrukturierungen oder die Umstellung auf eine neue Software entsteht in Unternehmen ein Lizenzüberschuss, der in der Regel auf dem Gebrauchtmarkt verwertet werden kann.

Auf diese Weise sind die am Markt verbreitetsten ERP-Lösungen – wie etwa SAP, Oracle eBusiness oder MS Navision – ebenso als gebrauchte Lizenz verfügbar. Auch die eher im Mittelstand angesiedelten Lösungen KHK Office Line und SoftM können auf dem Gebrauchtmarkt erworben werden. Grundsätzlich besteht bei ERP-Lizenzen eine verhältnismäßig hohe Fluktuation; die Verfügbarkeit auf dem Gebrauchtmarkt ist dadurch sehr hoch.

Auf dem Markt sind aber nicht nur jegliche Arten von Software, sondern auch verschiedenste Versionen verfügbar. Bei einer bereits verwendeten Lizenz muss es sich also keineswegs zwangsläufig um ältere Programme handeln. Oft werden auch neuere Lizenzen abgestoßen – sei es nun aus finanziellen Erwägungen oder vielleicht auch, weil sich ein Programm im Laufe eines Projektes als nicht praktikabel erwiesen hat. Somit können auch aktuellste Anwendungen „gebraucht" und mit entsprechendem Preisnachlass erworben werden. Wobei in diesem Zusammenhang die gleichen Regeln gelten wie auf dem übrigen Gebrauchtmarkt: Je älter ein Produkt ist, desto niedriger der Preis.

2.3 Vor- und Nachteile für die Nutzer

Der entscheidende Vorteil beim Kauf bereits verwendeter Software-Lizenzen ist der Preis: Bis zu 50 Prozent können Unternehmen im Vergleich zur entsprechenden Neuware sparen. Speziell bei einem stetig steigenden Software-Bedarf erkennen viele Firmen hierin eine günstige Alternative, um den wachsenden IT-Kosten entgegenzuwirken. Bereits verwendete Lizenzen bieten aber noch einen weiteren Vorteil: Eine Software-Lizenz ist im Gegensatz zu nahezu allen herkömmlichen „Secondhand-Produkten" per definitionem absolut verschleißfrei. Der günstige Preis geht weder mit einem erhöhten Mängelrisiko noch mit erkennbaren Abnutzungsspuren einher. Der Zweitnutzer erhält genau dasselbe Produkt wie der Erstkäufer – eben nur zu einem günstigeren Preis.

Um Kosten einzusparen, bieten sich einem Unternehmen beim Kauf von gebrauchten Lizenzen noch weitere Möglichkeiten. Denn auf dem Gebrauchtmarkt sind neben den aktuellsten Programmen auch ältere Versionen verfügbar. Dafür gibt es durchaus einen großen Markt. Denn nicht immer ist die aktuellste Version einer Anwendung vonnöten. Zum Beispiel ist für die Nutzung neuester Versionen eine entsprechend ausgestattete Hardware erforderlich. Wer eine bereits vertraute Version verwendet, kann zudem nicht nur die Kosten für eine Hardware-Aufrüstung einsparen, sondern auch an der Schulung und an Einarbeitungszeit auf Seiten der Nutzer.

Vorteile ergeben sich aber nicht nur für die Käufer gebrauchter Software. Auch die Verkäufer profitieren vom Geschäft mit bereits verwendeten Lizenzen. Sie können durch den Verkauf nicht mehr genutzter Lizenzen vormals totes Kapital reaktivieren, das sich in den nicht genutzten Lizenzen versteckt hält.

Finanzielle Vorteile bietet der Gebrauchtmarkt somit sowohl für Käufer als auch für Verkäufer gebrauchter Lizenzen. Diese Vorteile werden aber nicht wie bei herkömmlichen Second-Hand-Produkten mit Abnutzungserscheinungen und Gebrauchsspuren erkauft. Allerdings gibt es auch hier Unterschiede zum Einkauf einer neuen Lizenz. Während die Neuware in Art und Umfang genau auf den Unternehmensbedarf angepasst werden kann, ist man bei der gebrauchten Lizenz auf das zur Verfügung stehende Angebot angewiesen. Eine ERP-Lizenz kann beispielsweise verschiedenste Module beinhalten, wie z. B. Finanzbuchhaltung, Banksteuerung, Personalwesen etc. Auf dem Gebrauchtmarkt sind unter Umständen nur solche Lizenzpakte im Angebot, die mehr Module beinhalten, als das Unternehmen tatsächlich benötigt. Hier muss genau kalkuliert werden. Denn nicht selten erweist sich eine gebrauchte Lizenz mit überflüssigen Modulen immer noch als günstiger als die dem Bedarf entsprechende Neuware. Die Folgekosten sind derweil bei einem umfangreicheren Paket keineswegs automatisch höher, da für die nicht benötigten Module die laufende Wartung nicht abgeschlossen werden muss.

Grundsätzlich müssen sich Käufer von Gebraucht-Software bewusst sein, dass nicht jeder Bedarf kurzfristig vom Gebrauchtmarkt befriedigt werden kann. Allerdings hängt die Verfügbarkeit verschiedener Lizenzen natürlich nicht zuletzt davon ab, wie groß die Investitionskapazität und damit das „Lager" des jeweiligen Händlers ist. Es lohnt sich daher durchaus, bei verschiedenen Lizenzhändlern Angebote einzuholen und insbesondere auch die größeren Händler bei der Suche zu berücksichtigen.

3 Rechtliche Grundlagen

3.1 Erschöpfungsgrundsatz

Rechtlich gesehen basiert der Handel mit gebrauchten Software-Lizenzen maßgeblich auf dem so genannten Erschöpfungsgrundsatz des Urheberrechtsgesetzes (UrhG). Laut § 69 c Nr. 3 Satz 2 UrhG erschöpft sich das Recht eines Herstellers an seinem Produkt in dem Moment, in dem es erstmalig mit seiner Zustimmung in Verkehr gebracht wird.

Das Verbreitungsrecht liegt somit zunächst beim Hersteller. Mit der Einräumung diesen Rechts soll sichergestellt werden, dass der Urheber durch den Verkauf seines Produktes eine angemessene Gegenleistung für seine Wertschöpfung erhält. Hat jedoch der Urheber dieses Recht einmal ausgeübt, ist es erschöpft. Dem Warenverkehr dürfen keine weiteren Beschränkungen auferlegt werden. Einmal verkauft, liegen die Rechte also beim Käufer der Software. Und zwar nicht nur die Nutzungsrechte, sondern ebenso das Recht auf Weiterveräußerung.

Der Erschöpfungsgrundsatz gilt nicht nur in Deutschland, sondern auf dem gesamten Gebiet der Europäischen Union, und existiert in noch weitergehendem Umfang ebenso im Urheberrecht der Schweiz.

3.2 BHG-Urteil

Bereits im Jahr 2000 entschied der Bundesgerichtshof (BGH), dass der Erschöpfungsgrundsatz nicht durch Lizenzbedingungen der Hersteller ausgehebelt werden kann.[2]

Damals klagte Microsoft gegen die Weiterveräußerung so genannter OEM-Lizenzen, die beim Verkauf vertraglich an eine bestimmte neue

---

[2] Vgl. BGH (2000).

Hardware gebunden werden. Ein Zwischenhändler hatte diese dennoch isoliert in den Handel gebracht. Die Klage wurde abgewiesen. Der BGH stellte in seinem Urteil vom 6. Juli 2000 unmissverständlich fest, dass die „Weiterverbreitung aufgrund der eingetretenen Erschöpfung des urheberrechtlichen Verbreitungsrechts frei ist". Bereits mit der ersten Veräußerung gibt der Berechtigte demnach die „Herrschaft über das Werksexemplar auf". Das Werksstück wird damit „für jede Weiterverbreitung frei". In der Urteilsbegründung heißt es hierzu weiter, dass „der freie Warenverkehr in unerträglicher Weise behindert" würde, wenn der Rechteinhaber nach dem Verkauf in den weiteren Vertrieb des Werkstückes eingreifen könne. Ebenso wenig dürfe er diesen untersagen oder von Bedingungen abhängig machen (vgl. hierzu Kapitel 3.3 dieses Artikels).

Die in Verkehr gebrachten Werksstücke verkehrsfähig zu halten, liegt laut BGH nicht nur im Interesse der Verwerter, sondern komme auch der Allgemeinheit zugute. Das Bestreben von Microsoft hingegen „gegenüber zwei verschiedenen Käufergruppen unterschiedliche Preise für dieselbe Ware zu fordern und dies mit Hilfe des Urheberrechts durchsetzen" zu wollen, erschien dem BGH „nicht ohne weiteres schützenswert".

Der Weiterverkauf einmal erworbener Lizenzen ist damit eindeutig rechtmäßig.

3.3 AGBs der Hersteller

In aller Regel enthalten die AGBs der Hersteller keine Weiterveräußerungsverbote. Sollte dies in Ausnahmen dennoch der Fall sein, sind entsprechende Klauseln grundsätzlich unwirksam, da sie gegen geltendes Recht verstoßen.

Wie bereits ausgeführt, erschöpft sich das Recht eines Herstellers an einem Werkstück in dem Moment, in dem es erstmals mit seiner Zustimmung in Handel gebracht wird. Danach ist es zur Weiterverbreitung frei. Und zwar explizit „ungeachtet einer inhaltlichen Beschränkung des eingeräumten Nutzungsrechts", wie im Grundsatzurteil des BGH-Urteils betont wird.[3] Anders lautende Bestimmungen der Hersteller sind somit nichtig.

Zusätzlich dient § 307 des Bürgerlichen Gesetzbuches (BGB) der Inhaltskontrolle von AGBs. Bestimmungen sind demnach unwirksam, „wenn sie den Vertragspartner (...) unangemessen benachteiligen". Ein Weiterveräußerungsverbot muss als unzulässig angesehen werden, weil es mit den wesentlichen Gedanken eines Kaufvertrages unvereinbar ist, wenn der Verkäufer bei der Nutzung des von ihm erworbenen Eigentums Beschränkungen unterliegen soll.

---

[3] Vgl. BGH (2000).

Eine „unangemessene Benachteiligung" kann laut BGB auch dadurch gegeben sein, dass Bestimmungen „nicht klar und verständlich" sind. Dieses Transparenzgebot wird allerdings von den wenigsten Software-Herstellern tatsächlich befolgt. Der Bundesverband der Verbraucherzentralen stellte hierzu nach einer Untersuchung im Juli 2006 fest, dass Software-Nutzer häufig mit „überkomplizierten, zum Teil an die jeweiligen Dienste oder Produkte oder das deutsche Recht wenig angepasste, vorformulierte Vertragsbestimmungen" konfrontiert werden.[4] Oft würde die Verständlichkeit aber auch die Rechtssicherheit durch massive Redundanzen und zum Teil widersprüchliche Regelungen erheblich beeinträchtigt.

3.4 Notarielle Testierung

Rechtlich gesehen ist weder der Handel mit gebrauchten Lizenzen, noch der Kauf oder Verkauf solcher Nutzungsrechte mit mehr Risiken verbunden als der von Gebrauchtwagen. Und dennoch gibt es einen Unterschied. Ein Auto kann der Käufer sehen und anfassen, mit anderen Worten, es ist dinglich erfahrbar. Ein Nutzungsrecht hingegen lässt sich nur in seiner „vertraglichen Manifestation" wahrnehmen. Hier spricht man von einem „Rechtskauf". Um einen solchen Rechtskauf zu tätigen, ist es zunächst zwingend erforderlich, die Existenz dieses Rechts zu belegen und gleichzeitig zu beweisen, dass dieses auch tatsächlich beim Verkäufer liegt.

Eindeutig belegt ist das Bestehen des Rechts, wenn sich eine lückenlose Lizenzkette bis zum Hersteller zurückverfolgen lässt. Auf diese Weise lässt sich gleich zweierlei dokumentieren: Zum einen, dass der Verkäufer rechtmäßiger Inhaber der Lizenz ist. Zum anderen, dass die Lizenz ursprünglich mit Zustimmung des Herstellers in Verkehr gebracht wurde und somit laut Erschöpfungsgrundsatz zur Weiterveräußerung frei ist. Wie aber erhält der Käufer diese Sicherheit? Denkbar wäre eine herkömmliche Quittung. Ein Einkaufsbeleg, der nachweist, dass das Nutzungsrecht ordnungsgemäß vom Vorbesitzer erworben wurde.

Diese Vorgehensweise birgt allerdings ein Problem in sich: Denn wer garantiert dem Käufer, dass er nach dem Erwerb auch der einzige Nutzer der Lizenzen ist? Eine Kopie ist schließlich schnell angefertigt, und die entsprechenden Codes waren bekannt. Verwendet der Vorbesitzer die Software aber weiter, dann hat der Käufer in urheberrechtlicher Hinsicht nicht lizenzierte Produkte erworben. Wie lässt sich also sicherstellen, dass man rechtmäßiger und gleichzeitig einziger Nutzer der erworbenen Lizenzen ist?

---

[4] Vgl. Verbraucherzentrale Bundesverband (2006).

Ein solcher Nachweis lässt sich im Prinzip nur über einen unabhängigen Dritten führen. Am ehesten bietet sich hier die Beurkundung durch einen Notar an. Denn dieser ist im deutschen Rechtssystem als einzige öffentliche Instanz zur Bestätigung korrekter Rechtsgeschäfte vorgesehen und entsprechend legitimiert. In einer vom Notar beglaubigten Erklärung muss der Vorbesitzer zum einen angeben, dass er die entsprechenden Lizenzen rechtmäßig erworben hat. Zum anderen, dass er diese fortan nicht mehr nutzen wird und alle vorhandenen Kopien unbrauchbar gemacht hat. Mit dieser Vorgehensweise kann der Käufer die Voraussetzungen des Lizenzerwerbes vom Ersterwerber belegen.

3.5 Aktuelle Rechtssprechung

Auch die aktuelle Rechtssprechung bestätigt die Anwendbarkeit des Erschöpfungsgrundsatzes auf Computerprogramme. So entschied das Landgericht Hamburg am 29. Juni 2006, dass der Handel mit gebrauchter Microsoft-Software rechtmäßig ist. Das Verbreitungsrecht von Microsoft an seiner Software habe sich „durch deren Inverkehrbringen mit Zustimmung von Microsoft erschöpft".[5] Das Gericht bestätigte darüber hinaus, dass der Erschöpfungsgrundsatz auch für den Weiterverkauf einzelner Lizenzen aus einem Volumenlizenzvertrag heraus anzuwenden ist. In der Urteilsbegründung heißt es hierzu: „Der Verkauf bzw. die Veräußerung einzelner Microsoft-Software-Lizenzen, die zuvor im Rahmen von Volumenlizenzverträgen wie z. B. Select-Verträgen abgegeben worden waren, ist auch ohne Zustimmung von Microsoft wirksam möglich." Der öffentlichen Argumentation von Seiten der nicht am Verfahren beteiligten Firma Microsoft – dass nämlich eine Aufsplittung von Volumenlizenzen aufgrund der dabei gewährten günstigeren Konditionen nicht möglich sei – erwies das Gericht eine klare Absage. „Das Vergütungsinteresse von Microsoft (...) ist insoweit nicht zu berücksichtigen. Für die Frage des Eintritts einer urheberrechtlichen Erschöpfung (...) ist es vielmehr gänzlich irrelevant."

Zusätzlich betonte das LG Hamburg, dass diejenigen Bestimmungen innerhalb der Microsoft-Lizenzbedingungen, die den Weiterverkauf einschränken, unwirksam seien. Bei der Erschöpfung handele es sich „um zwingendes Recht, das nicht vertraglich abbedungen werden kann."

Am 07. Februar 2007 wurde das Urteil vom Oberlandesgericht Hamburg bestätigt.[6] Zwar fällte das Gericht seine Entscheidung ausschließlich auf der Grundlage des Wettbewerbsrechts und enthielt sich einer urheberrechtlichen Beurteilung. Da das OLG der Begründung des Landgerichts je-

---

[5] Vgl. LG Hamburg (2006).
[6] Vgl. OLG Hamburg (2007).

doch in keiner Weise widersprach, ist das Landgerichtsurteil nun rechtskräftig.

Juristisch offen bleibt die Frage, ob online übertragene Lizenzen der Firma Oracle weiterveräußert werden dürfen. Eine einstweilige Verfügung, die den Handel mit solchen Lizenzen untersagt, wurde vom OLG München bestätigt. Eine intensive Erörterung des konkreten Sachverhalts war nicht Gegenstand des einstweiligen Verfügungsverfahrens und muss noch in einem sogenannten Hauptsacheverfahren erfolgen. Unter Umständen wird dieses – wie im Falle der OEM-Lizenzen – erst abschließend vom Bundesgerichtshof entschieden werden.

Bis dahin können Oracle-Kunden der faktischen Einschränkung ihres Eigentumsrechts, die sich aus der einstweiligen Verfügung ergibt, auf denkbar einfache Weise entgegenwirken: Hierzu müssen sie nur beim Kauf auf die Aushändigung eines Original-Datenträgers vom Hersteller bestehen. In dem Fall ist Oracle-Software – genau wie jede andere Software auch – zur Weiterveräußerung frei.

In dem Rechtstreit ging es somit nicht um die Frage, ob bereits verwendete Software frei handelbar ist oder nicht. Diese Tatsache wurde auch vom zuständigen Gericht nicht in Frage gestellt. Vielmehr wurde in der Verhandlung erörtert, ob der Erschöpfungsgrundsatz (vgl. Kapitel 3.1 in diesem Beitrag) auch auf online übertragene Software anwendbar sei. Das Gericht folgte in seinem Urteil der Argumentation von Oracle: Demnach tritt eine Erschöpfungswirkung nur dann ein, wenn – wie es konkret im entsprechenden Paragraphen heißt – ein „Vervielfältigungsstück" in Handel gebracht wurde.

Die unterschiedliche Bewertung zweier Vertriebswege, die letzten Endes genau zum selben Ergebnis führen, ist jedoch äußerst fragwürdig und wird nicht nur von vielen Urheberrechtsexperten als realitätsfremd kritisiert. Auch das Landgericht Hamburg bewertet die Rechtslage anders und erklärt in seiner Urteilsbegründung explizit: „Das Verwertungsinteresse in Bezug auf Software unterscheidet sich indes nicht danach, ob die einzelnen Nutzungsrechte (...) körperlich oder unkörperlich (...) übertragen werden: Das Ergebnis ist das gleiche. (...) Wenn aber die unkörperliche Übertragung die Übergabe eines physischen Werkstücks ersetzt, dann muss auch hinsichtlich des so – unkörperlich – hergestellten Werksstücks Erschöpfung eintreten.".[7]

Auch Dr. Malte Grützmacher, Spezialist für Urheber- und IT-Recht kritisiert die Bewertung durch die Münchner Richter: „Eine solche Argumentation ist (...) noch nicht in der Informationsgesellschaft angekommen."[8]

---

[7] LG (2006).
[8] Vgl. Grützmacher (2006).

Das Gericht lasse in seinem Urteil eine echte Auseinandersetzung mit der Problemstellung vermissen. Grützmacher plädiert dafür, den Erschöpfungsgrundsatz extensiv auszulegen und analog auch für online übertragene Software für gültig zu befinden. Schließlich herrsche nicht nur bei beiden Distributionswegen dieselbe Interessenlage. Es würde wohl auch „kein Hersteller (...) die kaufrechtlichen Mängelrechte gegen die mietrechtliche Gewährleistung eintauschen".

Neben Grützmacher befürwortet auch Prof. Dr. Thomas Hoeren, Urheberrecht-Spezialist an der Westfälischen Wilhelms-Universität Münster, eine analoge Anwendung des Erschöpfungsgrundsatzes im Falle der Online-Übertragung. Die Vergleichbarkeit der Interessenlage sei insbesondere dadurch gegeben, dass sich sowohl bei dem Erwerb einer CD als auch bei der Onlineübertragung am Ende eine installierte Version des Programms auf dem Computer befinde.[9] Beide Vertriebswege führten somit zum gleichen Erfolg und dürften daher auch nicht unterschiedlich bewertet werden.

Die Übertragung des Erschöpfungsgrundsatzes auf online übertragene Software ist derweil auch juristisch gerechtfertigt, wie Prof. Dr. Olaf Sosnitza, Spezialist für Urheber- und Handelsrecht an der Julius-Maximilians-Universität Würzburg, in einem juristischen Fachbeitrag ausführt.[10] Im vorliegenden Gesetzestext sei von einer so genannten Regelungslücke auszugehen. Sprich: Als der Erschöpfungsgrundsatz Gesetz wurde, war dem Gesetzgeber das Problem der „unkörperlichen Programmverschaffung" ganz offenbar nicht bewusst. Und dafür gibt es einen ganz einfachen Grund: Damals war die Möglichkeit der Online-Übertragung von Software ungefähr so wahrscheinlich wie das elektrische Licht zu Zeiten der Völkerwanderung.

Eine Analogie der Übertragungswege ist laut Sosnitza insbesondere auch deswegen interessengerecht, weil beide völlig gleichwertig seien. Es sei darüber hinaus nicht einzusehen, „warum der Urheber durch die Zufälligkeit der Art und Weise der Übermittlung (...) die Reichweite der Erschöpfung des Verbreitungsrechts (...) kontrollieren können (solle)".

Für Sosnitza ist es darüber hinaus juristisch irrelevant, ob bei der Weiterveräußerung gegebenenfalls eine Volumenlizenz aufgeteilt wird. Behauptungen der Hersteller, eine solche Aufspaltung sei unzulässig, seien „in Wirklichkeit nur eine Hilfskonstruktion zur Sicherung der gegenwärtigen Preispolitik der Software-Unternehmen".

---

[9] Vgl. Hoeren (2006).
[10] Vgl. Sosnitza (2006).

4 Support

4.1 Updates

Updates können auch für gebrauchte Lizenzen erworben werden. Sprich: Eine Update-berechtigte Version behält ihren Status auch als gebrauchte Lizenz bei. Der Zweitkäufer kann grundsätzlich ebenso wie schon der Ersterwerber die gewünschten Updates beim Hersteller erwerben.

In der Folge ergeben sich weitere interessante Einsparmöglichkeiten: So können Unternehmen zunächst die Nutzungsrechte der benötigten Software in Form einer älteren, Update-berechtigten Version als gebrauchte Lizenzen einkaufen. Nach der Installation lassen sich dann kostengünstig die entsprechenden Updates nachkaufen und downloaden. Nicht selten liegt die Summe der Kosten, die für die gebrauchte Lizenz zuzüglich des Updates zu veranschlagen sind, immer noch deutlich unter dem Einkaufspreis der aktuellsten Vollversion.

4.2 Wartung und Gewährleistung

Wartung und Gewährleistung können grundsätzlich nur vom Hersteller selbst erbracht werden. Hat ein Unternehmen gebrauchte Lizenzen erworben, wendet es sich anschließend an den Hersteller und bietet ihm an, die Lizenzen unter Wartung zu nehmen. Dieser Vorgang ist erfahrungsgemäß vollkommen unproblematisch. Zum einen, da die Hersteller die Wartung schon aus reinem Eigeninteresse nicht ablehnen – handelt es sich hierbei doch um einen Vertrag, bei dem Sie ohne großen Zusatzaufwand reinen Profit erwirtschaften. Zum anderen lassen sich die Lizenzen, die beim Hersteller erworben wurden, systemtechnisch nicht von denjenigen trennen, die per Nachlizenzierung auf dem Gebrauchtmarkt hinzugekauft wurden. Der Hersteller müsste also theoretisch, wenn er die Wartung der gebrauchten Lizenzen ablehnen wollte, gleichzeitig auch den bestehenden Wartungsvertrag aufkündigen. Dieses würde für ihn aber nicht nur einen herben finanziellen Verlust bedeuten, sondern wäre auch rechtlich gesehen ein überaus problematisches Unterfangen.

Grundsätzlich ließen sich aus kartellrechtlichen Erwägungen schwerwiegende Bedenken anführen, würde ein Hersteller die Wartung der von ihm produzierten Software ablehnen. Da das Anwenderunternehmen eine angemessene Lizenzgebühr für die Wartung entrichtete, gäbe es keinerlei sachliche Rechtfertigung für eine Verweigerung der Wartung. Das Ziel, das ein Software-Hersteller mit einer solchen Haltung anstreben würde, wäre also ausschließlich die Aufrechterhaltung bzw. der Ausbau einer Monopolstellung. Ein solches Verhalten aber würde den Missbrauch einer marktbeherrschenden Stellung und damit einen Verstoß gegen das europäische Kartellrecht bedeuten.

Ein Sonderfall liegt vor, wenn Software bereits einige Jahre aus der Wartung heraus ist. In diesem Fall verlangen einige Hersteller die nachträgliche Entrichtung der Gebühren für den Zeitraum, in dem die Lizenzen brach lagen. Ein seriöser Händler von gebrauchter Software wird den Käufer hierauf stets hinweisen und die zu erwartenden Kosten für den Käufer im Angebot einkalkulieren.

5 Kunden

5.1 Kundenstruktur

Käufer und Verkäufer von gebrauchten Software-Lizenzen sind vor allem mittelständische und größere Unternehmen, aber auch kleinere und mittlere Software-Händler, die unabhängiger von den Software-Konzernen arbeiten wollen. Verstärkt setzen auch öffentliche Träger wie Städte und Kommunen bereits verwendete Lizenzen ein, da sich gerade im öffentlichen Sektor in der letzten Zeit ein immer stärkeres Preisbewusstsein herausgebildet hat.

Naturgemäß stammen die Kunden vor allem aus solchen Branchen, in denen viele Arbeitsplätze mit einem PC ausgestattet sind, insbesondere Handel, Behörden, Banken, Telekom und andere Dienstleister.

5.2 Lizenzmanagement

Der korrekte Einsatz von Software-Lizenzen ist – wie Studien regelmäßig ergeben – in deutschen Unternehmen eher die Ausnahme. Der Grund hierfür liegt nicht zuletzt in den oftmals unverständlichen, zum Teil sogar widersprüchlichen Lizenzverträgen der Software-Hersteller. Eine Fehllizenzierung aber kann bekanntlich schwerwiegende Konsequenzen nach sich ziehen. Im besten Fall führt diese „nur" zu vergeudetem Kapital, das in nicht benötigte Lizenzen und deren Wartungskosten investiert wird. Obwohl ansonsten straff kalkuliert wird, schleppt ein Großteil deutscher Firmen solche unnötigen Kosten mit sich herum: 80 Prozent aller Unternehmen sind laut einer Gartner-Studie überlizenziert.

Noch weit gravierendere Folgen aber kann der umgekehrte Fall nach sich ziehen: Werden in einem Unternehmen mehr Lizenzen verwendet, als tatsächlich erworben wurden, so gilt dies als Vervielfältigung eines geschützten Werkes ohne Einwilligung des Rechteinhabers. Bei einem solchen Verstoß gegen das Urheberrecht drohen empfindliche Geldbußen und strafrechtliche Konsequenzen (vgl. Kapitel 5.3 in diesem Beitrag).

Um diese Risiken zu vermeiden, ist ein umfassendes und konsequentes Lizenzmanagement erforderlich. Erste Voraussetzung hierfür ist eine zentral organisierte Beschaffung, die den gesamten Software-Bedarf abteilungsübergreifend regelt und jeden Einkauf in die IT-Gesamtstrategie einzubinden versteht. In einem weiteren Schritt muss sämtlich im Unternehmen vorhandene Software inventarisiert werden; ebenso alle Nutzungsrechte, die das Unternehmen je erworben hat. Entscheidend ist es, letztere nicht einfach aufzulisten, sondern mit all ihren Besonderheiten zur jeweiligen Version und den spezifischen Nutzungsbedingungen zu erfassen. Auf Grundlage dieser Daten ist ein präziser Abgleich zwischen der tatsächlich genutzten Software und den erworbenen Lizenzen notwendig.

Stellt man im Unternehmen hierbei eine Überlizenzierung fest, so ergeben sich mehrere Handlungsalternativen. Eine Option ist die sofortige Kündigung der Wartungsverträge mit den jeweiligen Herstellern. In jedem Fall für die nicht mehr eingesetzte Software, ggf. aber auch für Anwendungen, die seit Jahren stabil und unverändert ihren Dienst verrichten. Für jene Programme, die sich im Zuge der Überprüfung als überflüssig erwiesen haben, löst die Kündigung der Wartung aber immer noch nicht das Problem des unnötig gebundenen Kapitals. Denn immer noch entgeht vielen Geschäftsleitungen, in welchem Ausmaß sich totes Kapital in ungenutzten Lizenzen versteckt hält. In dieser Situation bietet der Markt für Gebraucht-Software große Potenziale. Software-Lizenzen stellen einen erheblichen Vermögenswert dar. Der Unternehmer, der überschüssige Lizenzen zum Kauf anbietet, stoppt dadurch nicht nur die Kostenexplosion durch die Wartungsverträge. Er kann dem Unternehmen so auch einen Teil des ehemals investierten Kapitals zurückführen.

Die Ursachen für die Existenz überflüssiger Nutzungsrechte sind vielfältig: So verlangen die Software-Hersteller bisweilen eine Mindestabnahme ihrer Produkte, die die Anzahl der benötigten Lizenzen zum Teil weit übersteigt. Oder ein Unternehmen kauft in optimistischer Erwartung mehr Lizenzen ein als tatsächlich benötigt, um einen höheren Rabatt zu erzielen. Daneben gibt es auch die Fälle, in denen für ein anstehendes Projekt eine spezielle Software bereits beschafft wurde, die sich aber im weiteren Verlauf als ungeeignet erwies und durch eine alternative Lösung ersetzt werden musste. Eine Rückgabe an den Hersteller ist in solchen Fällen in der Regel nicht möglich. Die Erfahrung zeigt, dass nahezu jedes Unternehmen über weit mehr ungenutzte Lizenzen verfügt als ursprünglich angekommen. Einzig ein systematisches Lizenzmanagement ermöglicht es, diese versteckten Kostenfallen aufzuspüren. Anschließend lassen sich diese nicht nur beheben, sondern über den Markt für Gebraucht-Software wieder in Unternehmenskapital umwandeln.

5.3 Nachlizenzierung

Wenn auch eine Überlizenzierung unnötige Kosten verursacht, so handelt es sich doch zweifelsohne um die wünschenswertere Variante der Fehllizenzierung. Im umgekehrten Fall nämlich – wenn ein Unternehmen mehr Lizenzen einsetzt als es besitzt – bestehen große zivil- oder gar strafrechtliche Risiken. Dennoch stellt auch die Unterlizenzierung in deutschen Unternehmen keine Seltenheit dar. Die Ursache ist oftmals keineswegs böse Absicht, sondern ein unzureichend koordiniertes Lizenzmanagement bzw. das vollständige Fehlen eines solchen. Wenn ein Unternehmen aber erkennt, dass weniger Lizenzen vorhanden sind als tatsächlich genutzt werden, ist eine schnelle Reaktion notwendig. Denn: Unabhängig von seinem eigenen Verschulden, haftet der zuständige Geschäftsführer und/ oder IT-Verantwortliche persönlich, da sich eine Unterlizenzierung nicht „mit der Sorgfalt eines ordentlichen Kaufmanns" vereinbaren lässt. Bereits fahrlässiges Verhalten begründet die Haftung: Eine Freiheitsstrafe von bis zu drei Jahren kann die Folge sein. Zwar sind solch drastische Maßnahmen die Ausnahme, in jedem Fall aber droht ein Strafverfahren.

Um sich vor strafrechtlichen Konsequenzen zu schützen, ist ein schneller Nachkauf der benötigten Lizenzen unerlässlich. Auch hier bietet der Gebraucht-Markt eine interessante Alternative. Und das nicht allein wegen der günstigeren Einkaufspreise. Software-Hersteller reagieren bei Nachlizenzierungen in größerem Umfang nicht selten misstrauisch und verlangen bisweilen gar eine Strafgebühr, die empfindlich zu Buche schlagen kann. Beim Einkauf bereits verwendeter Lizenzen hingegen ergeben sich diese Probleme nicht, da der jeweilige Software-Hersteller nichts von der Nachlizenzierung erfährt.

6 Position der Hersteller

Die Software-Hersteller warten mit unterschiedlichen Reaktionen auf den Gebrauchtmarkt auf. Einige Großkonzerne fürchten um Monopolstellung und Gewinne und betreiben eine Blockadepolitik, die zum Teil bizarre Ausmaße annimmt. Andere Unternehmen wiederum, wie beispielsweise SAP, nehmen eine deutlich moderatere Position ein.

Eine Haltung, die nur auf dem ersten Blick widersprüchlich scheint. Zum einen liegt es in der Natur der Sache, dass die Händler von Gebraucht-Software keine direkte Konkurrenz für die Software-Hersteller sind. Der Bedarf nach aktuellen Software-Lizenzen kann naturgemäß nur zu einem äußerst geringen Teil vom Gebraucht-Markt befriedigt werden. Der Marktanteil von bereits verwendeten Lizenzen wird sich über kurz oder lang auf einer konstanten Größe einpendeln, die sich aus Angebot und Nachfrage ergibt – und die niemals den Gewinn der Software-Hersteller ernsthaft gefährden könnte. Schließlich käme auch kaum jemand auf die Idee, sich ernsthaft um die Umsätze der Autoindustrie zu sorgen, nur weil es einen regen Markt für Gebrauchtwagen gibt. Im Gegenteil: Wer weiß, dass er für "seinen Gebrauchten" einen anständigen Preis auf dem Gebrauchtmarkt erzielt, ist in aller Regel deutlich früher bereit, in ein neues Modell zu investieren.

Eine ähnliche Entwicklung ist auch auf dem Software-Markt zu erwarten. Ein Unternehmen, das den Einkauf einer neuen Software durch den Verkauf der zuvor genutzten Lizenzen mitfinanzieren kann, entscheidet sich aller Wahrscheinlichkeit früher zum Kauf. Dauerhaft werden so auch die Software-Produzenten von der neuen Dynamik des Marktes profitieren.

7 Marktsituation in Deutschland

7.1 Anbieter

Den relativ jungen Markt für gebrauchte Software-Lizenzen teilen in Deutschland eine Handvoll Unternehmen unter sich auf. Marktführer ist die Münchner HHS usedSoft GmbH mit einem Umsatz, der laut Unternehmensangaben deutlich siebenstellig, aber noch nicht achtstellig ist. Weitere, aber deutlich kleinere Anbieter sind die Preo AG, Susensoftware und 2ndSoft.

7.2 Marktvolumen

Der Markt für Standard-Softwarelizenzen wächst seit Jahren. Lediglich nach dem Einbruch der „New Economy" gab es eine kurze Stagnation des Marktes allerdings auf unverändert hohem Niveau.

Alleine die 25 größten Software-Unternehmen erzielten 2004 nur mit dem Verkauf von Software-Lizenzen also ohne Beratung, Anpassung und Wartung einen Umsatz von 5,5 Milliarden Euro – und das allein in Deutschland.[11] Der Umsatz der Software-Industrie insgesamt ist in den letzten 24 Monaten um durchschnittlich 9 Prozent pro Jahr gewachsen. Der

---

[11] Vgl. Lünendonk-Liste (2005).

Markt für gebrauchte Lizenzen befindet sich immer noch am Anfang seiner Entwicklung und steigt daher deutlich stärker.

Auch die Experton Group, Spezialist für Marktuntersuchungen im IT-Umfeld, konstatiert ein großes Interesse an gebrauchter Software. Speziell in Zeiten rückläufiger IT-Budgets würden die Anwender verstärkt das Sparpotenzial Gebraucht-Software ins Auge fassen.[12]

Auf Basis der Neupreise veranschlagt die Experton Group für das Jahr 2006 ein theoretisch angebotsseitiges Marktvolumen von ca. 400 Millionen Euro. Anteilig würde dies ca. 2,5 Prozent des Software-Marktes bedeuten. Durch Fehlinvestitionen, Insolvenzen, Firmenübernahmen und Konsolidierungen prognostiziert das Beratungshaus zusätzlich eine baldige Steigerung des Marktpotenzials um weitere 100 Millionen Euro. Das konkrete Volumen des Handels mit gebrauchter Software in Deutschland schätzt die Experton Group derzeit auf ca. 30 Millionen Euro.

7.3 Marktentwicklung

Während sich der Weiterverkauf von bereits verwendeten Lizenzen im Endkunden-Geschäft bereits seit einigen Jahren etabliert hat, fielen die Reaktionen der Geschäftskunden auf den neuen Markt zunächst etwas verhaltener aus. Seit einigen Jahren aber lässt sich zunehmend eine Öffnung der Kunden gegenüber dem Handel mit Gebraucht-Software erkennen. Die Unternehmen zeigen sich nicht nur deutlich aufgeschlossener, sondern verfügen auch über einen wesentlich höheren Informationsstand als noch vor wenigen Jahren. Nachdem man über Jahrzehnte hinweg die strikten Reglementierungen der Software-Industrie als gegeben hingenommen hatte, setzt sich in deutschen Unternehmen immer stärker die Erkenntnis durch, dass das Eigentumsrecht an einer bezahlten Software vom Hersteller nicht beliebig beschnitten werden darf.

Diese Entwicklung spiegelt sich auch in den Geschäftszahlen der Zwischenhändler wider: So stiegen beispielsweise die Umsätze des Marktführers usedSoft in den letzten drei Jahren durchweg im hohen zweistelligen Prozentsatz.

7.4 Marktperspektiven

Eine wachsende Zahl von Unternehmen ist nicht mehr bereit, für Commodity-Produkte wie Standard-Software überhöhte Preise zu zahlen, wenn ein zunehmend etablierter Gebrauchtmarkt besteht, in dem sie die gleiche Software zum halben Preis kaufen kann. Es ist daher zu erwarten, dass die

---

[12] Vgl. Experton Group (2006).

Nachfrage nach gebrauchten Lizenzen in den nächsten Jahren steigen wird. Eine Folge, die sich im Übrigen auch aus dem stetig steigenden Bekanntheitsgrad des Geschäftsmodells „Gebraucht-Software" ergibt.

Darüber hinaus besagen seriöse Schätzungen, dass für fast 30 Prozent aller in Deutschland eingesetzter Software keine Lizenzen bestehen. Vergehen dieser Art aber werden immer intensiver geahndet. In dem Maße aber, in dem sich Unternehmen dieses Risikos bewusst werden, steigt auch das Interesse an einer günstigen und unkomplizierten Nachlizenzierung. In dieser Situation bieten sich gebrauchte Lizenzen an. Zum einen, da es in diesem Fall nur um die Aufstockung der Lizenzen einer bereits implementierten Anwendung geht. Zum anderen natürlich auch aufgrund des deutlich günstigeren Einkaufspreises.

8 Fazit

Der Markt für Gebraucht-Software steht nach wie vor am Anfang seiner Entwicklung. In den letzten Jahren ist der Bekanntheitsgrad von Gebraucht-Software kontinuierlich gestiegen – ebenso die Akzeptanz auf Kundenseite. Es ist davon auszugehen, dass diese Entwicklung sich fortsetzen wird. In deutschen Unternehmen setzt sich immer stärker das Bewusstsein durch, dass wer für eine Software bezahlt hat auch das Eigentumsrecht an dieser besitzt – und sie in der Folge nach eigenem Gutdünken weiterverkaufen darf.

Diese Entwicklung kann sich auf Dauer für alle Marktteilnehmer als Vorteil erweisen – nicht zuletzt für die Software-Hersteller selbst. Deren Umsätze werden durch den Gebrauchthandel nicht ernsthaft beeinträchtigt, geschweige denn gefährdet; im Gegenteil werden auch sie langfristig von der neu entstehenden Marktdynamik profitieren. Die eigentlichen Gewinner des wachsenden Handels mit gebrauchten Nutzungsrechten sind natürlich die Anwender selbst. Der vormals starre Software-Markt gerät in Bewegung, und der zunehmende Wettbewerb stärkt die Stellung der Anwender. Unternehmen können ihren Software-Einsatz zunehmend flexibler planen und bei Bedarf auf die kostengünstige Alternative Gebraucht-Software zurückgreifen. Eine Möglichkeit, von der immer mehr Unternehmen regelmäßig Gebrauch machen. Sechs Jahre nach dem entscheidenden BGH-Urteil hat sich der Handel mit gebrauchten Software-Lizenzen in Deutschland als feste Größe etabliert.

9 Literatur

BGH: Urteil vom 06.07.2000, ZR 244/97: OEM-Version

Experton Group: Gebrauchte Software: erste Wahl aus zweiter Hand? 08.12.2006. Abruf unter: http://www.experton-group.de/

Grützmacher, M.: Gebraucht-Software und Erschöpfungslehre: Zu den Rahmenbedingungen eines Second-Hand-Marktes für Software. In: Zeitschrift für Urheber- und Medienrecht (ZUM) 04/2006.

Hoeren, T.: Gutachten zur Frage der Geltung des urheberrechtlichen Erschöpfungsgrundsatzes bei der Online-Übertragung von Computerprogrammen. 17.02.2006, Ergänzungsgutachten vom 06.02.2006. Abrufbar unter: http://www.usedsoft.com/unternehmen/rechtslage.html.

LG Hamburg: Urteil vom 29.06.2006, 315 O 343/06

Lünendonk-Liste: Die Top 25 Standard-Software-Unternehmen in Deutschland 2005. http://www.luenendonk.de/

OLG Hamburg: Urteil vom 07.02.2007, 5 U 140/06

Sosnitza, O.: Urheberrechtliche Zulässigkeit des Handels mit „gebrauchter" Software. In Kommunikation & Recht (K&R) 8/2006.

Verbraucherzentrale Bundesverband e.V.: Verbraucherschutz bei digitalen Medien. Untersuchung auf dem deutschen Markt eingesetzter Lizenz- und Nutzungsbedingungen sowie technischen Schutzmaßnahmen aus verbraucherrechtlicher Sicht. Juli 2006.

VIII Vertragsgestaltung für ERP-Projekte

Michael Bartsch, Bartsch und Partner GbR

1 Eigene Allgemeine Geschäftsbedingungen

1.1 Lieferbedingungen

Wer für den Vertrieb seiner Produkte und Dienstleistungen standardisierte Verträge erstellt, verbindet damit typische Ziele:
- Das wichtigste Ziel sollte die Individualisierung der Leistung sein. Wie noch dargestellt wird, sind Verträge nur dann gut, wenn sie auf die Individualität des Leistungsträgers eingehen.
- Im Bereich des geistigen Eigentums ist die Wahrung der Rechte an diesem Eigentum von besonderer Bedeutung. Das Recht der Allgemeinen Geschäftsbedingungen (AGB-Recht) setzt hier Grenzen (vgl. Kapitel 6 in diesem Beitrag).
- Jeder Unternehmer wird vernünftigerweise bei jeder Transaktion wissen wollen, wie hoch sein Einstandsrisiko ist. Das Ziel einer Haftungsbeschränkung ist deshalb vernünftig. Dass es in AGB kaum zu erreichen ist, ist für Unternehmer ein Nachteil (vgl. Kapitel 6.4 in diesem Beitrag).

Wer Allgemeine Geschäftsbedingungen (AGB) erstellt, sollte immer sehen, dass Vertragsmuster auch eine Visitenkarte des Unternehmens sind. Der Fachmann sieht gleich, in welchem Geiste sie erstellt sind, ob man sich mit der Erstellung Mühe gegeben hat oder ob sie, nach einem häufigen Brauch, mit Schere und Leim aus Vorlagen zusammengestellt sind, wie qualifiziert das Thema rechtliche Beratung abgedeckt ist und so weiter. Ein Vertrag, auch ein vorformulierter Vertrag, braucht ein stimmiges Konzept.

1.2 Einkaufsbedingungen

Einkaufsbedingungen kommen vor allem für große IT-Verbraucher in Frage, beispielsweise für Banken und Versicherungen. Hier sind beim Einkauf häufig mehrere Abteilungen eingeschaltet:
- Fachabteilung;
- IT-Abteilung;
- Einkauf;
- Rechtsabteilung.

Die Ziele von Einkaufsbedingungen sind:
- Man will die internen Abläufe vereinfachen. Die Einschaltung der Rechtsabteilung ist dann entbehrlich, wenn die vorher seitens der Rechtsabteilung freigegebenen Vertragsmuster verwendet werden.
- Auch das einkaufende Unternehmen will natürlich seine Interessen durchsetzen. Weil die Gesetze tendenziell eher kundenfreundlich sind, ist das leicht möglich.

Die Ziele stehen teils in Konflikt zueinander. Wenn Verträge für unterschiedliche Situationen standardisiert sind, passen sie möglicherweise weniger gut, als sie passen können.

Zu den Konsequenzen gehört auch, dass Einkaufsbedingungen sinnvollerweise fair und ausgeglichen sein müssen. Denn anderenfalls wird das Softwarehaus das Regelwerk nicht akzeptieren, und die Verhandlungsrunden, die vermieden werden sollten, sind dennoch zu führen. Insbesondere wird das Softwarehaus eine übliche Haftungsbeschränkung erwarten.

Zwei Wege stehen zur Verfügung:
- Man kann fertige Formulare erstellen. Dies ist für die Handhabung der Sachbearbeiter in Einkauf, IT-Abteilung und Fachabteilung das Bequemste und für die Rechtsabteilung das Sicherste.
- Oder man erstellt einen Baukasten. Zum Baukasten muss eine Handhabungsanweisung kommen. Damit wird individuellen Gegebenheiten besser Rechnung getragen. Die schriftliche Erläuterung kann auch einen einzuhaltenden Gestaltungsspielraum vorgeben.

Intern im Unternehmen sind die für dieses Verfahren notwendigen Voraussetzungen zu schaffen. Eine wichtige Voraussetzung ist die regelmäßige Schulung der Mitarbeiter, die mit Vertragsverhandlungen und -abschlüssen zu tun haben.

Außerdem sind die Formularwerke regelmäßig zu aktualisieren, sowohl was die externen Veränderungen (neues Recht, neue Rechtsprechung) als auch die internen Veränderungen (neue Vorgaben und Wünsche) angeht.

2 Fremde Allgemeine Geschäftsbedingungen

Derjenige, dem fremde AGB gestellt werden, hat mehrere Handlungsoptionen:

2.1 Akzeptieren

Das ist häufig die richtige Entscheidung, beispielsweise in folgenden Situationen:
- Auftragswert und Risikopotenzial sind gering und lohnen den Aufwand von Verhandlungen nicht.
- Der Vertragspartner ist seriös, so dass Krisen unwahrscheinlich und für den Fall einer Krise eine faire Regelung wahrscheinlich sind.
- Die fremden AGB sind akzeptabel.
- Oder man hat ohnehin keine Marktmacht, mit der man etwas bewirken kann.

2.2 Verhandeln

Beim Verhandeln gibt es zwei Wege. Man kann den ganzen Vertrag diskutieren. Die Folge ist, dass auch die Passagen, die dabei unverändert bleiben, möglicherweise nun außerhalb des AGB-rechtlichen Schutzes liegen. Das wäre nachteilig. Folglich wird man versuchen, nur teilweise zu verhandeln. Hierzu muss die Gesamtmenge der Klauseln in Gruppen eingeteilt werden:
- *Günstige oder neutrale Klausel*:
  Hier gibt es keinen Verhandlungsbedarf.
- *Ungünstige, aber AGB-rechtlich unwirksame Klausel:*
  Hier kann es durchaus Verhandlungsbedarf geben, denn auch unwirksame Klauseln haben faktische Bedeutung. Aber oft wird man über diesen Bereich nicht verhandeln.
- *Nachteilige Klausel mit fraglicher Wirksamkeit:*
  Hier kann es Verhandlungsbedarf geben, je nach der konkreten Einschätzung.
- *Nachteilige wirksame Klausel:*
  Vor allem bei der Zuweisung von Rechten an der Software sind nachtei-

lige, aber wirksame Klauseln möglich. Hier wird man also verhandeln müssen.

Der Nachteil des teilweisen Verhandelns ist, dass AGB-rechtlich eine unübersichtliche Situation entsteht. Im Ernstfall steht der Beweis aus, ob tatsächlich nur teilweise verhandelt wurde. Schon die Beweislast hierfür kann fraglich sein. Dokumentation, möglicherweise auch ein verhandlungsbegleitender Schriftwechsel werden von Bedeutung sein.

Der Vertragspartner, der die AGB gestellt hat, wird das nur teilweise Aushandeln nicht schätzen, sondern behaupten, dass er alle Klauseln zur Disposition stelle. Allein darin, dass er dies verbal tut, liegt aber kein Aushandeln. Wer die Frage verneint, ob er eine AGB-Klausel geändert sehen wolle, bleibt grundsätzlich im Schutz des AGB-Rechts.

2.3 Eigene AGB entgegenstellen

Einkaufs-AGB für den IT-Bereich kommen praktisch nur bei sehr großen Unternehmen vor. Es entsteht dann die bekannte Kollisionslage:
- Wo die AGB übereinstimmen, sind sie wirksam.
- Wo sie nicht übereinstimmen, sind sie beide unwirksam.
- Wo nur ein AGB-Text eine Frage wirksam regelt, gilt diese Regelung.
- Im Übrigen gilt das Gesetz.
- Der Vertrag ist wirksam zu Stande gekommen.

Um hier die Position zu verbessern, kann man Kollisionsklauseln in die eigenen AGB aufnehmen, wonach fremde AGB keinesfalls Vertragsinhalt werden. Damit können erhebliche Schwierigkeiten bei der Definition des Leistungsgegenstandes, nämlich bei der Bestimmung der Rechte an der Software entstehen. Häufig sind diese Rechte ja in den AGB des Softwarehauses definiert. Gelten diese nicht, weil sie durch eine Kollisionsklausel der Einkaufs-AGB für unwirksam erklärt werden, so fehlt dem Softwarehaus ein wichtiges Instrument, um seine Rechte zu wahren.

3 Individuelle Vertragsgestaltung

3.1 Verträge sind Pläne

Verträge sind Pläne in zweierlei Sinn:

- Ein Plan ist die Verabredung von mindestens zwei Leuten, in bestimmter Weise ihre Zukunft zu gestalten; z. B. der Plan eines gemeinsamen Theaterbesuches. Auch Verträge sind Pläne in diesem Sinne, und zwar der Teil der Pläne, den die Rechtsordnung mit Verbindlichkeit ausstattet.
- Verträge sind auch Pläne im Sinne eines Architektenplanes, einer technischen Zeichnung. Die technisch-organisatorische Kooperation wird im Plan "Vertragstext" schlüssig beschrieben.

3.2 Pflichtenheft

Hieraus folgt, dass der Plan erst ausgearbeitet werden kann, wenn das Bauprogramm, die durchzuführende Kooperation skizziert ist. Mit AGB verbleibt es insofern notwendig bei Pauschalierungen. Individualverträge haben also einen prinzipiellen Vorteil.
Um sie sachgerecht zu erstellen, sind folgende Schritte notwendig:
- Ausgangspunkt soll hier die Position des Auftraggebers sein. Er wird zunächst klären, welche organisatorischen Ziele und wirtschaftliche Verbesserungen er mit der Software erreichen will.
- Die technischen Maßnahmen, die hierfür erforderlich oder wünschenswert sind, sind hieraus abzuleiten.
- Diesem Wunschkatalog müssen Einschränkungen durch Zeitplan, Finanzen, Stand der Technik, Marktgegebenheiten usw. entgegengestellt werden.

Schon für diese Schritte braucht der Auftraggeber die Mitwirkung eines Projektarchitekten oder Beraters. Das Pflichtenheft ist nach einheitlicher Auffassung der Informatik Teil des Softwareprojektes, steht also zumindest in seinem technischen Aspekt unter der Hoheit des Softwarefachmannes. Die bei Juristen häufige Ansicht, der Auftraggeber müsse ein Pflichtenheft vorlegen, ist so nicht richtig; die Juristen haben auch in dieser Frage keine Entscheidungshoheit, sondern haben sich nach dem Wissen der Informatik zu richten.
Aus solchen Vorgaben ergeben sich in Interaktion rechtliche Konstrukte und rechtliche Ableitungen, die zum individuellen Plan, also zum individuellen Vertrag für das Projekt zu verdichten sind.

3.3 Drei Wege

Generell gibt es drei Wege, je nach den Ausgangssituationen:
- Wo das Regelungsfeld ähnlich ist wie das, das sich der Gesetzgeber bei der Verfassung der Vertragstypen vorgestellt hat, genügen individual-

vertragliche Abweichungen von den gesetzlichen Regelungen. Man wird also beispielsweise beim Kauf von Standardsoftware das Wahlrecht in Bezug auf die Nacherfüllung zunächst dem Softwarehaus geben und eine individuelle Gewährleistungszeit vereinbaren (vgl. Kapitel 6.3 in diesem Beitrag).
- Wo das Vertragsfeld durch Vertragstypen, wie sie sich im Wirtschaftsleben herausgebildet haben, vorgeprägt ist, wird man sich diese Konzepte zunutze machen. Es kann beispielsweise sinnvoll sein, einen Vertrag prinzipiell an den BVB-Mustern oder den EVB-IT-Mustern zu orientieren und nur Abweichungen festzuhalten.
- Wo neue Sachverhalte oder neue Konzepte vertraglich abzubilden sind, sind die Verträge grundsätzlich neu zu entwickeln. Der Aufwand hierfür kann hoch sein.

4 Rahmenverträge

Mit Rahmenverträgen soll eine Vielzahl von künftig abzuschließenden Verträgen unter ein einheitliches Regime gestellt werden. Das ist insbesondere in folgenden Situationen sinnvoll:
- Die Vertragspartner beabsichtigen, mehrfach ähnliche Verträge zu schließen, beispielsweise Beschaffungsverträge über ähnliches Material oder Dienstverträge über ähnliche Leistungen.
- Das vertragliche Modell soll nicht nur für einen Auftraggeber gelten, sondern für alle Unternehmen aus einem Konzern. Damit kann beispielsweise ein Preisnachlass vom Auftraggeber mit der Begründung gewünscht werden, das zu erwartende Auftragsvolumen sei das der ganzen Unternehmensgruppe.

Je nach Ähnlichkeit der einzelnen zu erwartenden Verträge richtet sich der Detaillierungsgrad des Rahmenvertrages und das, was im Einzelvertrag dann noch zu regeln ist. Sinnvoll ist es, für die Standardsituationen schon jetzt Bestellformulare zu verabschieden, in welchen das, was individuell noch zu regeln ist, ankreuzbar oder durch leere Stellen gekennzeichnet ist.

Wenn der Rahmenvertrag eine umfangreiche Kooperation abdeckt, braucht er regelmäßige Fortentwicklung. Häufig ist es so, dass die wirtschaftlichen Konditionen für ein Kalenderjahr gelten und im Herbst des Vorjahres neu verhandelt werden. Dies sollte dann auch die Gelegenheit sein, sich den Rahmenvertrag wieder anzuschauen.

Die im Gesetz nun ausdrücklich genannte Pflicht "zur Rücksicht auf die Rechte, Rechtsgüter und Interessen des anderen Teils" (§ 241 Abs. 2 BGB) richtet sich auch nach der Dichte des Kontaktes zwischen den beiden Vertragspartnern, wird also bei dem auf lange und intensive Kooperation zielenden Rahmenvertrages größer sein als bei einem Einzelvertrag.

5 Letter of Intent

5.1 Grundlagen

Der Letter of Intent kommt aus Amerika. In den USA handelt es sich tatsächlich nur um eine Absichtserklärung, die in Bezug auf Vertrauensbildung und auf Verschulden bei Vertragsabschluß von Bedeutung sein mag, aber keinen Anspruch auf Leistungsaustausch und Vergütung gibt.

In Deutschland aber ist der Letter of Intent häufig ein Hilfsmittel, um den Leistungsaustausch frühzeitig beginnen zu lassen, nämlich bevor die langwierigen Vertragsverhandlungen zum Abschluss gekommen sind. Man hält in einem Letter of Intent beispielsweise fest, dass das Softwarehaus mit den Arbeiten zu einem Stundenlohn beginnt und beide Seiten diese Verabredung rasch aufkündigen können.

Weil ein Letter of Intent eigentlich nur eine Absichtserklärung ist, muss, wo man die irreführende Überschrift wählt, die Tatsache der Verbindlichkeit im Text ausdrücklich formuliert werden. Man sollte also ausdrücklich sagen, dass hier etwas vereinbart und nicht nur beabsichtigt wird.

Unklarheit kann auch in Bezug auf die Zeichnungsbefugnis bestehen. Das Softwarehaus wird aus den Gesprächen über das Vertragswerk wissen, dass beispielsweise die Fachabteilung oder die IT-Abteilung gerade keine Bestellung ohne die Einkaufsabteilung aufgeben dürfen. Wenn der Letter of Intent (wie es häufig der Fall ist) nur durch die Fach- oder IT-Abteilung unterschrieben wird, ist zweifelhaft, ob der Besteller wirksam vertreten, also an die Regelung gebunden ist.

5.2 Vergütung ohne Vertrag?

Was soll geschehen, wenn das Softwarehaus auf ausdrückliche Aufforderung des Auftraggebers schon erhebliche Leistungen erbracht hat, sogar Geld bekommen hat, der Auftraggeber aber immer wieder betont hat, der endgültige Vertrag müsse noch geschlossen werden? Das OLG Nürnberg hat vor Jahren einen solchen Fall entschieden (vgl. CR 1993 S. 557 m. Anm. Bartsch). Als Ergebnis wurde festgehalten, dass das Softwarehaus die Leistungen vergütet bekommt; es sei eine treuwidrige Erwartung des

Auftraggebers, dass das Softwarehaus hier nur für die Akquisition gearbeitet habe.

Das Urteil ist im Ergebnis nach meiner Auffassung richtig. Die korrekte Begründung ist aber die, dass hier eben doch ein Vertrag geschlossen wurde, ähnlich wie ein Vertrag auch von dem Fahrgast geschlossen wird, der mit dem Ruf "Ich möchte keinen Beförderungsvertrag schließen!" die Straßenbahn betritt.

6 Brennpunkte der Vertragsgestaltung

6.1 Rechte an der Software

6.1.1 Nutzungskonzepte

Welche Software zu liefern ist, ergibt sich in aller Regel aus den Vertragsformularen oder aus begleitenden Systemscheinen. Häufig haben diese Papiere rechtlich den Charakter von AGB des Softwarehauses.

Das Partizipationsinteresse des Softwarehauses, also sein Interesse, für den wirtschaftlichen Vorteil, der aus der Nutzung seines Werkes stammt, eine faire Entlohnung zu bekommen, macht es für das Softwarehaus wichtig, die Nutzungsgrenzen möglichst präzis vorzugeben.

Hierfür gibt es viele Regelungsmodelle. Praktisch bedeutsam sind insbesondere folgende:

- Festlegung der Anzahl der Rechner, auf denen die Software laufen darf (typisch für den PC-Bereich).
- Festlegung der Größe des Rechners, auf dem die Software laufen darf (ein Modell, das noch aus der alten IBM-Welt stammt; vgl. Kapitel 6.1.2 in diesem Beitrag).
- Festlegung der Anzahl der Nutzer, die mit der Software arbeiten dürfen. Hier gibt es zwei Unterscheidungen:

Concurrent User:
Das System gestattet, dass zu einer Zeit höchstens eine festgelegte Anzahl von Personen mit der Software arbeiten kann. Welche Personen das sind, ist ohne Bedeutung. Aber wenn beispielsweise 32 Personen zugelassen sind, bekommt die 33. Person, die mit der Software arbeiten will, die Nachricht, dass ein Zugang derzeit nicht möglich ist.
Named User:
Hier müssen alle Personen, die mit der Software arbeiten wollen, dem System namentlich bekannt sein. Sie dürfen dann theoretisch alle gleich-

zeitig mit der Software arbeiten.

Beide Modelle haben Vor- und Nachteile. In jedem Falle wollen sie feinfühliger regeln, welcher Nutzungsumfang an den Auftraggeber geht.

AGB-rechtlich und urheberrechtlich sind diese Klauseln nicht ohne Probleme. Sehr pauschal kann man folgendes sagen:
- Je feinfühliger die Regelung ist, desto sicherer ist, dass sie nicht dem urheberrechtlichen Kriterium der Abspaltbarkeit genügt. Für das Problem der Weiterveräußerung der Software durch den Erstkunden (vgl. Kapitel 6.1.3 in diesem Beitrag) ist das von Bedeutung.
- Vertragsrechtliche Inflexibilität und Unklarheiten des Urheberrechts erschweren also moderne, an der tatsächlichen Nutzung orientierte Vergütungsmodelle für Software.

6.1.2 Upgrade-Klauseln

Die Rechtsprechung hat sich mehrfach mit Klauseln beschäftigt, wonach die Software nur auf Rechnern bis zu einer bestimmten Leistungsfähigkeit betrieben werden darf. Das OLG Frankfurt hält solche Klauseln für unwirksam. Ich halte sie bei richtiger Gestaltung für wirksam.

Die richtige Gestaltung, die sowohl das Interesse des Softwarekäufers am freien Umgang mit der Kaufsache schützt als auch das Partizipationsinteresse des Softwarehauses, wird eine Nachzahlungspflicht des Softwarekäufers bei Einsatz der Software auf einem größeren Rechner daran binden, dass nun zumindest die Wahrscheinlichkeit einer umfangreicheren Ausnutzung als auf dem kleineren Rechner besteht. Anders kann das Softwarehaus sein Interesse daran, dass die mit der Lieferung der Software beabsichtigte Marktabdeckung nicht überschritten wird, nicht realisieren. Es bleibt jedoch bei AGB-rechtlichen Wirksamkeitsfragen.

6.1.3 Weitergabeverbote

Insbesondere in der Literatur, aber auch in Urteilen viel erörtert ist die Frage der Weitergabeverbote. Die allgemeine Auffassung ist so:
- Pauschale Weitergabeverbote in AGB sind grundsätzlich nicht zulässig; bei besonderen Gegebenheiten mag die Wertung anders ausfallen.
- Zulässig sind aber Klauseln, die die Interessen des Softwarehauses absichern. Diese Interessen sind durch zwei Punkte definiert:
  1) Der Alt-Nutzer muss seine Nutzung sicher beenden.
  2) Der Neu-Nutzer muss sich an dasselbe Regelwerk halten, beispiels-

weise daran, seinerseits die Software nur unter diesen Kautelen weiterzugeben.

Neuerdings geraten kartellrechtliche Probleme in Bezug auf solche Bindungen eines Softwarekäufers stärker in das Blickfeld.

Die urheberrechtlichen Fragen, die im Zusammenhang mit dem Handel mit gebrauchter Software (wie dies im Jargon heißt) aufgetaucht sind, können hier nicht erörtert werden. Nach der gegenwärtigen Rechtslage ist nur der Fall sicher, in welchem der Erstkäufer einen Original-Datenträger des Softwarehauses weiterverkauft. Alle anderen Gegebenheiten sind rechtlich ungesichert.

6.1.4 Definition der Nutzerrechte

In vielen Softwareverträgen trifft man auf langatmige juristische Umschreibungen dessen, was der Auftraggeber an Rechten haben soll. Häufig sind die Umschreibungen tautologisch oder lückenhaft.

Besser ist es, der Anregung des Gesetzes zu folgen und lediglich den Nutzungszweck, die in § 69 d Abs. 1 UrhG genannte "bestimmungsgemäße Nutzung" zu definieren. Diese Definition kann umgangssprachlich, konkret auf den Lebenssachverhalt bezogen erfolgen. Der Erwerber bekommt dann alle die Rechte, die er benötigt, um diese Nutzung durchzuführen. Zumeist ist die Nutzungsdefinition klarer als das juristische Klauselwerk.

6.2 Abnahme

Bei der Abnahme erklärt der Auftraggeber, dass er das Leistungsergebnis als im Grundsatz vertragsgemäß billigt. Die Abnahme ist von erheblicher Bedeutung:
- Jetzt beginnt die Gewährleistungszeit.
- Jetzt wird der Werklohn fällig. Zahlungen zuvor sind nur Vorschüsse.
- Ab jetzt muss der Auftraggeber im Zweifel den Beweis führen, dass die Leistung mangelhaft ist.

Es ist für beide Vertragspartner sachgerecht, die Abnahme zu formalisieren. Zumeist ist folgendes Konzept sachgerecht:
- Das Softwarehaus meldet die Abnahmereife und übergibt die Software.
- Damit beginnt ein Prüfzeitraum (Beispiel: zwei Monate), während dessen der Auftraggeber Beanstandungen rügen kann. Die Beanstandungen werden in Fehlerklassen eingeteilt. Ein Fehler der Klasse 1 (betriebsverhindernder Fehler) führt stets zum Abbruch der Prozedur.

- Zum Endzeitpunkt der Abnahmefrist darf kein Fehler der Klasse 2 (betriebsbehindernder Fehler) mehr vorhanden sein. Sonstige Fehler stören den Vorgang nicht.

Wenn keine abnahmeverhindernden Fehler gerügt werden, gilt mit Ablauf der vereinbarten Frist das Arbeitsergebnis als abgenommen. Das Softwarehaus hat den Vorteil, dass der Vorgang automatisch auf die Abnahme zuläuft. Der Auftraggeber hat den Vorteil, dass er ein hinreichend lange Prüfzeit hat. Je nach Gegebenheiten wird man das Konzept erweitern und verfeinern.

6.3 Gewährleistung

6.3.1 Kauf- oder Werkvertrag?

Zu den ungelösten Problemen, die die Schuldrechtsreform beschert hat, gehört die Zuweisung großer Bereiche des Werkvertragsrechtes in das Kaufrecht durch § 651 BGB. Der Meinungsstreit kann hier nicht ausgebreitet werden. Im Ergebnis sinnvoll ist es allein, wie bisher alle Verträge, bei denen der Auftraggeber umfangreiche Dienstleistungen erwartet, ohne die er mit Standardsoftware nichts anfangen kann, oder wo überhaupt nur Individualsoftware erstellt wird, werkvertraglich zu organisieren und hierfür eine Gewährleistungszeit von zwei Jahren ab der Abnahme zu geben. Man muss leider befürchten, dass der Bundesgerichtshof zwar (wie die meisten BGB-Kommentare, die die Frage erörtern) Werkvertragsrecht anwendet, aber dann nach § 634 a Abs. 1 Nr. 3 BGB die Gewährleistungsansprüche nach der regelmäßigen Verjährungsfrist, also mit einer Zeit zwischen drei und zehn Jahren, verjähren lässt.

Ich halte dafür, dass bei der starken Annäherung zwischen Kauf- und Werkvertrag auch in AGB der Vertragstyp zugunsten des Werkvertrages gewählt werden darf, dass auch in kaufrechtlichen Gestaltungen eine Abnahme vorgesehen werden darf und dass die völlig unangemessene Verjährungsfrist von bis zu zehn Jahren auf zwei Jahre ab Abnahme verkürzt werden darf. Was der BGH in diesem Bereich einmal entscheiden wird, ist offen. Bei Kaufverträgen ist beispielsweise die Frage zu regeln, ob tatsächlich der Käufer das Wahlrecht zwischen Nachbesserung und Neulieferung hat.

6.3.2 Gewährleistungsfrist

In allen Verträgen ist die Verjährungsfrist für Ansprüche aus Rücktritt und Minderung zu regeln. Hier gilt im BGB die unhandliche und irritierende Konstruktion über § 218 BGB mit der Folge, dass, wenn der Rücktritt innerhalb der Verjährungsfrist erklärt wurde, für die Ansprüche aus Rücktritt (also auf Rückzahlung des Kaufpreises) eine neue Verjährungszeit von drei Kalenderjahren zur Verfügung steht; ein höchst überraschendes und unangemessenes Ergebnis.

Für Sachmängel ist die gesetzliche Verjährungsfrist von zwei Jahren angemessen. Bei Rechtsmängeln (Beispiel: Der Lieferant hat die urheberrechtlichen Befugnisse nicht, die er vertragsgemäß auf den Auftraggeber übertragen soll) ist diese Frist unzureichend. Auftraggeber tun gut daran, eine angemessene Verlängerung dieser Frist zu verlangen.

6.3.3 Untersuchungs- und Rügepflicht

Wenn für früher werkvertragliche Gestaltungen nun Kaufrecht gilt, gilt auch die Untersuchungs- und Rügepflicht nach § 377 HGB, die der Bundesgerichtshof einmal "Abschneidung berechtigter Ansprüche aus formalen Gründen" nannte. Für Projekte ist eine solche Untersuchungs- und Rügepflicht nach dem Interesse beider Vertragspartner unerwünscht. Der Auftraggeber müsste pausenlos seine Fragen, seine Zweifel und sein vielleicht noch unzureichendes Handhabungswissen in Rügen nach § 377 HGB kleiden und im Ernstfall beweisen, wie unverzüglich er das Gesamtwerk untersucht hat. Das ist in der Praxis kaum einhaltbar und schafft nur Streit.

6.3.4 Reaktionszeiten und Verfügbarkeit

Wenn der Auftraggeber einmal die Software in operative Nutzung übernommen hat, ist die Verfügbarkeit der Software von großer Bedeutung. Damit Mängel rasch beseitigt werden, gibt es zwei typische Regelungen:

- *Reaktionszeiten:*
  Man vereinbart die Zeit, die zwischen einer (sinnvollerweise formalisierten) Fehlermeldung und dem Beginn der Fehlerbehebungsmaßnahmen verstreicht. Sinnvollerweise wird man die Softwarefehler in Fehlerklassen einteilen, z. B. betriebsverhindernde, betriebsbehindernde und sonstige Fehler, und die Reaktionszeit nach den Klassen richten.
- *Verfügbarkeit:*
  Mit der Verfügbarkeit wird der Anteil eines Zeitraumes definiert, während dessen die Software funktionieren muss, beispielsweise 95 % pro

Monat. Die Folge ist, dass die Software in einem Monat nicht länger als 36 Stunden ausfallen darf.
Auch bei sehr hohen Verfügbarkeitsquoten kann die Ausfallzeit unangemessen lang sein, wenn der Referenzzeitraum lang ist. Selbst bei einer Verfügbarkeitszusage von 97,5 % pro Jahr kann die Software mehr als neun Tage am Stück stillstehen. Man wird sich deshalb damit behelfen, dass man zwei Verfügbarkeiten (eine pro Jahr und eine geringere pro Monat) oder die längste zugelassene Ausfallzeit festlegt. Auch bei der Verfügbarkeit sollte man nach Fehlerklassen unterscheiden.

6.4 Haftung

Bei allen Vertragsverhandlungen gibt es Debatten über die Haftung. Sicher ist nur, dass durch AGB kein sinnvoller Schutz zu erreichen ist. Haftungsbeschränkende AGB sind entweder wirtschaftlich unwirksam (weil noch zuviel Haftung übrig bleibt) oder juristisch unwirksam (weil die Haftungsbeschränkungsklausel nicht den Kriterien der Rechtsprechung standhält). Eine Individualvereinbarung ist also zwingend.

Softwarehäuser sollten von Anfang an klarstellen, dass sie keine Haftungs-AGB vorgeben. Sie sollten lediglich einen Formulierungsrahmen zur Verfügung stellen, der notwendig in der Verhandlung ausgefüllt werden muss. Dies kann ein einfacher Haftungshöchstbetrag sein (außerhalb der Fälle, in denen zwingend darüber hinaus gehaftet werden muss), oder man differenziert sehr fein, wie in Tabelle 3 dargelegt.

Tabelle 3: Haftungsmatrix

	Personenschäden	Sachschäden	Datenverlust	Vermögensschäden		
				Interner Aufwand	Entgangener Gewinn	Zahlungen an Dritte
Vorsatz						
Fahrlässigkeit (grob)						
Fahrlässigkeit (mittel)						
Fahrlässigkeit (leicht)						

- Mindestbeträge
- Höchstbeträge
  - pro Schadensfall
  - für alle Schadensfälle
- Haftungsquoten
- Versicherungsschutz

Die Felder der Matrix können durch Höchstbeträge und Mindestbeträge ausgefüllt werden, und zwar jeweils pro Schadensfall und in der Summe aller Schadensfälle. Zumindest für Fälle leichter Fahrlässigkeit wird sich eine Haftungsteilung empfehlen. Bei den Vermögensschäden empfiehlt sich eine Differenzierung danach, ob es nur im internen Aufwand und entgangenen Gewinn oder um Zahlungen an Dritte geht. Außerdem wird man, soweit vorhanden oder zumutbar beschaffbar, einen Versicherungsschutz mit ins Kalkül ziehen.

Anbieter, die Schwierigkeiten haben, gegenüber Anwendern Haftungsbeschränkungsklauseln durchzubringen, mögen sich die Liefer-AGB dieser Anwender beschaffen. Vermutlich werden sie dort sehr weitgehende (wenn auch unwirksame) haftungsbeschränkende Klauseln finden, die zumindest aufzeigen, wie wichtig das Thema der Haftungsbegrenzung für jeden Unternehmer ist.

6.5 Pflegeverträge

Der Leistungsinhalt darf aus AGB-rechtlichen Gründen nicht unterhalb des Standes der Technik definiert werden. Wo das Softwarehaus lediglich die Mühewaltung verspricht, bei Softwarefehlern zu helfen, wird entweder diese beschränkende Formulierung unwirksam sein oder das Softwarehaus nicht aus der Verpflichtung entlassen, tatkräftig bis zur Fehlerbeseitigung zu arbeiten.

Leistungsstörungen bei Softwarepflegeverträgen werden in aller Regel als Verzug zu beurteilen sein, weil die Verpflichtung des Softwarehauses, die Leistung zu erbringen, in diesem Dauerschuldverhältnis ja erhalten bleibt und lediglich noch nicht erfüllt ist. Hier muss also der Auftraggeber in der Praxis darauf achten, rechtzeitig zu mahnen, wenn er keine Verfügbarkeitsregeln vereinbart hat.

Bei der Vertragsdauer zeigt sich, dass die Situation zwischen Softwarehaus und Kunde asymmetrisch ist. Für das Softwarehaus ist dieser Pflegevertrag ein Vertrag unter vielen. Für den Kunden ist der Softwarepflegevertrag das unersetzbare Mittel, um auf Dauer den Nutzen aus der hohen Softwareinvestition zu ziehen. Ich halte es deshalb für plausibel, dass unterschiedliche Kündigungsregeln vereinbart werden. Das Softwarehaus soll für drei bis fünf Jahre nur aus wichtigem Grund kündigen können. Wo das Softwarehaus dem nicht folgt, wird man beiderseits eine lange Vertragsbindung vereinbaren, die Kündigung aus wichtigem Grund zuvor für zulässig erklären und als einen wichtigen Grund des Kunden benennen, dass er die Software endgültig außer Dienst nimmt.

Die Kündigungsfrist muss im Interesse des Kunden so weiträumig beschaffen sein, dass der Kunde eine Ersatzbeschaffung durchführen kann, falls das Softwarehaus kündigt. Die über das Landgericht Bonn in die Welt gebrachte Behauptung, eine solche Kündigung sei trotz klaren Vertragstextes nicht möglich, halte ich für unrichtig.

7 Vertragskrisen und Schlichtung

Projekte lassen sich in Krisen leichter torpedieren als retten. Der Jurist, der zur Projektbeendigung rät, geht häufig einen rechtlich sicheren Pfad, aber das wirtschaftliche Ergebnis ist unsicher. Der Jurist, der zur Fortführung des Projektes rät, belässt die Chance, dass der Auftraggeber doch noch die Software bekommt, gerät aber in juristisches Zwielicht, weil das Projekt unerfreulich bleiben kann, aber eine juristisch sichere Ausstiegsmöglichkeit sich nicht mehr bietet. Die Mandanten werden das Problem erkennen und durch Auswahl der Berater kompensieren müssen.

Weiterhin eine gute Hilfe ist das Schlichtungsverfahren der Deutschen Gesellschaft für Recht und Informatik e. V. (http://www.dgri.de). Es besteht seit 1988 und konnte in vielen Fällen zur Wiederaufnahme des Projektes oder zu einer raschen außergerichtlichen Lösung beitragen. Die Eckpunkte des Verfahrens sind:

- Das Schlichtungsteam besteht aus einem qualifizierten Juristen und einem EDV-Sachverständigen. Das ist die wichtigste Bedingung für ein Gelingen.
- Das Verfahren setzt so früh wie möglich ein. Es kann rasch gehen und soll am Ort des Geschehens stattfinden.
- Das Verfahren ist gesprächig. Es zwingt weit stärker zur Ehrlichkeit als das Gerichtsverfahren. Ehrlichkeit schafft neues Vertrauen.

Am besten ist es, die Schlichtungsklausel schon in die Verträge mit EDV-Bezug aufzunehmen. Bevor man ein regelrechtes Gerichtsverfahren beginnt, sollte man überlegen, ob man nicht einen ähnlichen Effekt mit einem sehr viel schnelleren und kostengünstigeren Selbständigen Beweisverfahren erzielt.

Prozesse über schief gelaufene Softwarekooperationen haben die Nachteile, sehr lange zu dauern, teuer zu sein, wichtiges Personal von der zukunftsorientierten Arbeit abzuhalten und endlich doch in der ersten, spätestens der zweiten Instanz verglichen zu werden. Der Unternehmer wird sich Investitionen in solche Wege sehr gründlich überlegen müssen.

8 Krisenbereinigung durch das Gericht

8.1 Hauptverfahren

Wo eine Krise nicht mehr lösbar ist, wird eine Seite den Gang zu Gericht antreten. IT-Prozesse haben allerdings Besonderheiten: Sie sind sehr arbeitsintensiv. Sie kosten nicht nur bei Anwälten, Gericht und Sachverständigen, sondern auch intern viel Geld. Sie dauern oft außerordentlich lange.

Die Ergebnisse sind schwer zu prognostizieren. Bei vielen Gerichten herrscht weiterhin große Ratlosigkeit über Sachverhalte mit IT-Bezug und über das IT-Recht. Gerichtsverfahren sind deshalb nur das allerletzte Mittel.

8.2 Selbständiges Beweisverfahren

Im Selbständigen Beweisverfahren wird die Beweiserhebung durch den Sachverständigen isoliert vorgezogen. Der Antragsteller benennt die Themen. Der vom Gericht benannte Sachverständige erstellt zu diesen Fragen ein Gutachten.

Damit ist häufig relativ rasch der zentrale Streitpunkt aufgeklärt. Aber damit ist noch keine Entscheidung über rechtliche Fragen getroffen, und derjenige, der Forderungen behauptet, hat noch keinen vollstreckungsfähigen Titel in der Hand.

8.3 Schiedsgericht

Viele Unternehmen ziehen es vor, Streitigkeiten durch private Schiedsgerichte entscheiden zu lassen statt durch die staatliche Justiz. Das Verfahren findet nicht in der Öffentlichkeit statt. Der behauptete Vorteil, Schiedsgerichte arbeiteten schneller, kostengünstiger und mit besserem Ergebnis, ist zweifelhaft.

Ein wesentlicher Nachteil ist, dass es gegen das Schiedsurteil praktisch kein Rechtsmittel gibt. Das bewirkt einen sehr starken Vergleichsdruck auf die Parteien. Viele Fachleute bevorzugen deshalb den Gang zum ordentlichen Gericht.

9 Literatur

Bartsch, M.: Softwareverträge. In: Beck'sches Formularbuch, Kapitel III.H, 9. Auflage 2006
Bartsch, M.: Themenfelder einer umfassenden Regelung der Abnahme. In: Computer und Recht 2006, Seite 7 ff.)
Bartsch, M.: 20 Jahre Urheberrecht. In: Computer und Recht 2005, Seite 690 ff.)
Bartsch, M.: Softwarepflege nach neuem Schuldrecht. In: Neue Juristische Wochenschrift 2002, Seite 1526 ff.
Bartsch, M.: Qualitätssicherung für Software durch Vertragsgestaltung und Vertragsmanagement. In: Informatik Spektrum 1/2000, Seite 3 ff.
Bartsch, M.: Das neue Schuldrecht - Auswirkungen auf das EDV-Vertragsrecht. In: Computer und Recht 2000, Seite 649 ff.
Bartsch, M.: Grad der Marktdurchdringung von Software als rechtliches Kriterium. In: Computer und Recht 1994, Seite 667 ff.
Bartsch, M.: Vorvertragliche EDV-Entwicklungsarbeiten. In: Computer und Recht 1993, Seite 557.
Bartsch, M.: Typische Regelungsschwerpunkte beim Outsourcing. In: EDV & Recht 1993, Seite 42 ff.

Die meisten dieser sowie weitere ausgewählte Veröffentlichungen zum IT-Recht können unter http://www.bartsch-partner.de/lit-mb abgerufen werden.

IX Bilanzielle und steuerliche Aspekte von betriebswirtschaftlichen Softwaresystemen (ERP-Software)

Christoph Watrin, Westfälische Wilhelms-Universität Münster

Ansas Wittkowski, Peters, Schönberger & Partner GbR

1 Einführung

Kaum ein mittelständisches oder größeres Unternehmen kann sich der gegenwärtigen Entwicklung entziehen, Kostensenkungspotenziale zu erschließen und infolgedessen die Steuerung, Abwicklung und Kontrolle betrieblicher Geschäftsabläufe und Aufgabenbereiche durch ein vollständig integriertes betriebswirtschaftliches Softwaresystem zu optimieren. Die Implementierung eines betriebswirtschaftlichen Softwaresystems ist regelmäßig mit hohen Kosten verbunden. Wie sich diese Kosten im Abschluss und in der steuerlichen Gewinnermittlung niederschlagen, ist naturgemäß von besonderem Interesse für die Unternehmen.

Dennoch ist die bilanzielle und steuerliche Behandlung der Implementierung betriebswirtschaftlicher Softwaresysteme nach wie vor nicht restlos geklärt. Zwar hat sich in die in der Literatur seit längerem geführten Diskussion nun auch die Finanzverwaltung durch einen Schreiben vom 18.11.2005[1] eingeschaltet, doch bleiben nach wie vor Fragen offen, die einer endgültigen Klärung durch die Finanzgerichte harren. Der vorliegende Beitrag soll es Praktikern erleichtern, sich innerhalb der vielfältigen Meinungen zurecht zu finden. Zudem soll es ihnen ermöglicht werden, in Anwendungsfällen bilanzielle Schlussfolgerungen zu ziehen, die den Grundsätzen ordnungsmäßiger Bilanzierung (GoB) entsprechen.

---

[1] Vgl. Bundesfinanzministerium (2005).

2 Technische Grundlagen

Bei typischen WWS- und ERP-Systemen handelt es sich um integrierte Anwendungssysteme, die sich aus mehreren Softwaremodulen zusammensetzen.[2] Die unterschiedlichen Module umfassen nahezu sämtliche unternehmerischen Prozesse und Aufgabenbereiche wie etwa Beschaffung, Produktion, Vertrieb, Rechnungswesen oder Personal. Softwaresysteme unterscheiden sich in Individual- und Standardsoftware. Während eine Individualsoftware ausschließlich entsprechend den Anforderungen des jeweiligen Systemanwenders entwickelt wird, kann eine Standardsoftware bei einer Vielzahl von Unternehmen ohne Anpassungen zum Einsatz kommen.

Nur wenige betrieblich veranlasste Investitionen sind für Unternehmen heutzutage derart unvermeidbar und gleichzeitig mit solch hohen finanziellen Unwägbarkeiten verbunden, wie die Implementierung integrierter Softwarelösungen. Das Unternehmen erwirbt durch Zahlung eines Einmalbetrags ein unbegrenztes Nutzungsrecht an der ERP-/WWS-Software. Die Lizenz umfasst oftmals auch das Recht, die Software für unternehmensspezifische Zwecke weiterzuentwickeln.[3] Damit die Software zum betrieblichen Einsatz kommen kann, ist ein WWS-/ERP-System an die jeweiligen unternehmensspezifischen Bedürfnisse anzupassen. Solche Anpassungsarbeiten können teilweise mehrere Jahre dauern, wobei die damit verbundenen Kosten schnell astronomische Höhen erreichen können.[4]

Der Gesamtvorgang der Einführung einer ERP-/WWS-Software wird als Implementierung bezeichnet. Unter dem umfassenden Begriff der Implementierung werden neben den betrieblichen Anpassungsmaßnahmen (Customizing) auch Programmänderungen (Modifications) und Programmerweiterungen (Extensions) erfasst.

Regelmäßig wird der Erwerb eines WWS-/ERP-Systems durch den Abschluss eines Wartungsvertrags flankiert, der Softwarehersteller zur Störungshilfe und Fehlerbeseitigung, nicht jedoch zur Durchführung von Funktionserweiterungen verpflichtet.[5]

---

[2] Vgl. Groß, Georgius, Matheis (2006), S. 339.
[3] Vgl. Groß, Georgius, Matheis (2006), S. 339.
[4] Regelmäßig können die Implementierungskosten die Kosten des Lizenzerwerbs um das 10 bis 15-fache übersteigen. Vgl. Haun, Golücke (2004), S. 651.
[5] Vgl. Groß, Georgius, Matheis (2006), S. 339.

3 Handels- und steuerrechtliche Behandlung von ERP-Software

Die bilanzielle Behandlung einer ERP-/WWS-Software hängt wesentlich von den Fragen ab, ob es sich bei der Software um ein Wirtschaftsgut handelt, dieses als immateriell einzustufen ist und inwieweit von einem Anschaffungs- bzw. Herstellungsvorgang auszugehen ist. Bei der folgenden Beurteilung wird weniger der Fall von Bedeutung sein, dass ein Unternehmen eine Standardsoftware erwirbt und diese ohne technische Änderungen unverändert nutzt. Vielmehr ist der Erwerb einer Software von Interesse, bei der umfangreiche unternehmensspezifische Anpassungen vorzunehmen sind, um die Software in das betriebliche Umfeld des Anwenders einzubetten.[6]

3.1 Bilanzieller Charakter von Software als immaterielles Wirtschaftsgut

Von einem Wirtschaftsgut ist nach handels- und steuerlichen Grundsätzen auszugehen, wenn ein wirtschaftlicher Wert vorliegt, eine selbstständige Bewertung möglich sowie ein längerfristiger Nutzen gegeben ist. Damit liegt bei einer ERP-/WWS-Software zweifelsfrei ein Wirtschaftsgut vor.[7] Obgleich ein Anwender mehrere Softwaremodule erwirbt, ist das zum Einsatz kommende System als ein einziges Wirtschaftsgut zu behandeln.[8] Die ganzheitlich konzipierten Module zielen weniger darauf ab, eine singuläre Aufgabenstellung zu bewältigen, sondern vielmehr die Aktivitäten des Unternehmens in integrierter Arbeitsweise funktional vernetzt zu steuern (z. B. Produktion mit Beschaffung).

Ebenfalls unstrittig ist, dass eine Software über einen immateriellen Charakter verfügt.[9] Die Vorschriften des § 248 Abs. 2 HGB und § 5 Abs. 2 EStG sehen sowohl für die Handels- als auch die Steuerbilanz eine Aktivierung immaterieller Wirtschaftsgüter vor, wenn diese entgeltlich erworben, d. h. angeschafft wurden.[10] Die aktivierten Anschaffungskosten werden dann regelmäßig über Abschreibungen zu Betriebsaufwand. Liegt demgegenüber eine Herstellung einer Software durch den Anwender vor,

---

[6] Vgl. Scharfenberg, Marquardt (2004), S. 195.
[7] Da sich der Beitrag auf die steuerliche Würdigung eines ERP-Systems konzentriert, werden aus Vereinfachungsgründen die Begriffe eines handelsrechtlichen Vermögensgegenstandes und eines einkommensteuerrechtlichen (aktiven) Wirtschaftsgutes gleichgesetzt. Näheres vgl. Weber-Grellet (2006), Tz. 93.
[8] Vgl. Spohn, Peter (2005), S. 98.
[9] Vgl. u. a. Scharfenberg, Marquardt (2004), S. 195.
[10] Vgl. Hömberg, König (2006), Tz. 31.

so dürfen die Implementierungskosten nicht aktiviert werden, weil für originäre immaterielle Wirtschaftsgüter in Handels- und Steuerbilanz ein Aktivierungsverbot besteht. Im Herstellungsfall stellen die Implementierungskosten sofort abzugsfähigen Aufwand dar, was sich für den Steuerpflichtigen regelmäßig als vorteilhafter erweist.

3.2 Abgrenzung zwischen Anschaffung und Herstellung

Bei der Bilanzierung einer ERP-/WWS-Software liegt das Kernproblem in der Abgrenzung zwischen Anschaffung und Herstellung. Da ein immaterielles Wirtschaftsgut in Abhängigkeit von einem Anschaffungs- oder Herstellungsvorgang sowohl bilanziell als auch steuerlich unterschiedlich zu behandeln ist, kommt einer sachgerechten Abgrenzung eine zentrale Bedeutung zu.

Praktiker verweisen darauf, dass ERP-/WWS-Lösungen in der Praxis oftmals weder uneingeschränkt von einem Anbieter erworben werden noch eine vollständige Eigenentwicklung darstellen.[11] Da die Softwaremodule nicht nur angeschafft, sondern auch implementiert werden müssen, ist die Frage von Bedeutung, inwieweit die entgeltlich erworbenen Systemkomponenten zu aktivieren sind, ob Eigenleistungen mit in die Aktivierung einzubeziehen sind oder ob in manchen Fällen sogar insgesamt von einem Herstellungsvorgang auszugehen ist. Wann ist also eine ERP-/WWS-Software lediglich erworben bzw. wann zu einem neuen Wirtschaftsgut endgültig weiterentwickelt worden?

Der Übergang vom Anschaffungs- zum Herstellungsvorgang ist fließend und dürfte letztlich nur in jedem Fall einzeln zu beurteilen sein. Das Bundesfinanzministerium (BMF) hat mit Schreiben vom 18.11.2005 ansatzweise versucht, allgemeingültige Kriterien aufzustellen, wann die Grenze einer reinen Anschaffung überschritten wird. Nachfolgende Ausführungen sollen zeigen, dass die Stellungnahme der Finanzverwaltung zu allgemein gehalten ist, um den in der Praxis vorkommenden Ausgestaltungen betriebswirtschaftlicher Softwaresysteme gerecht zu werden.[12]

3.2.1 1. Position der Finanzverwaltung

Das BMF-Schreiben vom 18.11.2005 legt die aus Sicht der Finanzverwaltung erforderlichen Voraussetzungen zur Erfüllung einer Softwareanschaffung dar. Demnach ist zunächst von einem Anschaffungsvorgang auszugehen, wenn der mit dem Softwareanbieter bzw. einem Dritten geschlossene Vertrag nicht nur den Erwerb, sondern auch die Implementierung der ERP-

---

[11] Vgl. Groß, Georgius, Matheis (2006), S. 339.
[12] Vgl. Groß, Georgius, Matheis (2006), S. 340.

/WWS-Software umfasst. Eine Anschaffung ist unabhängig davon anzunehmen, ob die Implementierung ganz oder teilweise durch das Personal des Softwareanwenders erfolgt.

Nach Auffassung der Finanzverwaltung beginnt ein Herstellungsvorgang erst durch wesentliche Änderungen des Quellcodes. Grundsätzlich begründet die Implementierung eines Softwaresystems noch keine Individualsoftware und damit keinen Herstellungsvorgang. Dies gilt zumindest in den Fällen, in denen bei der Implementierung keine wesentlichen Änderungen am Quellcode vorgenommen werden. Da durch das Customizing lediglich Anpassungen der Strukturen und Prozesse an das Unternehmen erfolgen und diese oftmals ohne Programmänderungen bzw. Änderungen des Quellcodes auskommen, sind Aufwendungen im Zusammenhang mit dem Customizing, nach enger Auslegung des BMF, nicht dazu geeignet, einen Herstellungsvorgang zu begründen.[13]

Als Indiz einer wesentlichen Quellcodeänderung stellt die Finanzverwaltung auf den Übergang der zivilrechtlichen Gewährleistung auf den Softwareanwender ab. Erst wenn das Herstellungsrisiko vom Softwareanwender selbst getragen wird, kann von einem Herstellungsprozess beim Softwareanwender gesprochen werden. Kommt es zu wesentlichen Änderungen des Quellcodes, ist die Gewährleistung des Softwareanbieters vertraglich auszuschließen, damit der Anwender das Herstellungsrisiko für eine erfolgreiche Realisierung der Anpassungsmaßnahmen trägt.[14] Softwareanbietern dürfte dies nicht weiter schwer fallen, zielt ihre Intention doch oftmals darauf ab, hinsichtlich der gesamten Installation möglichst keiner werkvertraglichen Gewährleistung zu unterliegen.

Regelmäßig ist in den Fällen, in denen infolge eines geschlossenen Werkvertrages eine funktionsfähige Software geschuldet wird, mangels Übergangs des Herstellungsrisikos von einem Anschaffungsvorgang auszugehen. Im Grundsatz folgt das BMF damit der Stellungnahme RS HFA 11 des Instituts der Wirtschaftsprüfer (IDW).[15] In seiner Stellungnahme erkennt das IDW an, dass eine Standardsoftware infolge wesensverändernder Anpassungen zu einem neuen Wirtschaftsgut werden kann. Als objektives Kriterium sei auf die Art vor und nach Implementierung und Anpassung der vorhandenen Softwarefunktionen abzustellen.[16] Zeige das Softwaresystem eine Wesensveränderung, komme der Softwareanwender als Hersteller in Betracht, wenn er zudem das ausschließliche Herstellungsrisiko trage. Die aus dem Jahr 2004 stammende Stellungnahme RS HFA 11 erfuhr in der Vergangenheit hinsichtlich des zweiten Prüfungsschrittes deutliche

---

[13] Vgl. Bundesfinanzministerium (2005), Tz. 4.
[14] Vgl. Bundesfinanzministerium (2005), Tz. 13.
[15] Vgl. Institut der Wirtschaftsprüfer (2004), Tz. 14 f.
[16] Vgl. Institut der Wirtschaftsprüfer (2004), Tz. 15.

Kritik,[17] was die Finanzverwaltung nicht daran hinderte, gleichfalls auf das Herstellungsrisiko als Abgrenzungskriterium abzustellen.

Die Absicht der Finanzverwaltung ist offensichtlich. Ziel ist es, mit der weitgehenden Zuordnung von ERP-Systemen in die Kategorie der Standardsoftware den Fall eines Herstellungsvorgangs und damit die sofortige Abziehbarkeit der Implementierungskosten als steuerliche Betriebsausgaben zur Ausnahme zu erklären. Die weitgehende Kategorisierung einer ERP-/WWS-Software als Standardsoftware dürfte indes fraglich sein, da sich eine Standardsoftware in der Praxis gerade dadurch auszeichnet, dass keine maßgeblichen Änderungen und erst recht keine Änderungen am Quellcode vorzunehmen sind. Richtiger Ansicht nach dürfte eine ERP-/WWS-Software regelmäßig als Individualsoftware zu charakterisieren sein, weil sie mit hohem Aufwand an die betrieblichen Anforderungen des Auftraggebers angepasst wird. Die Praxis wird zeigen, dass die sehr stark vereinheitlichende Auffassung des BMF kaum dazu geeignet sein dürfte, eine angemessene und zweifelsfreie Einteilung von Softwaresystemen als Standard- oder Individualsoftware zu erreichen.

Schließlich bleibt unklar, was das BMF-Schreiben im konkreten Fall unter wesentlichen Änderungen des Quellcodes versteht. Es sind eine Reihe von Fallkonstellationen denkbar, bei denen wesensverändernde Eingriffe keine wesentliche Quellcodeänderung erfordern. Moderne ERP-Systeme verfügen über zahlreiche Anpassungsoptionen, sodass über eine Parametrisierung nahezu jede betriebliche Funktion abgebildet werden kann, ohne dass Änderungen des Quellcodes notwendig werden. GROß, GEORGIUS UND MATHEIS sehen eine ERP-/WWS-Software nicht nur als IT-technisches Chamäleon, sondern gewissermaßen als eine weitere Softwarekategorie. Eine erzwungene vereinheitlichte Zuordnung, wie dies das BMF, aber auch das IDW vorsieht, verbietet sich daher.[18] Die für die praktische Anwendung des BMF-Schreibens aufgezeigten Abgrenzungsschwierigkeiten sind durch eine nachfolgend näher beschriebene funktionale Betrachtungsweise weitgehend zu vermeiden.

3.2.2 Funktionale Betrachtungsweise

Ein einsatzbereites ERP-System entsteht aus dem zielgerichteten Ineinandergreifen von Lizenzerwerb und Anpassung der Software an die individuellen Bedürfnisse (Customizing) sowie Änderung des Quellcodes (Modifications). Die Literatur bevorzugt zur Abgrenzung zwischen Anschaffung

---

[17] Vgl. u. a. Spohn, Peter (2005), S. 98.
[18] Ebenso Groß, Georgius, Matheis (2006), S. 339.

und Herstellung eine funktionale Betrachtungsweise, die deutlicher auf die Wesensänderung der ursprünglich angeschafften Software abstellt.[19]

Ein Programm wird zunächst als „Rohling" nebst Quellcode an den Anwender ausgeliefert. Er ist extrem anpassungsfähig, sodass aus einer Standardsoftware grundsätzlich eine Individualsoftware entstehen kann.[20] Dieser Anpassungsfähigkeit kommt eine entscheidende Bedeutung zu, da sich die Software zum Erwerbszeitpunkt noch im Zustand einer Standardsoftware befindet, die für das anwendende Unternehmen unbrauchbar ist.[21] Je detailgetreuer die eingesetzte ERP-/WWS-Software Unternehmensstrukturen und -prozesse abbilden kann, umso erfolgreicher kann die Software die an sie geknüpften betrieblichen Optimierungsziele erreichen.[22]

Vor diesem Hintergrund wird in der Literatur die zutreffende Auffassung vertreten, dass unter bilanzsystematischen Gesichtspunkten zum Zeitpunkt des Erwerbs noch kein ERP-System existiert und folglich nicht zu aktivieren ist. Der Lizenzerwerb stellt lediglich ein Vorprodukt einer individuellen Softwareumgebung dar. Das ERP-System erhält seine Funktionsfähigkeit erst durch umfassende Anpassungsarbeiten im Rahmen des Herstellungsvorgangs. HOFFMANN verweist darauf, dass es sich bei der Herstellung einer ERP-/WWS-Software um den klassischen Fall einer Herstellung im bilanzrechtlichen Sinne handelt, da sich die Software aus den Anschaffungsvorgängen der Vorprodukte und der Arbeitsleistung (Wertschöpfung) zusammensetzt.[23] Die Wesensänderung kann, muss jedoch nicht zwangsläufig, in der Änderung des Quellcodes begründet sein.

Ob eine Wesensänderung vorliegt, muss in jedem Einzelfall geklärt werden. Dabei ist weniger auf die Begriffe „Customizing", „Modification" oder „Extension", sondern vielmehr auf den Individualisierungsgrad der Systemänderungen in Form einer funktionalen Betrachtungsweise abzustellen.[24] So ist bei einer Beurteilung darauf zu achten, wie sich das geschaffene und einsatzbereite System von der ursprünglich erworbenen Lizenz hinsichtlich ihrer Funktionen und Möglichkeiten unterscheidet.[25] Ändert sich die Marktgängigkeit aufgrund des erreichten Individualisierungsgrades, spricht dies dafür, dass durch den Herstellungsvorgang ein neues Wirtschaftsgut geschaffen wurde. Das ursprüngliche Wirtschaftsgut

---

[19] Vgl. Spohn, Peter (2005), S. 98; Ellrott, Brendt (2006), Tz. 38.
[20] Vgl. Köhler, Benzel, Trautmann (2002), S. 927.
[21] Die Verwendung des Begriffs „Rohling" erfolgt in Anlehnung an die Ausführungen von KÖHLER, BENZEL, TRAUTMANN an. Vgl. Köhler, Benzel, Trautmann (2002), S. 927.
[22] Vgl. Spohn, Peter (2005), S. 99.
[23] Vgl. Hoffmann (2002), S. 1459.
[24] Vgl. Groß, Georgius, Matheis (2006), S. 341.
[25] Vgl. Spohn, Peter (2005), S. 98.

ist damit untergegangen. Kann eine Software von Dritten nicht mehr genutzt werden, zeigt eine funktionale Betrachtungsweise, dass die Software zu sehr auf die Anforderungen des Softwareanwenders zugeschnitten wurde und infolgedessen bilanzsteuerlich von einem Herstellungsvorgang zu sprechen ist.

Der Stellungnahme des IDW ist dahingehend zu folgen, dass es zur Abgrenzungsbeurteilung eines objektiven Kriteriums bedarf. Zutreffenderweise wird dies darin gesehen, ob ein neues Wirtschaftsgut durch erfolgte Wesensänderung vorliegt. Auf einer zweiten Prüfungsebene beabsichtigt das IDW in den Fällen einen Herstellungsvorgang zu begründen, in denen das Herstellungsrisiko vom Softwareanwender getragen wird. Dies erfolgt im Rahmen verschiedener Dienstverträge. Eine abschließende Beurteilung anhand des zivilrechtlich geschlossenen Vertrags (Dienstvertrag oder Werkvertrag) würde u. E. zu weit reichenden Gestaltungsmöglichkeiten führen. Daher muss dieser zweite Prüfungsschritt abgelehnt werden. Es kann nur dem objektiven Abgrenzungskriterium der Wesensveränderung Bedeutung beigemessen werden.

3.3 Anschaffung von ERP-Software

Entsprechend der Ausgestaltung des konkreten Sachverhalts gilt die ERP- bzw. WWS-Software als angeschafft oder hergestellt. Befinden sich die Implementierungskosten in einem verhältnismäßig geringen Umfang und kommt es zu keiner deutlichen Änderung der Marktgängigkeit aufgrund eines niedrigen Individualisierungsgrades, sind die entstandenen Anschaffungskosten zu aktivieren. Dies gilt sowohl nach der Auffassung der Finanzverwaltung als auch nach der hier vertretenen funktionalen Betrachtungsweise.

Im Rahmen einer jeden Anschaffung sind die Fragen zu beantworten, in welcher Höhe das Wirtschaftsgut zu aktivieren bzw. über welche Nutzungsdauer es abzuschreiben ist. Es gilt, den Abschreibungsbetrag zu ermitteln, der künftige Periodenergebnisse mindert.

3.3.1 *Ansatz und Bewertung des Wirtschaftsgutes*

Anschaffungskosten sind die Aufwendungen, die geleistet werden, das Wirtschaftsgut zu erwerben und es in einen betriebsbereiten Zustand zu versetzen, soweit sie dem Wirtschaftsgut einzeln zugeordnet werden können.[26]

---

[26] Vgl. Glanegger (2006), Tz. 81.

Zunächst sind die mit dem Lizenzerwerb entstandenen Kosten für den Anwender Anschaffungskosten i. S. d. § 255 Abs. 1 HGB. Darüber hinaus sind Kosten zu aktivieren, die das angeschaffte Wirtschaftsgut in einen betriebsbereiten Zustand versetzen. Eine Beurteilung hat unter wirtschaftlichen Gesichtspunkten zu erfolgen,[27] wobei die Auslegung des Begriffs der Anschaffungskosten nach der Rechtsprechung des BFH eng vorzunehmen ist. BFH-Urteilen ist zu entnehmen, dass es immer um unvermeidbare Aufwendungen geht, die zur Erlangung der wirtschaftlichen Verfügungsmacht bestimmt sein müssen.[28] Der Begriff der Anschaffungskosten ist daher final auszulegen. Das BMF-Schreiben sieht zudem vor, dass die mit der Anschaffung eines Softwaresystems zusammenhängenden Eigenleistungen mit den dazugehörigen Personalaufwendungen, Aufwendungen für Schulungen des eigenen Personals zur Unterstützung des Customizing, Raum- und Reisekosten als Nebenkosten zu aktivieren sind.[29] Inwieweit die Beurteilung des BMF von der Rechtsprechung des BFH gedeckt ist, bleibt abzuwarten.

3.3.2 Beginn und Dauer der Abschreibungen

Steuerlich ist eine aktivierte ERP-/WWS-Software als immaterielles Wirtschaftsgut nach § 7 Abs. 1 S. 1 EStG ausschließlich linear pro rata temporis abzuschreiben. Degressive Abschreibungen nach § 7 Abs. 2 EStG sowie etwaige Sonder- und Ansparabschreibungen finden keine Anwendung.

Die Abschreibung des Systems beginnt mit der Betriebsbereitschaft, d. h. mit Abschluss der Implementierung. Werden Module stufenweise eingeführt, ist der Zeitpunkt der Betriebsbereitschaft der ersten Module maßgeblich. Gleiches gilt für Testläufe, wobei fehlgeschlagene Testläufe als Beleg fehlender Betriebsbereitschaft anzusehen sind. Wird ein Dritter mit der Einrichtung des Softwaresystems beauftragt, beginnt die Abschreibung mit dem Übergang der wirtschaftlichen Verfügungsmacht.

Das BMF-Schreiben sieht eine betriebsgewöhnliche Nutzungsdauer von grundsätzlich fünf Jahren vor. Damit widerspricht das BMF dem vorangegangenen Erlass des Bremer Finanzsenats, welcher eine betriebsgewöhnliche Nutzungsdauer von zehn Jahren vorsah.[30] Eine derart lange Nutzungsdauer war vor dem Hintergrund der immer kürzer werdenden „Halbwertzeiten" betriebswirtschaftlicher Softwarelösungen nicht mehr haltbar.

---

[27] Vgl. Köhler, Benzel, Trautmann (2002), S. 929.
[28] Vgl. Glanegger (2006), Tz. 81.
[29] Schulungskosten außerhalb des Customizing (z. B. Anwenderschulungen) stellen nach dem BMF-Schreiben sofort abzugsfähige Betriebsausgaben dar. Vgl. Bundesfinanzministerium (2005), Tz. 15.
[30] Vgl. Finanzsenat Bremen (2004), S. 2782.

Selbst eine fünfjährige Nutzungsdauer berücksichtigt die sehr hohe Innovationsgeschwindigkeit nur unzureichend. Eine Software kann etwa in den USA über einen Zeitraum von drei Jahren abgeschrieben werden.[31] Die bestehenden Systeme bieten, von überschaubaren Standardinstallationen bis hin zu hoch integrierten Systemlandschaften, eine Bandbreite an Lösungen an. Vor diesem Hintergrund wird gefordert, dass sich diese Vielseitigkeit auch in einer z. B. drei- bis fünfjährigen Nutzungsdauer widerspiegelt.[32]

3.4 Herstellung von ERP-Software

Kommt der Anwender nach der obigen Untersuchung zu dem Ergebnis, dass ein Herstellungsvorgang vorliegt, so folgt aus dem Aktivierungsverbot selbsterstellter immaterieller Wirtschaftsgüter der sofortige Abzug aller Aufwendungen als Betriebsausgaben. Nach Ansicht des BMF ist dies gerade dann der Fall, wenn eine neue Individualsoftware durch eigenes, fachlich ausgebildetes Personal oder Subunternehmer auf dienstvertraglicher Basis hergestellt wird und das Herstellungsrisiko vom Softwareanwender selbst getragen wird.[33]

Beabsichtigt der Softwareanwender, die mit der Implementierung einer ERP- bzw. WWS-Software zusammenhängenden Aufwendungen steuerlich sofort abzuziehen, hat er gegenüber der Finanzverwaltung darzulegen, dass das Herstellungsrisiko allein bei ihm liegt. Leistungen des Anbieters aufgrund von Gewährleistungs- und Wartungsverpflichtungen sind vertraglich auszuschließen.

4 Einzelfragen

4.1 Vor- bzw. Planungskosten

Neben Implementierungskosten sind in die bilanzsteuerliche Betrachtung auch Kosten einzubeziehen, welche typischerweise vor der eigentlichen Implementierung anfallen. Bereits mit der ersten Handlung zur Beschaffung einer bestimmten, konkreten Software entstehen Anschaffungskosten. Was eine Softwarebeschaffung im Einzelnen umfasst, ist nach Ansicht des IDW unter wirtschaftlichen Gesichtspunkten zu entscheiden.[34] Aufwendungen, die im Zusammenhang mit dem Erkennen und Bewerten von Be-

---

[31] Vgl. Scherff, Willeke (2006), S. 142.
[32] Vgl. Scherff, Willeke (2006), S. 142.
[33] Vgl. Bundesfinanzministerium (2005), Tz. 12.
[34] Vgl. Institut der Wirtschaftsprüfer (2004), Tz. 26.

schaffungsalternativen entstehen, sind nicht zu aktivieren.[35] Hierunter dürften beispielsweise Aufwendungen verstanden werden, die etwa mit der Analyse und Optimierung von Geschäftsprozessen, der Entwicklung von Grobkonzepten oder mit der allgemeinen Organisationsberatung zusammenhängen.

Auch das BMF-Schreiben unterscheidet zwischen Kosten, die vor und Kosten, die nach der eigentlichen Kaufentscheidung entstehen. Handelt es sich um sog. Vorkosten, d. h. um Kosten vor der eigentlichen Kaufentscheidung, sind diese sofort als Betriebsausgaben abzugsfähig.[36]

Anders verhält es sich mit Planungskosten. Diese stellen Anschaffungsnebenkosten dar, soweit ein direkter Zusammenhang zum anzuschaffenden Softwaresystem besteht und die Aufwendungen nach der Kaufentscheidung anfallen. Da Anschaffungsnebenkosten nur die Kostenbestandteile umfassen, die zur Herstellung der Betriebsbereitschaft dienen, sind, nach Auffassung des BMF, organisationsbezogene Aufwendungen von der Aktivierung ausgeschlossen.

4.2 Nachträgliche Anschaffungskosten

Werden Module zur Erweiterung des vorhandenen Systems nachträglich angeschafft, sind sie entsprechend des BMF-Schreibens zutreffend als nachträgliche Anschaffungskosten zu bilanzieren, da sie nach ihrer Integration unselbstständige Bestandteile des Wirtschaftsgutes darstellen. Gegebenenfalls kann es infolge der Aktivierung erforderlich sein, die Restnutzungsdauer neu zu bestimmen.

Die Finanzverwaltung geht davon aus, dass Aufwendungen, welche bei tief greifenden Überarbeitungen der bisherige Programmversion entstehen und so zu einem Generationswechsel führen, als Anschaffungskosten eines neuen Wirtschaftsgutes anzusehen sind.[37] Bislang ist offen, wie weitreichend der Begriff einer tief greifenden Überarbeitung zu verstehen ist.[38] Das BMF-Schreiben sieht neben der Neuvergabe bzw. dem Neuerwerb einer Lizenz sowohl in der wesentlichen Funktionserweiterung der Software als auch in der notwendigen Datenmigration auf eine neue Programmversion eine tief greifende Überarbeitung.[39]

Oberflächlichere oder weniger einschneidende Überarbeitungen stellen Wartungskosten dar, die steuerlich als sofort abzugsfähige Erhaltungsauf-

---

[35] Vgl. Institut der Wirtschaftsprüfer (2004), Tz. 27.
[36] Vgl. Bundesfinanzministerium (2005), Tz. 14.
[37] Vgl. Bundesfinanzministerium (2005), Tz. 9.
[38] GROß, GEORGIUS UND MATHEIS sprechen sich für eine enge Auslegung der Beurteilung einer „tief greifenden" Überarbeitung aus. Vgl. Groß, Georgius, Matheis (2006), S. 342.
[39] Vgl. Bundesfinanzministerium (2005), Tz. 10.

wendungen zu berücksichtigen sind. Dies gilt jedoch nicht, wenn der Wartungsvertrag einen verdeckten Kaufpreis enthält und insoweit Einfluss auf die Höhe des Lizenzpreises ausübt.

Gewöhnliche Weiterentwicklungen der Software durch Updates bzw. Versions- und Releasewechsel sind von Neukonzeptionen und Generationswechseln abzugrenzen. Sofern die aktualisierte Programmversion lediglich dazu dient, die Lauffähigkeit der Software unter geänderten Rahmenbedingungen aufrechtzuerhalten, ohne dass sich wesentliche Funktionen ändern, stellen die angefallenen Aufwendungen abziehbare Betriebsausgaben dar.

Sofern neue Softwarelizenzen angeschafft werden, differenziert die Finanzverwaltung, ob die bisherige Lizenz weiterhin genutzt oder durch die neue Lizenz ersetzt wird. Im ersten Fall bietet die neue Lizenz neue Nutzungsmöglichkeiten, sodass die Aufwendungen für die neue Lizenz nachträgliche Anschaffungskosten darstellen. Regelmäßig begründet daher ein Update kein neues Wirtschaftsgut. Sofern im zweiten Fall die Ursprungslizenz durch eine neue Lizenz ersetzt wird, geht nach Auffassung des BMF das ursprüngliche Wirtschaftsgut unter, sodass eine Teilwertabschreibung in Höhe des Restbuchwertes der Ursprungslizenz zu erfolgen hat.[40]

Im Ergebnis hat der Buchwert der ERP- bzw. WWS-Software die Aufwendungen widerzuspiegeln, die ein Softwareanwender für das Softwaresystem nebst neuer Lizenz am Markt hätte aufwenden müssen. Das BMF-Schreiben sieht jedoch vor, dass die Aufwendungen des Customizing, die im Zusammenhang mit der Ursprungslizenz stehen, einer neu aktivierten Lizenz hinzuzurechnen sind, da diese auch bei einem Upgrade zumindest teilweise angefallen wären und somit wirtschaftlich als noch nicht verbraucht gelten. Die Verwaltungsauffassung greift u. E. zu kurz, da sie verkennt, dass auch bei Upgrades regelmäßig Aufwendungen des Customizing anfallen. Sofern neue Aufwendungen des Customizing entstehen, kann durchaus davon ausgegangen werden, dass die ursprünglichen Customizingaufwendungen (zumindest teilweise) wirtschaftlich verbraucht wurden. Da das BMF-Schreiben hiervon nicht ausgeht, muss diese Frage evtl. im Rahmen einer steuerlichen Außenprüfung thematisiert werden.

5 Fazit

Mit ihrem Schreiben vom 18. 11. 2005 nimmt die Finanzverwaltung zur Behandlung von Kosten, die im Zuge der Implementierung betriebswirtschaftlicher Softwaresysteme anfallen, Stellung. Das Schreiben ist von der

---

[40] Vgl. Bundesfinanzministerium (2005), Tz. 10.

Absicht geprägt aus fiskalischen Gründen eine Einstufung des Implementierungsvorganges als Herstellungsvorgang zu vermeiden. Nach Auffassung der Finanzverwaltung liegt eine Herstellung und damit sofort abzugsfähiger Aufwand nur dann vor, wenn an der erworbenen Software eine Wesensänderung vorgenommen wird und der Anwender das Herstellerrisiko übernimmt. Eine Wesensänderung wird dabei weitgehend mit einer Änderung des Quellcodes gleich gesetzt. Hier wurde gezeigt, dass demgegenüber die Beurteilung, ob eine Wesensänderung vorliegt, aufgrund einer funktionalen Betrachtungsweise vorgenommen werden muss. Dabei müssen die Besonderheiten der ERP-/WWS-Software in viel stärkerem Maße berücksichtigt werden als dies die Finanzverwaltung macht. Auf das zweite Abgrenzungskriterium, den Übergang des Herstellerrisikos auf den Anwender, sollte ganz verzichtet werden.

Es kann davon ausgegangen werden, dass die Frage nach der Bilanzierung von Systemen künftig auch die Finanzgerichte beschäftigen wird. Die obigen Ausführungen zeigen, dass an der im BMF-Schreiben vertretenen Rechtsauffassung begründete Zweifel bestehen. Vor diesem Hintergrund ist Steuerpflichtigen nur zu empfehlen, betroffene Steuerbescheide durch Rechtsbehelfe offen zu halten, um auf ein entsprechendes Urteil reagieren zu können.

6 Literatur

Bundesfinanzministerium (BMF): Schreiben vom 18. November 2005 zur Bilanzsteuerlichen Beurteilung von Aufwendungen zur Einführung eines betriebswirtschaftlichen Softwaresystems (ERP-System). In: Bundessteuerblatt I, (2005), S. 1025-1027.

Ellrott, H.; Brendt, P.: Kommentierung zu § 255 HGB. In: Beck'scher Bilanzkommentar, Hrsg.: H. Ellrott; G. Fröschle; M. Hoyos; N. Winkeljohann. 6. Aufl., München 2006.

Finanzsenat Bremen: Erlass vom 13. September 2004 zu Aufwendungen zur Einführung eines neuen Softwaresystems. In: Der Betrieb, 57 (2004) 52/53, S. 2782.

Glanegger, P.: Kommentierung zu § 6 EStG. In: Einkommensteuergesetz, Hrsg.: L. Schmidt. 25. Aufl., München 2006.

Groß, S.; Georgius, A.; Matheis, P.: Aktuelles zur Bilanzierung von ERP-Systemen. In: Deutsches Steuerrecht, 44 (2006) 8, S. 339-343.

Haun, J.; Golücke, M.: ERP-Software: keine zwingende Aktivierungspflicht von Customizingkosten. In: Betriebs-Berater, 59 (2004) 12, S. 651-657.

Hoffmann, W.-D.: Nochmals zur Bilanzierung von ERP-Software. In: Deutsches Steuerrecht, 40 (2002) 34, S. 1458-1460.

Hömberg, R.; König, M.: Kommentierung zu § 248 HGB. In: Bilanzrecht, Hrsg.: J. Baetge; H.-J. Kirsch; S. Thiele. 13. Aktualisierung, Bonn, Berlin 2006.

Institut der Wirtschaftsprüfer (IDW): IDW Stellungnahme zur Rechnungslegung: Bilanzierung von Software beim Anwender (IDW RS HFA 11). In: Wirtschaftsprüfung, 57 (2004) 15, S. 817-820.

Köhler, S.; Benzel, U.; Trautman, O.: Die Bilanzierung von ERP-Software im Internetzeitalter. In: Deutsches Steuerrecht, 40 (2002) 22, S. 926-932.

Scharfenberg, J.; Marquardt, T.: Die Bilanzierung des Customizing von ERP-Software. In: Deutsches Steuerrecht, 42 (2004) 5, S. 195-200.

Scherff, S.; Willeke, C.: Bilanzsteuerrechtliche Beurteilung von Aufwendungen für ERP-Software. In: Betrieb und Rechnungswesen, 53 (2006) 3, S. 135-142.

Spohn, P.; Peter, M.: ERP-Software: Bilanzielle Behandlung der Implementierungskosten bzw. späterer Anpassungsmaßnahmen an unternehmensspezifische Verhältnisse (Customizing) - Besonderheiten nach HGB und IAS/IFRS. In: Bilanzbuchhalter und Controller, 29 (2005) 5, S. 97-100.

Weber-Grellet, H.: Kommentierung zu § 5 EStG. In: Einkommensteuergesetz, Hrsg.: L. Schmidt. 25. Aufl., München 2006.

X Projektmanagement bei Softwareeinführungsprojekten

Axel Winkelmann, ERCIS

1   Faktoren für ein erfolgreiches Softwareprojekt

1.1   Erfolgsfaktoren

Die Wahrscheinlichkeit von Softwareeinführungsfehlern nimmt mit Zunahme der Komplexität von Einführungsprojekten deutlich zu. Das Problem in der betriebswirtschaftlichen Softwareentwicklung begründet sich darin, dass Mitarbeiter mit betriebswirtschaftlichem Know-How nicht die Unternehmenssoftware entwickeln (können) bzw. die Einführung aufgrund beschränkten technischen Wissens nur begrenzt begleiten, andererseits entsprechende Entwickler aber nicht über das betriebswirtschaftliche Wissen verfügen. Es wird daher versucht, dem Dilemma mit eindeutig definierten Prozessen zumindest teilweise zu begegnen, um frühzeitig Konflikte erkennen und beheben zu können. Dennoch ergeben Untersuchungen der Standish Group von über 50.000 IT-Projekten, dass nur 29% aller IT-Projekte in der vorgegebenen Zeit mit den gewünschten Funktionalitäten und im Rahmen des Budgets abgeschlossen werden (vgl. Abb. 1).[1]

---

[1] Vgl. The Standish Group (2004).

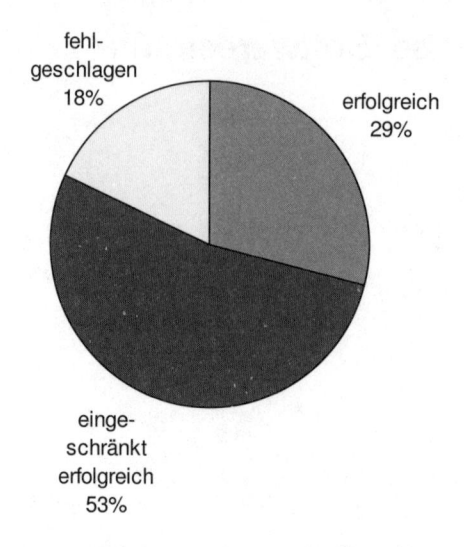

Pie chart: fehlgeschlagen 18%, erfolgreich 29%, eingeschränkt erfolgreich 53%

Abb. 1: Erfolg von Softwareeinführungsprojekten[2]

Die schlimmste Art von Fehlschlag sind die Rückabwicklung bzw. der Abbruch einer Softwareeinführung, ohne den beabsichtigten Nutzen jemals erreicht zu haben. Obwohl dieses aufgrund eines ungeeigneten Vorgehens und einem unerfahrenen Projektteam durchaus häufiger vorkommen kann, wird darüber nur selten in der Presse berichtet, da Unternehmen schlechte Presse meiden, oft gerichtliche Auseinandersetzungen mit den Softwareanbietern ein Veröffentlichen verhindern und vielfach Projektteams ausgetauscht bzw. das Unternehmen verlassen und somit nicht mehr darüber berichten können.

Mehr als die Hälfte aller Projekte leiden an einem zu knappen Zeitplan, was einerseits zu einer Einschränkung bei der Funktionsrealisation führen kann und andererseits zu großem Stress von Seiten des Projektteams. Auch die Überfrachtung der Standardsysteme mit Systemanforderungen und zu hohe Kosten werden in einer Befragung von 419 Unternehmen als Hauptprobleme bei der ERP-Einführung genannt (vgl. Abb. 2).[3] Eine andere Befragung von 176 Projektleitern, die SAP einführten, bestätigt dieses, da sie mehr Modifikationen vornahmen als ursprünglich geplant war.[4]

---

[2] Vgl. The Standish Group (2004).
[3] Vgl. Scherer (2005), S. 12.
[4] Vgl. Martin (2006), S. 28.

X Projektmanagement bei Softwareeinführungsprojekten

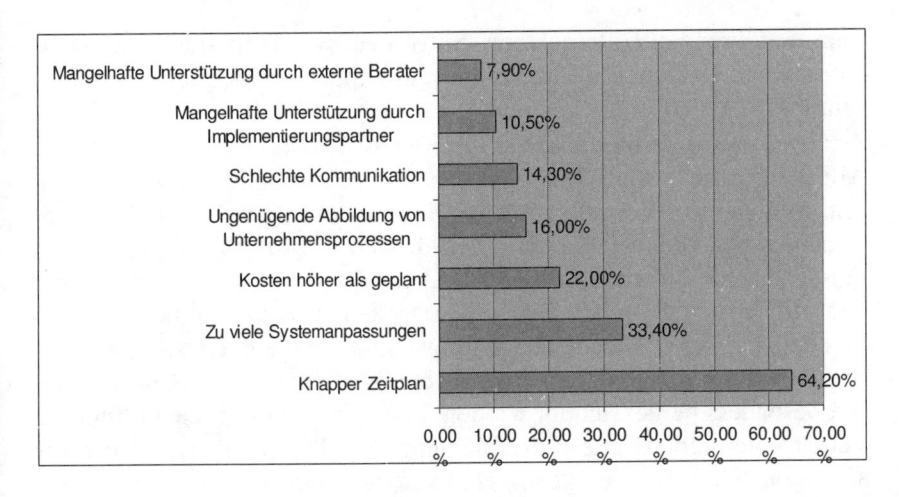

Mangelhafte Unterstützung durch externe Berater	7,90%
Mangelhafte Unterstützung durch Implementierungspartner	10,50%
Schlechte Kommunikation	14,30%
Ungenügende Abbildung von Unternehmensprozessen	16,00%
Kosten höher als geplant	22,00%
Zu viele Systemanpassungen	33,40%
Knapper Zeitplan	64,20%

Abb. 2: Hauptprobleme während der ERP-Einführung[5]

Die Probleme, Kosten und Verzögerungen sind insbesondere bei größeren Projekten sowohl in Firmen als auch Verwaltungen und militärischen Organisationen aufgrund der zahlreichen mit dem Projekt verknüpften Implikationen eine große Herausforderung für das Management. Daher sollten größere Softwareprojekte nicht von unerfahrenen Projektteams durchgeführt werden. Dabei lassen sich prinzipiell Voraussetzungen für ein erfolgreiches Einführungsprojekt festhalten:

- *Unterstützung durch die Geschäftsführung*
  Generell gilt: eine Neueinführung ohne Engagement und Committment der Geschäftsführung ist von vornherein problematisch, da eine nicht geringe Anzahl von Entscheidungen das Gesamtunternehmen betreffen und damit von der Geschäftsleitung getroffen werden müssen.
- *Akzeptiertes, engagiertes und kompetentes Projektteam*
  Die Kommunikation der – auch nicht immer positiven – Änderungen durch die neue Software setzt eine hohe Begeisterung und Akzeptanz des maßgeblich verantwortlichen Projektteams voraus, um auch andere Mitarbeiter für das Projekt gewinnen und somit dessen Akzeptanz erhöhen zu können.
- *Fundierte Vorbereitung durch Pflichten- und Lastenheft*
  Eine detaillierte Ausarbeitung der Projektanforderungen und -ziele sind wichtige Voraussetzung für ein erfolgreiches Projekt. Sie helfen einerseits bei der Auswahl der geeigneten Software entsprechend den tatsächlichen Anforderungen des Unternehmens und vermeiden andererseits Missverständnisse zwischen Hersteller bzw. Implementierer und

---

5 Vgl. Scherer (2005), S. 12.

dem einführenden Unternehmen. Softwareauswahlleitfäden oder -plattformen und erfahrene Berater in diesem Umfeld können in diesem Stadium
- *Größtmögliche Verwendung der angebotenen Standardfunktionalität*
Mit der Devise, vorhandene Funktionalität größtmöglich nutzen zu wollen, werden zwei Vorteile erreicht. Die Entwicklung individueller Komponenten bedeutet erstens immer ein Risiko in Bezug auf Zeitplan und Erreichen der geforderten Funktionalität. Darüber hinaus erhöht jeder Eingriff in den Standard bei vielen Systemen die Komplexität beim Hochziehen auf eine neue Programmversion, da die durch die Individualentwicklung geschaffenen zusätzlichen Komponenten und Schnittstellen besonders berücksichtigt werden. Die Nutzung der Standardfunktionalität untergräbt zweitens die Meinung der „Dauernörgler", denen die Funktionalität nicht weit genug geht und die permanent neue Funktionalität fordern.
- *Auswahl geeigneter Berater und Implementierer*
Gerade bei größeren Einführungsprojekten werden externe Fachkräfte hinzugezogen. Nicht alle Softwarehersteller führen die eigene Software auch selbst ein, so dass (vertraglich) zu klären ist, welche Unternehmen und ggf. welche Personen dieses Unternehmens die Software einführen werden. Um Projektfortschritt und externe Projektmitarbeiter kritisch beurteilen zu können und somit einen Sparringspartner für Geschäftsführung und Projektleitung zu bekommen, kann zusätzlich ein erfahrener externer Berater eingesetzt werden. Dieser trägt mit seinen Erfahrung zur vollständigen Erstellung eines Pflicht- und Lastenheftes bei, fungiert bei Meinungsverschiedenheiten zwischen Implementierer und Anwendungsunternehmen als unabhängiger Mediator und kontrolliert die Leistungen des Implementierers. Häufig rechnen sich die zusätzlichen Aufwendungen bereits in der Verhandlungsphase, da der unabhängige Berater über Verhandlungs- und Preiswissen verfügt bzw. verfügen sollte und somit das Anwenderunternehmen unterstützen kann.
- *Effizientes Projektmanagement*
Eine zielführende Projektmethodik und ein konsequentes Projektmanagement in Bezug auf Zeit, Kosten und Leistung sind Grundvoraussetzung für ein erfolgreiches Einführungsprojekt. Das Einsetzen von geeigneten Projektmanagementtools erleichtert die Planung und hilft, den Überblick bei der Umsetzung zu behalten. Hierzu zählen auch ein sinnvolles Setzen von Meilensteinen und ein realistischer Zeitplan

In einer Untersuchung von 63 empirischen Studien konnten Fortune & White zahlreiche kritische Erfolgsfaktoren in der Häufigkeit ihrer Nennung identifizieren (vgl. Tabelle 1).

Tabelle 1: Kritische Erfolgsfaktoren im Projektmanagement[6]

Kritische Erfolgsfaktoren	Anzahl der Nennungen
Managementunterstützung	39
Klare, realistische Ziele	31
Detaillierte und aktuelle Pläne	29
Kommunikation und Feedback	27
Benutzer-/Kundeneinbindung	24
Qualifiziertes Projektteam in ausreichender Anzahl	20
Effektives Änderungsmanagement	19
Kompetente Projektmanager	19
Valider Business Case	16
Hinreichende Ressourcen (Sachmittel)	16
Führungsstil	15
Geprüfte und beherrschte Technologie	14
Realistischer Zeitplan	14
Risikoverwaltung und -beurteilung	13
Projektsponsor / -champion	12
Effektive Überwachung / Kontrolle	12
Adäquates Budget	11
Organisatorische Anpassung / Kultur / Struktur	10
Zusammenarbeit mit Lieferanten / Partnern / Beratern	10

1.2 Projekt-Syndrome

Trotz Begeisterung von Geschäftsleitung und Projektteam für eine neue Software wird der Enthusiasmus nicht von allen Mitarbeitern geteilt.[7] Mitarbeiter scheuen Veränderungen und sind vielfach per se skeptisch gegenüber Neuerungen eingestellt. Vor allem die Veränderungen, die bei Standardsoftware zwangsweise von außen kommen, werden in den Fachabteilungen schwerer akzeptiert. Die Einführung einer neuen Software bedeutet für das Fachpersonal zusätzliche Belastung in der Auswahlphase durch Aufnahme der funktionalen Anforderungen der jeweiligen Fachabteilung, in der Einführungsphase durch Schulungen und Datenmigration und in der Produktivphase zunächst ein langsameres Arbeiten, da die Prozesse und Funktionen der Software noch nicht vertraut sind und es an der ein oder

---

[6] Vgl. Fortune, White (2006), S. 55 f.
[7] Eine kritische Auseinandersetzung mit Projekt-Syndromen findet sich bei Becker, Schütte (2004), S. 209 ff.; Becker, Berning, Kahn (2005), S. 39 ff.

anderen Stelle noch knirscht. In Spezial-Branchen wie beispielsweise dem Möbelhandel, in dem lange Zeit fast ausschließlich ASCII-basierte Systeme verwendet wurden, also Unternehmenssysteme, die keine grafische Oberfläche besitzen, sondern ausschließlich mit der Tastatur bedient werden, war die Ablehnung neuerer grafischer System durch Mitarbeiter besonders groß. Der Grund: die Mitarbeiter konnten die Aufträge vorher „blind", also lediglich mittels der akustischen Piepstöne eingeben, so dass erfahrene Anwender sehr schnell arbeiten konnten.

Auch der gefürchtete Verlust von Arbeitsplätzen und die vermeintliche Abgabe von Kompetenz sowie Furcht vor der Offenlegung der eigenen Arbeitsweise können dazu führen, dass Mitarbeiter dem Projekt nicht positiv gegenüber stehen. Hinzu kommen teilweise Berateraversionen, da Berater als Außenstehende eine gewisse Bedrohung der eigenen Arbeitsweise sind.

In größeren Projekten wird das Kern-Projekt-Team nahezu ausschließlich an dem IT-Projekt arbeiten. Allerdings wird es in vielen Situationen auf die fachliche Hilfe der Fachabteilungen angewiesen sein. Da diese im normalen Tagesgeschäft eingebunden sind, sollte das „Keine Zeit"-Syndrom durch zusätzliche Anreize oder aktives Vorleben seitens der Geschäftsführung größtmöglich unterbunden werden.

2 Aufgaben und Instrumente des Projektmanagements

2.1 Aufgaben

Dem Projektmanagement werden alle Methoden zur Gestaltung, Steuerung und Kontrolle eines Projekts zugerechnet. Zentrale Aufgabe des Projektmanagements ist es, alle notwendigen Ressourcen zur Erfüllung des Projektes zusammenzubringen und zu koordinieren, um das Projekt zu einem erfolgreichen Abschluss, also zum Live-Betrieb der Standardsoftware, zu bringen. Als eigenständige Disziplin wurde das Projektmanagement bereits in den 1950er- und 1960er-Jahren angewandt, um einmalige Unternehmensaufgaben, die deutlich über das Tagesgeschäft hinausgehen, zu managen und erfolgreich zu bearbeiten. Anders als Manager in Fachabteilungen, die dauerhaft in ihrer Abteilung arbeiten, ist das Projektteam und somit der Projektmanager temporär für einen Bereich verantwortlich. Die einhergehende Teilung von Ressourcen wie Personal und Räumlichkeiten mit Fachabteilungen bietet Konfliktpotenzial und verlangt hohe soziale Kompetenz der Verantwortlichen.

Jedes Projekt durchläuft einen vierphasigen Zyklus mit entsprechend unterschiedlicher Arbeitsbelastung. Vor allem während der Implementierung der Software nimmt die Arbeitsintensität drastisch zu, um dann nach der Einführung abzuschwellen, so dass sich die Projektgruppe wieder auflöst (vgl. Abb. 3). Dabei geht das Projektmanagement stets den Spagat zwischen Qualität, Kosten und Zeit ein, da höhere Qualitätsanforderungen in Form von Funktionalität und Fehlerfreiheit im Regelfall zu Lasten von Kosten und Zeit geht.

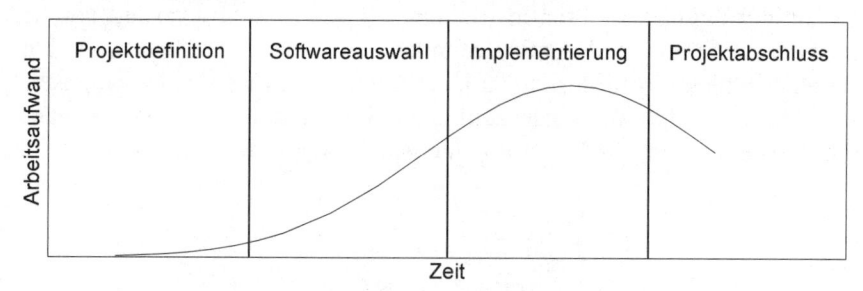

Abb. 3: Arbeitsaufwand im Zeitablauf

2.2 Instrumente des Projektmanagements

Wichtigste Aufgabe des Projektmanagements ist die Planung der Softwareeinführung und das Herunterbrechen des Projekts in einzelne Teilaufgaben und deren Koordination. Dazu dient insbesondere der Arbeitsplan, der alle Aufgaben festhält und mit Zeiten, Kosten und benötigten Ressourcen versieht. Hauptkomponenten sind:

- *Arbeitsplanung*
  Die Arbeit wird bis auf Arbeitseinheiten-Ebene (Work-Package) heruntergebrochen und im Arbeitsplan festgehalten.
- *Kostenplanung*
  Kosten werden auf Ebene einzelner Work-Packages geschätzt und für das Gesamtprojekt hochgerechnet.
- *Terminplanung*
  Der Zeitplan enthält eine Einschätzung, wann einzelne Work-Packages abgeschlossen sein werden und sollen.
- *Ressourcenplanung*
  Wegen erfahrungsgemäß knapper Mitarbeiterkapazitäten ist die Definition der Ressourcen für jedes Work-Package wichtig.

Die vier genannten Planungsebenen werden im Regelfall in der Strukturplanung und der anschließenden Terminplanung festgelegt. Häufig wird mit unterschiedlichen Aggregationsstufen gearbeitet, um die Komplexität der Aufgabe unterschiedlich erfassen zu können. Nach einer Grobplanung, bei der Ziele definiert und Meilensteine, die es zu erreichen gilt, festgelegt werden, ermöglicht die Feinplanung die Festlegung von Einzelheiten innerhalb der Meilensteine. Planung definiert dabei was von wem bis wann getan werden muss, um die überantwortete Aufgabe zu erfüllen.

Die Anzahl der im Bereich Projektmanagement für verschiedene Aufgaben zur Verfügung gestellten Instrumente ist sehr groß und variiert von der eingesetzten Software. Netzplantechniken, um kritische Pfade, d. h. Flaschenhälse, bei der Einführung zu identifizieren, werden ebenso eingesetzt wie GANTT-Diagramme zur zeitlichen Spezifikation der Arbeitspläne. Abb. 4 listet exemplarisch Instrumente während des Projektablaufs auf.[8]

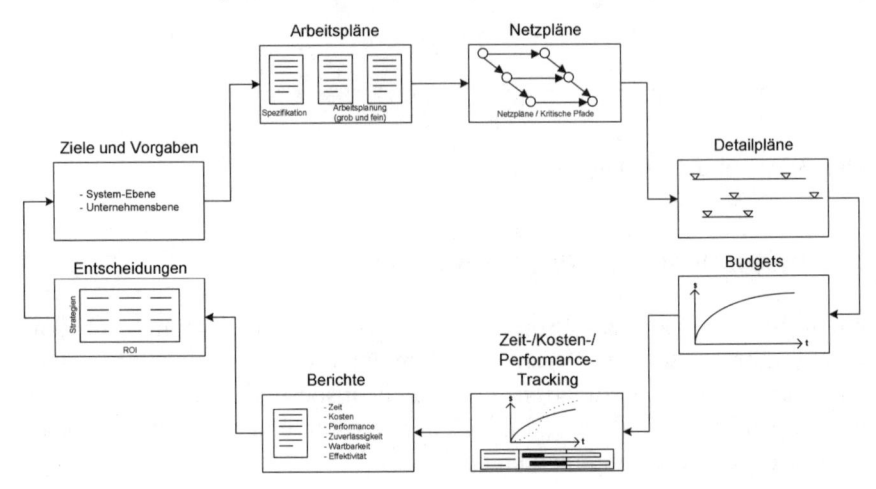

Abb. 4: Projektplanungs- und -kontrollinstrumente[9]

2.3 Software zur Unterstützung des Projektmanagements

Die Bandbreite an Projektmanagementtools ist sehr groß. Rund 150-200 Softwaretools bieten Hilfestellung bei kleineren und größeren Projekten. Unterstützung bei einfachen Planungen wie der Erstellung von einfachen GANTT-Diagrammen können bereits Tools wie Microsoft Visio bieten. Auch Open-Source-Lösungen wie GanttPV[10] oder ToDoList[11] bieten effiziente Unterstützung. Für skalierende Ansprüche des Projektmanagements

---

[8] Für eine detaillierte Einführung in Projektmanagement-Instrumente vgl. beispielsweise Rinza (1998); Kessler, Winkelhofer (2004); Kuster (2005).
[9] Übersetzt von Kerzner (2006), S. 379.
[10] Siehe http://www.pureviolet.net/.
[11] Siehe http://www.codeproject.com/tools/todolist2.asp.

wurde beispielsweise Microsoft Project entwickelt, das als Einzelplatz- oder Netzwerkversion genutzt werden kann. Ähnlich mächtig erweist sich das Open-Source-Projekt Open Workbench[12], das sich selbst als Alternative zu MS Project sieht. Eine detaillierte Übersicht über Projektmanagementsoftware gibt AHLEMANN.[13] Weitere Marktübersichten finden sich beispielsweise bei der Auswahlplattform IT-Matchmaker[14], der Deutschen Gesellschaft für Projektmanagement e. V.[15] und Wikipedia[16].

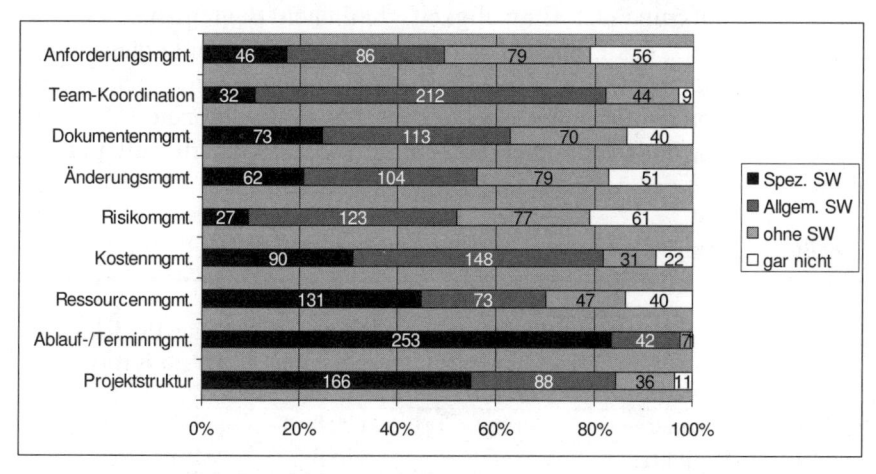

Abb. 5: Nutzung von spezieller Projektmanagementsoftware[17]

Art und Umfang der Nutzung determinieren generell den Einsatz von Projektmanagementsoftware. Je nachdem, ob ein Multi-Site-Projektmanagement zum parallelen Bearbeiten mehrerer Projekte oder ein einmaliger Einsatz der Software erforderlich ist, ergeben sich unterschiedliche Anforderungen an die Software. Einzel-Projektmanagementsysteme sind primär für unabhängige Projekte geeignet, die mit Funktionen wie Projektstrukturplanung, Aufgabenterminierung, Ressourcenallokation und Kostenkontrolle unterstützt werden. Multi-Projektmanagementsysteme bieten zusätzlich Koordinationsfunktionen (insbesondere zur Ressourcenverteilung) zwischen verschiedenen Projekten.

---

[12] Siehe http://www.openworkbench.org/.
[13] Ahlemann, Backhaus (2006).
[14] http://www.it-matchmaker.de/.
[15] http://www.pm-software.info/.
[16] http://de.wikipedia.org/wiki/Wikipedia:WikiProjekt_Projektmanagement/ Software.
[17] Ergebnis einer Studie von Meyer (2005), S. 9. Befragt wurden 301 Projektmanager nach der Nutzung von Projektmanagementsoftware im Einzelprojekt.

3 Organisation des Projektmanagements

3.1 Projektorganisation

Wie jedes Projekt benötigt auch ein Softwareeinführungsprojekt mit dem Umfang einer ERP- oder WWS-Software eine eigene Organisationsform. Diese steht aufgrund der Einmaligkeit, zeitlichen Begrenztheit und der Interdisziplinarität des Projekts orthogonal zur eigentlichen Organisationsform. Einerseits sollte die Projektorganisation zeitlich möglichst stabil sein, da Softwareeinführungsprojekte durchaus einige Monate oder Jahre dauern können, andererseits aber auch aufgrund der Neuartigkeit und der Innovationskraft der Aufgabe auch möglichst flexibel.

Tabelle 2: Checkliste zur Auswahl der Projektorganisationsform[18]

	Organisationsform		
	Stab-Linienorganisation	Matrix-Organisation	Reine Projekt-Organisation
Relevanz des Projektes	Gering	Groß	Sehr groß
Umfang des Projektes	Gering	Groß	Sehr groß
Komplexität des Projektes	Gering	Mittel	Hoch
Projektdauer	Bis zu 1 Jahr	1-2 Jahre	Mehr als 2 Jahre
Zeit/Termindruck	Nicht vorhanden	Vorhanden	Sehr stark vorhanden
Unsicherheit	Gering	Groß	Sehr groß
Verbindung zu anderen Projekten	Vorhanden	Stark vorhanden	Nicht vorhanden
Zentrale Steuerung	Nicht unbedingt erwünscht	Erwünscht	Unbedingt erwünscht
Anforderungen an den Projektleiter	Wenig relevant	Sehr hoch	Hoch
Technologieanspruch	Normal	Hoch	Neu
Mitarbeitereinsatz	Nebenamtlich (Stab)	Variabel	Hauptamtlich
Mitarbeiterressourcen	Begrenzt	Knapp	Ausreichend vorhanden
Fachkompetenz	In Fachabteilung vorhanden	Ist vorhanden oder extern zu beschaffen	Ist vorhanden oder extern zu beschaffen

---

[18] In Anlehnung an Gronau (2001), S. 56; Kummer (1988), S. 45.

Die Struktur der Organisationsform sollte sich bei Projektorganisationen im Regelfall nach der Projektbedeutung richten. Kleinere Projekte benötigen in der Regel eine eher schwächere Organisationsform im Rahmen des gewöhnlichen Tagesgeschäfts während größere Projekte eine festere Form der Organisation, losgelöst von Routineaufgaben, benötigen (vgl. Tabelle 2).

3.1.1 Stab-Linien-Organisation

Im Regelfall werden nur kleinere Projekte in Stab-Linien-Organisation, d. h. ohne Aufbau einer für das Projekt zuständigen Organisation, durchgeführt. Es ist damit die schwächste Ausprägung der Organisationsgestaltung, da Mitarbeiter die Projektarbeit neben ihrem Tagesgeschäft tätigen. Die Stab-Linien-Organisation bedingt keine organisatorischen Umstellungen und ist aufgrund der Nutzung vorhandener Ressourcen kostengünstig. Der Projektleiter erhält keine formale Weisungsbefugnis, er ist vielmehr Projektkoordinator und für den korrekten sachlichen und terminlichen Ablauf der Projektaufgaben durch die Fachabteilungen verantwortlich. Als Stabsstelle kann er nicht entscheiden, kann damit aber auch nicht für die Erreichung der Ziele verantwortlich gemacht werden (vgl. Abb. 6). Wegen der sachlich neutralen Arbeitsform ist die Identifikation der Projektbeteiligten mit dem Projekt eher gering.[19]

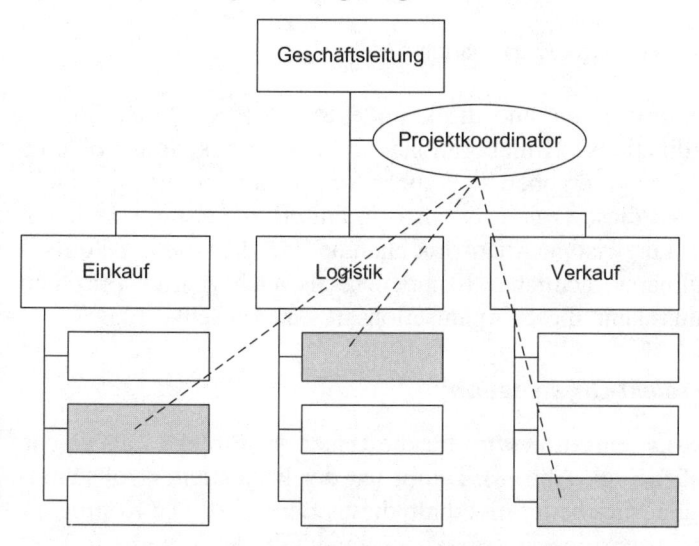

Abb. 6: Projekte in der Stab-Linien-Organisation

---

[19] Vgl. ausführlich Jenny (2001), S. 106 ff.

3.1.2 Matrix-Organisation

Bei der Matrix-Organisation entsteht ein temporäres Mehrliniensystem (vgl. Abb. 7), bei der für einzelne Organisationseinheiten zusätzliche projektbezogene Weisungsrechte erteilt werden. Die Mitarbeiter entsprechender Abteilungen sind weiterhin in der Linienorganisation tätig, nehmen also auch weiterhin am Tagesgeschäft teil. Damit erhalten die Mitarbeiter sowohl vom Projekt- als auch Abteilungsleiter ihre Arbeitsaufträge. Diese Form der Projektorganisation findet sich vor allem bei Unternehmen, die sehr stark projektgetrieben sind.[20]

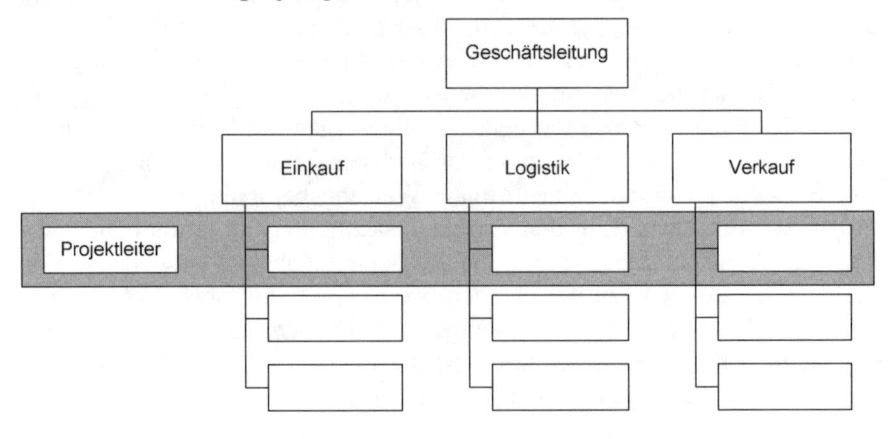

Abb. 7: Projekte in der Matrix-Organisation

Matrix-Organisationsformen sind die komplexeste Art der Projektorganisation. Die Koordinations-, Kollaborations- und Kommunikationsprobleme sind vielfältig. Dennoch ergeben sich auch in Softwareeinführungsprojekten Situationen, wo diese Organisationsform am effizientesten sein kann. Insbesondere bei kurzfristiger Inanspruchnahme und dem Bedarf von sowohl interdisziplinärer fachlicher Kompetenz als auch zeitlich präzisem Projektteilabschluss kann diese Organisationsart sinnvoll sein.

3.1.3 Reine Projekt-Organisation

Die reine Projekt-Organisation wird für die Dauer des Projektes als eigene Abteilung betrieben (vgl. Abb. 8). Damit hat der Projektleiter vollständigen Zugriff auf alle Mitarbeiter innerhalb dieses Bereiches. Die Kommunikation ist aufgrund nur eines Vorgesetzten innerhalb der Abteilung deutlich besser als bei Matrix-Organisationsformen, birgt jedoch auch die Ge-

---

[20] Vgl. ausführlich Kerzner (2003), S. 102-117.

fahr, dass die Kommunikation zu anderen Projekten leidet. Zwar erhöhen reine Projekt-Organisationsformen die Wahrscheinlichkeit eines zügigen Projektabschlusses, aber verringern gleichzeitig auch die Innovationskraft, da die fachliche Kompetenz der Mitarbeiter im Vorwege festgelegt wird und nicht unterschiedliche Mitarbeiter wie in der Matrix-Organisation mit einzelnen Projektbereichen betraut werden. Auch ist die Flexibilität nicht so hoch wie bei einer Matrix-Organisation, da Mitarbeiter an die Projekt-Abteilung gebunden sind und bei wechselnden Anforderungen nicht schnell ausgetauscht und für das Kern-Tagesgeschäft der Firma freigestellt werden können. Darüber hinaus sind Mitarbeiter innerhalb des Projekts nach dessen Beendigung zunächst ohne feste Abteilungszuordnung. Sie müssen sich dann neu orientieren, was insbesondere bei größeren Firmen von höher gestellten Mitarbeitern als Karrierehemmnis gesehen wird.[21]

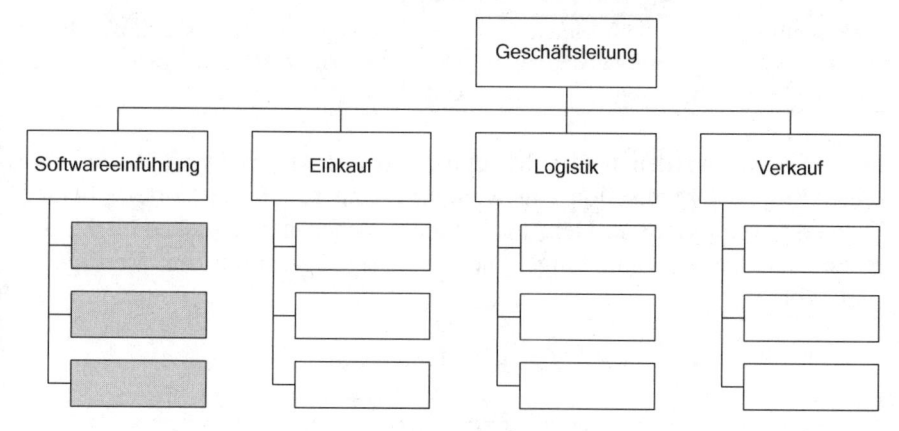

Abb. 8: Projekte in der reinen Projekt-Organisation

3.1.4 Mischformen der Grundorganisationen

Innerhalb des Projektes kann es sinnvoll sein, Organisationsformen je nach Projektstatus zu wechseln, um zum einen die Nachteile der einzelnen Organisationsformen mildern und zum anderen je nach Fortschritt des Projektes unterschiedlich agieren zu können (vgl. Tabelle 3).

---

[21] Vgl. Kerzner (2006), S. 99 ff.

Tabelle 3: Gründe für den Wechsel von Organisationsformen[22]

Projektphase	Form der Projektorganisation	Auswahlgrund
Definition	Stab-Linien-Organisation	Kreativität und Ideenfindung sowie Zielsetzung stehen im Vordergrund. Hohe Unsicherheit in Bezug auf die Projektdurchführung.
Entwurf	Matrix-Organisation	Intensive interdisziplinäre Zusammenarbeit erforderlich. Hohe Flexibilität und Innovationskraft notwendig.
Realisierung	Reine Projekt-Organisation	Zügige Realisierung und hohe geschäftspolitische Bedeutung des Projekts.
Erprobung	Stab-Linien-Organisation	Mitarbeit von Projektmitarbeitern nicht mehr erforderlich, da Projekt weitgehend erstellt.

In der Praxis werden häufig Mischformen aus Matrix-Organisation und reiner Projekt-Organisation angewendet. Damit sollen die Vorteile beider Formen vereint werden. Dem Projektteam stehen damit zusätzlich Mitarbeiter aus den Fachabteilungen neben ihrer Tagesarbeit zur Verfügung (vgl. Abb. 9).[23]

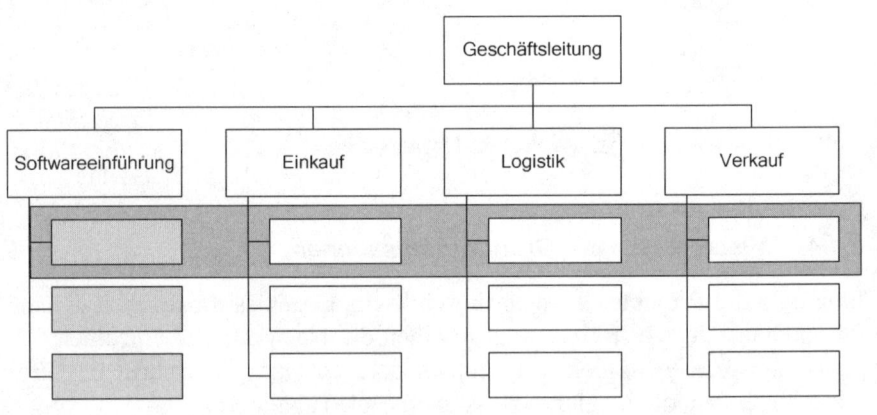

Abb. 9: Projekte in einer gemischten Organisationsform

---

[22] In Anlehnung an Gronau (2001), S. 62.
[23] Vgl. Jenny (2001), S. 11 ff.

3.2 Projektmitglieder und -gremien

3.2.1 Projektleiter

Der Projektleiter verantwortet i. A. das Projekt gegenüber der Geschäftsführung. Er ist als Leiter des Projektteams maßgeblich beteiligt an Projektdefinition, -planung, -abwicklung, -dokumentation, -kontrolle und Qualitätssicherung. Dabei soll er das Ziel in vorgegebener Zeit unter Einhaltung der Kosten mit den zur Verfügung stehenden Ressourcen erreichen.

Bei der schwierigen Wahl eines geeigneten Projektleiters durch die Geschäftsführung stellt sich die Frage, ob dieser aus den eigenen Mitarbeiterreihen gewählt oder extern hinzugeholt werden sollte. Zwar haben neue, für das Projekt eingestellte Mitarbeiter den Vorteil, dass sie Methoden und Vorgehensweise des Projektmanagements für die benötigte Situation durch vorangegangene Erfahrungen sehr gut beherrschen, allerdings benötigen sie auch zusätzliche Zeit, um das Unternehmen, seine Mitarbeiter und die internen Gepflogenheiten kennen zu lernen. Je größer und verzahnter das Projekt innerhalb des Unternehmens ist, desto schwieriger wird es für einen „externen" Projektleiter. Eine Lösung kann darin bestehen, einem internen Projektleiter einen externen, neutralen Berater zur Seite zu stellen, der methodisch und fachlich bei der Projektleitung unterstützt. Tendenziell sind Softwareprojekte anders als betriebswirtschaftliche Projekte eher mit technisch versiertem Personal ausgestattet. Eine Untersuchung von JONES (vgl. Tabelle 4) kommt zu dem Ergebnis, dass die Wahrscheinlichkeit eines erfolgreichen Softwareeinführungsprojekts bei Besetzung der Projektleiterstelle mit einem externen Kandidaten aufgrund dessen Projektmanagement-Know-How geringfügig höher liegt, zeigt aber auch, dass selbst bei entsprechend guter Besetzung viele Projekte nicht erfolgreich sind.

Tabelle 4: Erfolgswahrscheinlichkeit des Projekts[24]

	Erfolgreich	Neutral	Nicht erfolgreich
Neu eingestellter Mitarbeiter	30%	50%	20%
Ernennung eines technischen Mitarbeiters	25%	50%	25%
Ernennung eines nicht-technischen Mitarbeiters	15%	45%	40%

---

[24] Jones (1996), S. 159.

Eine wichtige Fähigkeit des Projektleiters ist die Kunst, mit allen Beteiligten zu kommunizieren (und dabei auch in schwierigen Situationen ruhig zu bleiben). Erfolgreiche Projektmanager müssen permanent mit allen Mitarbeitern des Unternehmens, dem Projektteam, externen Beratern und dem Softwareunternehmen reden. Als Projektverantwortliche müssen sie präzise Informationen und Anweisungen verteilen, klare Erwartungen kommunizieren und ein gut funktionierendes Projektteam aufbauen. Projektleiter definieren und vereinbaren die benötigten Ressourcen, Gestaltungsspielräume, Ziele und Rahmenbedingungen im Einklang mit den betroffenen Abteilungen. Der Projektverantwortliche sollte frühzeitig kritische Entwicklungen und Störungen erkennen können und den Handlungs- und Entscheidungsbedarf ermitteln.

3.2.2 Projektmitglieder

Das Kern-Projektteam ist eine kleinere Arbeitsgruppe, die intensiv mit dem Projekt beschäftigt ist und alle Arbeitsschritte aktiv vorantreibt. Ein interdisziplinäres, kleineres Team von drei bis fünf Mitarbeitern hat sich in vielen Projekten als sinnvoll erwiesen. Der engere Kreis sollte jedoch acht bis zehn Mitarbeiter nicht überschreiten, um den Konsens innerhalb der Gruppe nicht zu erschweren und Entscheidungen zu verlangsamen. Idealerweise besitzen die engeren Mitarbeiter eine Mischung aus Kompetenz, Erfahrung, Persönlichkeit und persönlichem Engagement für das Projekt.

1. Jeder erkennt jeden als vollwertiges Projektmitglied an.
2. Gruppendiskussionen werden harmonisch geführt.
3. Jeder vertritt seine Meinung offen.
4. Innerhalb der Gruppe erfolgt vollständiger Informationsaustausch.
5. Kritik darf geäußert werden, muss aber auch entgegengenommen werden können.
6. Rein formale „Pseudo"-Kompromisse sind nicht erwünscht.
7. Zur Teamarbeit gehört unbedingte Kooperationsbereitschaft.
8. Das Team repräsentiert sich nach außen als Gesamtheit.
9. Kein Teammitglied darf noch nicht abgestimmte Ergebnisse an Außenstehende weitergeben.
10. Diese Regeln gelten auch für den Projektleiter.

Abb. 10: Goldene Regeln des Projektteams[25]

---

[25] In Anlehnung an Gronau (2001), S. 51.

Um Konflikten innerhalb des engeren Projektkreises vorzubeugen, sollten zu Beginn des Projektes Regeln definiert werden, um erfolgreich arbeiten zu können (vgl. Abb. 10). Damit soll vermieden werden, dass die Mitarbeiter sich nicht auf Vorschläge einigen, Parteien bilden und deswegen Ideen anderer abtun oder es zu einer Atmosphäre des Misstrauens kommt.

Neben dem Kern-Projektteam kommt es gerade bei der Einführung größerer Unternehmenssoftware zusätzlich zur Bildung zeitweiliger, fachbezogener Teams, die die Einführung einzelner Module oder Softwarebereiche inhaltlich begleiten. Hinzu kommen externe Implementierer und Berater.

Für gewöhnlich wird das Projektteam nicht mit allen Mitarbeitern des Unternehmens arbeiten und kommunizieren, sondern sich auf eine Auswahl an Mitarbeitern, sogenannten Key-User, beschränken. Diese sind mitverantwortlich für die erfolgreiche Implementierung der Software für ihren Arbeitsbereich. Sie sind einerseits Ansprechpartner der Projektteams, aber andererseits auch Ansprechpartner und Kommunikator des jeweiligen Fachbereichs. Als solcher tragen sie Anforderungen, Probleme und Lösungsvorschläge in Projektmeetings und informieren ihre Kollegen über den Projektfortschritt. In der Findungsphase sind sie in Zieldefinitionen und Auswahlentscheidungen involviert, um einen größtmöglichen Fit zwischen Unternehmensanforderungen und ausgewählter Software zu erreichen. In späteren Phasen werden häufig zunächst Key-User geschult, die dann wiederum Fachexperten im jeweiligen Softwaremodul sind und ihren Kollegen wertvolle Hinweise bei der Benutzung des neuen Systems geben können.

3.2.3 Gremien

Projekt-Fachausschüsse werden im Regelfall für die Dauer des Projektes gebildet. Sie nehmen Entscheidungs- oder Beratungsaufgaben durch Zusammenfassung von bereichsübergreifenden Entscheidungs- und Verantwortungsträgern wahr.

Der *Projektlenkungsausschuss* übernimmt die über die Verantwortungs- und Entscheidungskompetenz des Projektleiters hinausgehenden Entscheidungen und lenkt auf Grundlage der Entscheidungsvorlagen des Projektleiters. Zum Lenkungsausschuss gehören einerseits Mitglieder aus der Projekt- und Unternehmensleitung und zum anderen zweckmäßigerweise Mitarbeiter, welche die späteren Prozesse verantworten müssen, beispielsweise der Leiter Finanzen. Ebenso sinnvoll ist die frühe Einbeziehung von Vertretern des Betriebsrates, um frühzeitig eine Einbeziehung der Arbeitnehmerinteressen zu sichern. Der Projektlenkungsausschuss kommt in regelmäßigen Abständen zusammen, überprüft den Fortschritt des Projekts und trifft notwendige Entscheidungen (vgl. Abb. 11).

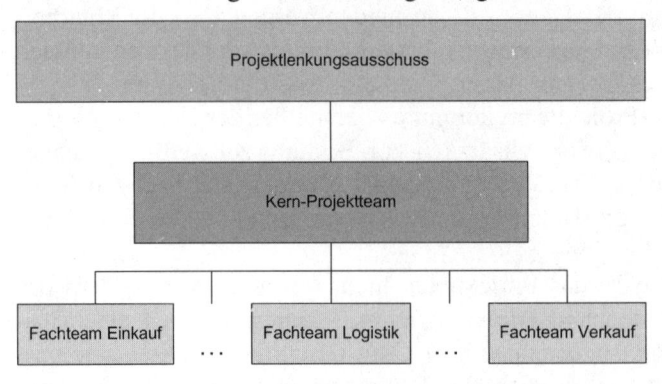

```
                    Projektlenkungsausschuss
                              |
                       Kern-Projektteam
          ┌───────────────────┼───────────────────┐
   Fachteam Einkauf    Fachteam Logistik    Fachteam Verkauf
              ...                 ...
```

Abb. 11: Projektaufbauorganisation

Zusätzlich wird vor allem bei größeren Projekten ein Fachausschuss, bestehend aus Führungskräften der Fachabteilungen, gegründet, der bei fachlichen, vor allem interdisziplinären Fragen zwischen den Fachgebieten bzw. Fachteams unterstützt und berät.

4 Projektkontrolle

Bei der Kontrolle und Überwachung der Projekte ist es nicht erstrebenswert, lediglich situationsbezogen nach subjektiven Verfahren den Erfolg zu kontrollieren. Insbesondere aufgrund der Interdisziplinarität und Integrität der Projekte sind laufende Überwachungen notwendig, um neben dem Ziel der Implementierung des Systems auch eigentliche Ziele, die mit der Softwareeinführung verfolgt werden, zu erreichen. Prinzipiell gilt, dass die Fehlerbeseitigung umso teurer wird, je länger ein Fehler unentdeckt bleibt.

Der Kontrollprozess sollte möglichst vollständig sein und neben der Realisierungskontrolle auch die Planungskontrolle umfassen. Abb. 12 zeigt die einzelnen Kontrollaufgaben der beiden Kontrollgebiete.

```
Projektkontrolle ─┬─ Planungskontrolle ─┬─ Aufwands- und
                  │                      │   Kostenkontrolle
                  │                      │
                  │                      ├─ Terminkontrolle
                  │
                  └─ Realisierungskon- ─┬─ Sachfortschritts-
                     trolle              │   kontrolle
                                         │
                                         ├─ Qualitätsprüfung
                                         │
                                         ├─ Projektdokumenta-
                                         │   tionsprüfung
                                         │
                                         └─ Projektinforma-
                                             tionskontrolle
```

Abb. 12: Aufgaben des Kontrollprozesses[26]

Die Planungskontrolle dient vor allem der Überprüfung des korrekten Verwaltungsbereichs des Projektmanagements. Zu prüfen ist, ob Aufwand, Kosten und Termine richtig eingeschätzt, dokumentiert und verrechnet wurden. Soll-/Ist-Vergleiche helfen dabei, auf Defizite und kritische Projektaspekte und -risiken aufmerksam zu machen.

Die *Realisierungskontrollen* sollten sowohl in der Fachkonzepts- als auch in der Implementierungsphase durchgeführt werden, was aber voraussetzt, dass klare Definitionen bzw. Festlegungen von Qualität, Leistung und Protokollierung vorliegen. Die Beseitigung eines erkannten Konzeptionsfehlers kann mitunter in der Implementierungsphase sehr teuer werden, während die Behebung in der Konzeptionsphase kaum Kosten verursacht. Dabei werden rund 60% der Fehler bereits in der Planungsphase begannen, wo allerdings nur rund 3-5% der Fehler identifiziert werden.

Im Rahmen der Sachfortschrittskontrolle innerhalb der Realisierungskontrolle werden Produkt- und Projektfortschritt gemessen. Dabei ist zu klären, wie sich Projektaufwand zu erbrachten Leistungen verhält und wie

---

[26] Vgl. Jenny (2001), S. 306.

hoch der Zielerreichungsgrad ist. Eine Restschätzung gibt Aufwand und voraussichtliche Dauer für den noch folgenden Projektteil an. Die Qualitätskontrolle überprüft die Einhaltung entsprechender Qualitätsnormen und das Vorhandensein von Qualitätskonzepten, um anschließend Zwischen- und Endprodukte freigeben zu können. Die Dokumentationskontrolle prüft Vorhandensein auf Vollständigkeit, Aktualität und Richtigkeit sowie Qualität der vorliegenden, phasen- und aufgabenbezogenen Dokumentation. Hierzu gehört auch das Einhalten von Dokumentationsnormen und Dokumentordnungssystemen. Die Projektinformationskontrolle beobachtet vor allem bei größeren Projekten den Informationsfluss, entsprechende Projektberichte sowie die Berichtshäufigkeit kritisch. Die angesprochenen Kontrollen sollten institutionalisiert und in einem Prüfplan zeitlich und organisatorisch als Audits, Projektreviews und Tests festgehalten werden.[27]

5 Fazit

Projektmanagement bei Softwareeinführungsprojekten ist ein schwieriges Unterfangen. „Nichts ist vom Erfolg her zweifelhafter und von der Durchführung her gefährlicher als der Wille, sich zum Neuerer aufzuschwingen. Denn wer dies tut, hat die Nutznießer des alten Zustandes zu Feinden, während er in den möglichen Nutznießern des neuen Zustandes nur lasche Verteidiger findet."[28] Entsprechend ist die Zahl an gescheiterten oder nicht-erfolgreichen Projekten relativ hoch, und Mitarbeiter gehen mit Symptomen wie „keine Zeit" oder „ist mir doch egal" auf Distanz zur Projekteinführung.

Daher ist je nach Projektumfang eine Organisationsform zu wählen, die dem Projektleiter und somit dem Projekt großen Einfluss sichert. Eine dynamische Änderung der Organisationsform kann je nach Größe des Projekts sinnvoll sein. Während kleinere Projekte für weniger als 50 Mitarbeiter als tendenziell weniger problematisch anzusehen sind, benötigen größere Projekte ungeteilte Aufmerksamkeit des Managements. Hier zeigt sich bereits die Komplexität der Aufgabe, da Projekte für mehr als 500 Mitarbeiter rund doppelt so viel Zeit für die Einführung in Anspruch nehmen wie kleine Projekte mit weniger als 50 Mitarbeiter. Unterschiede in der Güte der Projektorganisation drücken sich entsprechend in der Einführungsdauer aus. Trovarit kommt bei einer Analyse von 833 Projekten zu dem Ergebnis, dass mehr als 15% der Projekte in weniger als der Hälfte der durchschnittlichen Zeit in dieser Größenklasse durchgeführt wurden.

---

[27] Vgl. zu den Kontrollaspekten ausführlich Jenny (2001), S. 302-334.
[28] Zitat von Nicoló Macchiavelli, zitiert aus Schütte (1998), S. 226.

Andererseits brauchen ebenfalls rund 15% der Projekte das anderthalb- bis weit mehr als das zweifache an Zeit vergleichbarer Projekte.[29] Es ist daher notwendig, möglichst erfahrene Mitarbeiter mit der Einführung zu betrauen. Projektleiter mit ausgewiesenen fachlichen, aber auch sozialen Fähigkeiten können den Einführungserfolg deutlich verbessern, da der Erfolg der Einführung nicht nur an der fachlich richtigen Implementierung, sondern auch an der Akzeptanz durch die Mitarbeiter hängt. Interdisziplinäre Projektteams mit einer guten Kenntnis des Unternehmens können an der einen oder anderen Stelle das Fachwissen von Key Usern und anderen Mitarbeitern ergänzen und die Anforderungsanalyse und Implementierung deutlich beschleunigen. Die Hinzuziehung eines externen, auf Softwareauswahl- und -einführung spezialisierten Beraters, der permanent oder sporadisch bei der Einführung unterstützt, rechnet sich auch bei kleineren Projekten, da seine Fachexpertise und seine Kenntnisse über den ERP- bzw. WWS-Markt zusätzliche wertvolle und Kosten sparende Hinweise erbringen, die bei der Auswahl, den Vertragsverhandlungen und der Einführung die zusätzlichen Kosten deutlich übersteigen.

6 Literatur

Ahlemann, F.; Backhaus, K.: Comparative Market Analysis of Project Management Systems. Osnabrück 2006.
Becker, J.; Berning, W.; Kahn, D.: Projektmanagement. In: Prozessmanagement. Ein Leitfaden zur prozessorientierten Organisationsgestaltung. Hrsg.: J. Becker; M. Kugeler; M. Rosemann. 5., überarb. und erw. Aufl. Berlin, Heidelberg u. a. 2005.
Becker, J.; Schütte, R..: Handelsinformationssysteme. 2. Aufl. Frankfurt/Main, 2004.
Fortune, J.; White, D.: Framing of project critical success factors by a systems model. International Journal of Project Management. 24 (2006) 53-65.
Gronau, N.: Standardsoftware – Auswahl und Einführung. München, Wien 2001.
Jenny, B.: Projektmanagement in der Wirtschaftsinformatik. Zürich 2001.
Jones, C.: Patterns of Software Systems. Failure and Success. London u. a. 1996.
Kerzner, H.: Project Management. A Systems Approach to Planning, Scheduling, and Controlling. New Jersey 2006.
Kessler, H.; Winkelhofer, G.: Projektmanagement. Leitfaden zur Steuerung und Führung von Projekten. Berlin, Heidelberg, New York 2004.
Kummer, W.: Projektmanagement. Leitfaden zu Methode und Teamführung. Zürich 1988.

---

[29] Vgl. Sontow (2005), S. 6 f.

Kuster, J. et al.: Handbuch Projektmanagement. Berlin, Heidelberg, New York 2005.

Martin, R.: Sol gelingt die ERP-Einführung. Computerwoche 18/2006, S. 28-29.

Meyyer, M.M.: Stand und Trend von Softwareunterstützung von Projektmanagement-Aufgaben. Zwischenbericht zu den Ergebnissen einer Befragung von Projektmanagement-Experten. Universität Bremen 2005. Abrufbar unter http://www.pm-software.info/.

Rinza, P.: Projektmanagement. PLanung, Überwachung und Steuerung von technischen und nicht-technischen Vorhaben. Berlin, Heidelberg, New York 1998.

Scherer, E.: Was darf ein ERP-Projekt kosten? Business-Software Guide 2005, S. 12-13.

Schütte, R.: Analyse, Konzeption und Realisierung von Informationssystemen – eingebettet in ein Vorgehensmodell zum Management des organisatorischen Wandels. In: Informationssysteme für das Handelsmanagement. Konzepte und Nutzung in der Unternehmenspraxis. Hrsg.: D. Ahlert et al. Berlin u. a. 1998, S. 191-237.

Sontow, K.: Software-Auswahl. Das Heft selbst in die Hand nehmen. IS report Sonderausgabe Juli 2005, S. 06-08.

The Standish Group: The Chaos Report 2004 – Third Quarter Research Report. West Yarmouth, 2004.

Vering, O.: Methodische Softwareauswahl im Handel. Ein Referenz-Vorgehensmodell zur Auswahl standardisierter Warenwirtschaftssysteme. Berlin 2002.

XI Softwareeinführung als Anlass zur Berichtswesenverbesserung

Stefan Seidel, ERCIS

Christian Janiesch, ERCIS

Axel Winkelmann, ERCIS

1 ERP-/WWS-Einführung als Chance für die Berichtswesenverbesserung

Oftmals fehlt innerhalb des Unternehmens eine durchgängige Berichtswesenkonzeption, die einheitlich sowohl informationstechnisch festlegt, welche Kennzahlen aus welchen Daten in welcher Form zu ermitteln sind, als auch fachlich definiert, welche Informationen eine Führungskraft zur Entscheidungsfindung benötigt. Häufig ist das Berichtswesen über Jahre mit dem Alt-System gewachsen, ohne dass eine fachliche Überarbeitung oder Konsolidierung vorgenommen wurde. Als Folgen sind zu beobachten:[1]

- Durch permanentes Erweitern der Berichte um temporäre Anforderungen entstehen Zahlenfriedhöfe, deren Informationsgehalt zweifelhaft ist.
- Mitarbeiter erhalten auf der einen Seite zu viele und damit teilweise entscheidungsirrelevante Informationen, auf der anderen Seite fehlen aber wichtige Informationen.
- Führungskräfte versuchen, durch individuelle Berichte ihren Informationsbedarf zu befriedigen und akzeptieren die zur Verfügung gestellten Berichte nur noch eingeschränkt.
- Kennzahlen und Berichte einzelner Abteilungen sind durch ungeklärte Datenherkünfte sowie Homonym- und Synonymproblematiken nicht

---

[1] Vgl. beispielsweise Becker, Winkelmann (2006), S. 50 ff.

vergleichbar. Abweichungen lassen sich nicht oder nur mit hohem Aufwand erklären.
- Anreizsysteme, die eigentlich zur Erlangung der primären Unternehmensziele gedacht sind, werden zur eigenen Vorteilsschaffung umgangen oder missbraucht.

Die durch die Systemablösung erzielte Aufbruchstimmung sollte dazu genutzt werden, auch die Berichtswesenstrategie kritisch zu beleuchten und eine Verbesserung der strategischen Informationsversorgung zu erreichen.

2 Gestaltung eines modernen Berichtswesens

2.1 Anforderungen an moderne Reporting-Systeme

Das Berichtswesen stellt die Schnittstelle zwischen strategischem Informationsmanagement bzw. Controlling, operativem Controlling und der Ausführungsebene dar. Folglich kommt dem Berichtswesen eine wichtige Rolle im Hinblick auf die Erreichung der Informationsziele zu. Dem Management stehen häufig nicht diejenigen Informationen zur Verfügung, die für eine bestmögliche Entscheidungsfindung nötig sind. Gleichzeitig kommt es zur so genannten Informationsüberflutung – d. h., den Entscheidungsträgern steht eine so große Menge an Informationen zur Verfügung, dass es kaum noch möglich ist, die relevanten herauszufiltern. Daraus ergibt sich die Forderung nach einer möglichst umfassenden Ermittlung und Spezifikation der Informationsbedarfe, um diese Defizite zu vermeiden.

Eine strukturierte Konzeption des Berichtswesens als Grundlage für die Umsetzung und Optimierung stellt eine Herausforderung für Unternehmen dar. Dabei werden nicht nur aussagekräftige Modellierungssprachen, die auch als Diskussionsgrundlage für Fachanwender und Systementwickler dienen, benötigt, sondern auch detaillierte Vorgehensmodelle, die auf Basis theoretisch fundierter Methoden einen Lösungsweg bieten.

Neben herkömmlichen Standardberichten werden vor allem auch ein so genanntes Exception-Reporting sowie die Möglichkeit von Ad-hoc-Auswertungen und weiteren Analysen gefordert. Das Management muss in ständig neuen Entscheidungssituationen schnell und richtig reagieren können. Einfach zu bedienende, moderne Führungsinformationssysteme sowie ihnen zugrunde liegende Technologien wie Data-Warehousing und Online Analytical Processing (OLAP) bieten die entsprechende technische Grundlage für komplexe multidimensionale Analysen. Diese können jedoch nur dann erfolgreich sein, wenn die Datenbasis und die Kriterien, nach denen ausgewertet wird, richtig und widerspruchsfrei spezifiziert sind.

2.2 Informationsbedarfsanalyse

Controlling erfüllt im Kern die Aufgabe, die Informationssysteme und somit auch die entsprechenden Berichte so zu gestalten, dass die Entscheidungsträger innerhalb der Unternehmung die zur Erfüllung der jeweiligen Aufgaben erforderlichen Informationen in wirtschaftlicher vertretbarer Form erhalten. Die Zweckorientierung kann mit Hilfe des von Szyperski entwickelten Modells der Informationsmengen und -teilmengen verdeutlicht werden (vgl. Abb. 1).[2]

Modell der Informationsmengen und -teilmengen

A: Informationsangebot
B: Objektiver Informationsbedarf
C: Subjektiver Informationsbedarf
D: Informationsnachfrage

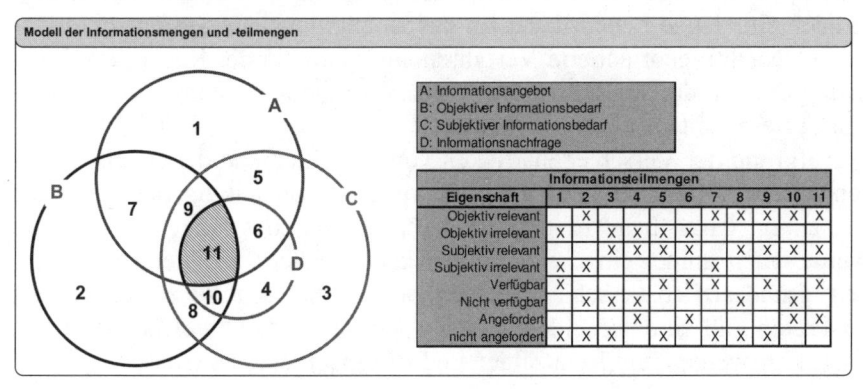

Eigenschaft	Informationsteilmengen										
	1	2	3	4	5	6	7	8	9	10	11
Objektiv relevant		X					X	X	X	X	X
Objektiv irrelevant	X		X	X	X	X					
Subjektiv relevant			X	X	X	X		X	X	X	X
Subjektiv irrelevant	X	X					X				
Verfügbar	X				X	X		X		X	
Nicht verfügbar		X	X	X			X		X		X
Angefordert				X		X				X	X
nicht angefordert	X	X	X		X		X	X	X		

Abb. 1: Modell der Informationsmengen und -teilmengen[3]

Er definiert den Informationsbedarf als Art, Menge und Qualität der Informationsgüter, die ein Informationssubjekt im gegebenen Informationskontext zur Erfüllung einer Aufgabe in einer bestimmten Zeit und innerhalb eine gegebenen Raumgebietes benötigt. Der Informationsbedarf kann aus Sicht der gestellten Aufgabe bzw. des Informationszwecks (objektiver Informationsbedarf) und aus Sicht des Informationssubjekts bzw. Informationsnutzers (subjektiver Informationsbedarf) betrachtet werden. Als Teilmenge des subjektiven Informationsbedarfs existiert außerdem noch die subjektive Informationsnachfrage. Dies ist damit zu begründen, dass Entscheidungsträger oftmals nicht in der Lage sind, Ihren (subjektiven) Informationsbedarf auch zu explizieren. Das Informationsangebot kann daher nur wirksam werden, wenn es auf eine artikulierte Nachfrage stößt. Die

---

[2] Vgl. Szyperski (1980), Sp. 904 ff.
[3] Becker et al. (2003), S. 28. Vgl. hierzu auch Szyperski (1980), S. 904 ff. sowie Koreimann (1976).

Beziehungen zwischen dem Informationsangebot (Kreis A), dem objektiven Informationsbedarf (Kreis B), dem subjektiven Informationsbedarf (Kreis C) und der subjektiven Informationsnachfrage (Kreis D) werden in Abb. 1 dargestellt.

Um den oben genannten Anforderungen an ein Berichtswesen gerecht zu werden, ist die Kombination verschiedener Verfahren der Informationsbedarfsanalyse nötig. Zum einen müssen Verfahren eingesetzt werden, um den Ist-Zustand zu analysieren. Dies ist notwendig, um Schwachstellen zu identifizieren und eine Kommunikationsgrundlage für Entwickler und Fachanwender zu schaffen. Daneben müssen nachfrage- oder aufgabenorientierte Verfahren verwendet werden, die der Ermittlung des Soll-Bedarfes dienen, da nur durch die Berücksichtigung zukünftiger Informationsbedarfe auch eine lange Lebensdauer für das zu entwickelnde System zu erwarten ist. Nachfrageorientierte Verfahren sind dabei in der Regel verhältnismäßig einfach durchzuführen und verbessern die Akzeptanz des zukünftigen Systems seitens der Systemnutzer.

Aufgrund der Verschiedenartigkeit von Projekten und der jeweils unterschiedlichen Rahmenbedingungen ist nicht davon auszugehen, dass ein Verfahren, das anhand bestimmter Kriterien als „das Beste" identifiziert wurde, auch immer eingesetzt werden kann. Daher wird hier vorgeschlagen, grundsätzlich verschiedene Verfahren in Betracht zu ziehen und im konkreten Fall zu entscheiden, welches Verfahren bzw. welche Verfahren eingesetzt werden, um Kennzahlen und Bezugsobjekte zu ermitteln.

2.3 Erläuterung der Berichtswesen-Konstrukte

2.3.1 Kennzahlen

Zentrales Konstrukt des Berichtswesens ist die Kennzahl, die quantitativ erfassbare Zusammenhänge in konzentrierter Form darstellt. Damit soll die Führungskraft in die Lage versetzt werden, einen schnellen und umfassenden Überblick über die komplexen Strukturen und Prozesse zur Entscheidungsfindung zu erhalten. Kennzahlen sind beispielsweise die „Bruttohandelsspanne auf Basis von Scannerdaten" oder „Nettoumsatz zu Verkaufspreisen auf der Basis der Lagerabgangsdaten". Zu den grundlegenden Kriterien für den Einsatz bestimmter Kennzahlen zählen Zweckeignung, Genauigkeit, Aktualität und Kosten der Beschaffung in Relation zum Nutzen.

Kennzahlensysteme bezeichnen die Menge unterschiedlicher Kennzahlen, die für die Analyse einer bestimmten Aufgabe relevant sind. Die einzelnen Zahlen stehen im Regelfall in einer sachlogisch-sinnvollen Beziehung zueinander, ergänzen oder erklären einander und sind insgesamt auf ein übergeordnetes Ziel mathematisch oder sachlogisch ausgerichtet. Dabei ist das Ziel je nach Unternehmen oder Unternehmensbereich durchaus unterschiedlich, da es von den Faktoren Aufgabenbereich, Qualifikation der Mitarbeiter, Größe des Unternehmens usw. abhängt.

Die Anzahl der in der Literatur diskutierten und praktisch verwendeten Kennzahlensysteme ist groß und hat im Handels- und Industriebereich insbesondere in den letzten Jahren massiv zugenommen. Häufig werden unter verschiedenen Namen unterschiedliche Ansätze gleichen Ursprungs diskutiert. Insbesondere seit der Veröffentlichung erster Aufsätze zur Balanced Scorecard in den 90er-Jahren wurden zunehmen mehr Ansätze in der Öffentlichkeit diskutiert, wie beispielsweise Goal Oriented Performance Evaluation (GOPE), Performance Measurement Framework, Real Asset Value Enhancer (RAVE) oder das EFQM-Konzept der European Foundation for Quality Management. Abb. 2 ordnet die Entwicklung von Kennzahlensystemen zeitlich ein.

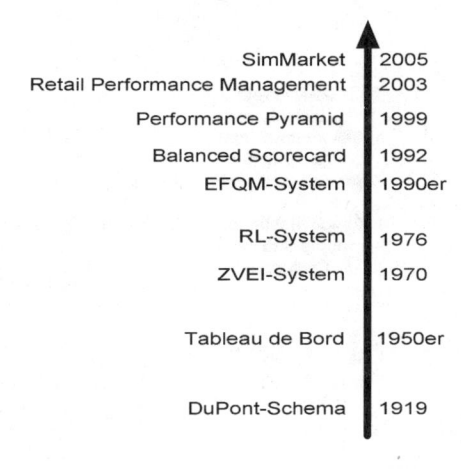

System	Jahr
SimMarket	2005
Retail Performance Management	2003
Performance Pyramid	1999
Balanced Scorecard	1992
EFQM-System	1990er
RL-System	1976
ZVEI-System	1970
Tableau de Bord	1950er
DuPont-Schema	1919

Abb. 2: Zeitliche Einordnung ausgewählter Kennzahlensystemansätze

2.3.2 Dimensionen und Bezugsobjekte

Zwar ist die Kennzahl wesentliches Konstrukt des Berichtswesens, sie hat aber an sich keine Aussagekraft, solange sie sich nicht auf etwas bezieht. Die Formel Umsatz = verkaufte Stückzahl x Verkaufspreis kann nicht interpretiert werden, da nicht deutlich wird, auf was sich der Umsatz beziehen soll. Der Bezug zu konkreten, betriebswirtschaftlichen Objekten, sog. Bezugsobjekten, ist für die Aussagekraft einer Kennzahl zwingend erforderlich.[4] Diese Bezugsobjekte konstituieren Dimensionen (z. B. Broccoli oder Käse sind Bezugsobjekte der Dimension Artikel). Die verschiedenen Informationen spannen den Informationsraum auf. Informationsräume sind die Grundlage multi-perspektivischer Analysen und somit sichtenorientierter Auswertungen. Obligatorische Dimension ist hierbei im Regelfall die Zeit mit den einzelnen Tagen als Blattelementen. Bei Umsatzauswertungen werden zusätzlich Dimensionen wie Artikel oder Geschäftsstätte hinzugezogen, um beispielsweise den Umsatz für den Monat September 2006 für Hula Lutschbonbons in der Verkaufsstätte Münster Nord zu ermitteln. Auch der Wertansatz (Plan, Ist, Prognose, Schätzung usw.) ist obligatorisch.

Unter Bezugsobjekten sind in Anlehnung an RIEBEL alle selbstständigen Maßnahmen, Vorgänge und Tatbestände zu verstehen, die ein eigenständiges Untersuchungsobjekt sein können. Abb. 3 verdeutlicht anhand eines Kassenbons die Dimensionen und die konkreten Ausprägungen (Bezugsobjekte).

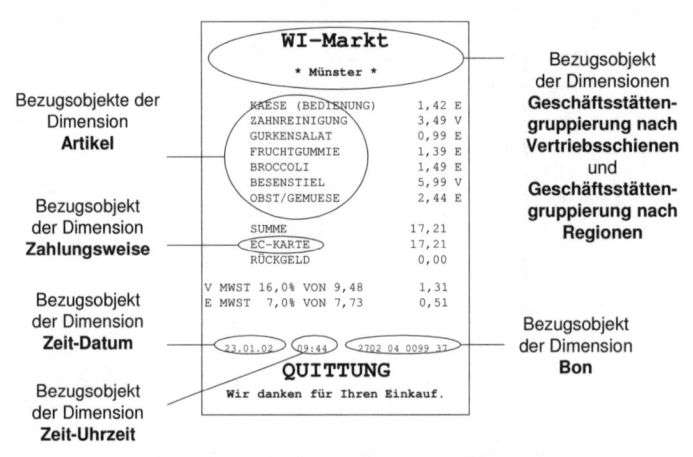

Abb. 3: Exemplarische Dimensions-Bezugsobjekte eines Kassenbons[5]

Um Bezugsobjekte je nach Anwendungsbezug und Sicht unterschiedlich klassifizieren zu können, werden Dimensionsgruppen gebildet. Diese beinhalten Dimensionen, die dieselben Basisbezugsobjekte nach unterschiedlichen Kriterien hierarchisieren. Hierzu zählt u. a. die Zeit. Während einerseits die Bezugsobjekte der Hierarchieebene Tag denen der Hierarchieebene Monat sowie diese den Bezugsobjekten der Hierarchieebene Quartal und diese wiederum den Bezugsobjekten der Hierarchieebene Jahr unter-

---

[4] Vgl. auch im Folgenden Holten (2003a).
[5] Knackstedt (1999), S. 27.

geordnet werden können, ist es nicht möglich, die Bezugsobjekte der Kalenderwoche, die sich auch auf Tage herunter brechen lässt, in diese Hierarchie zu integrieren, so dass an dieser Stelle zwei Dimensionen gebildet werden müssen. Diese Dimensionen werden zu einer Dimensionsgruppe zusammengefasst, in der sich diejenigen Dimensionen befinden, die Sichten auf dieselben Mengen von Blattelementen darstellen (z. B. alle Tage eines Jahres). Auch kann es im Handel sinnvoll sein, für unterschiedliche Produktsparten (z. B. Food-Artikel, Non-Food-Artikel) oder Regionen (Europa, Nord-Amerika usw.) Dimensionsgruppen zu bilden. Abb. 4 zeigt die Hierarchisierung am Beispiel der Retourenentwicklung. Die Kennzahl Wert der Gutschriften bzw. Retouren lässt sich auf verschiedene Dimensionsebenen herunterbrechen.

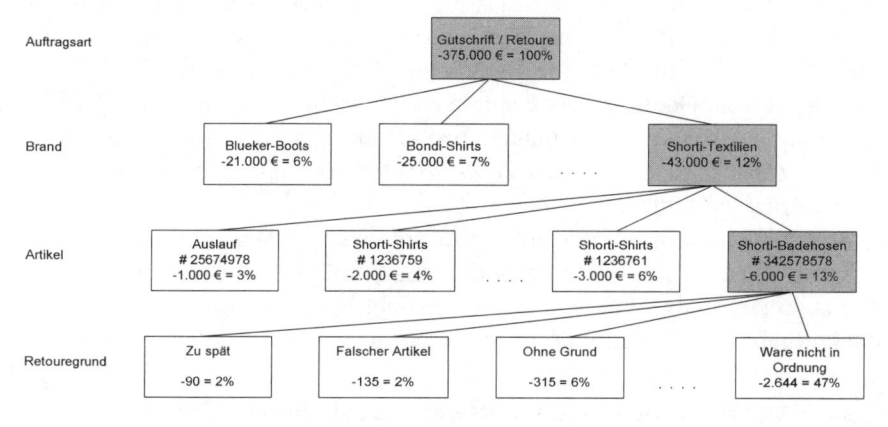

Abb. 4: Hierarchisierung von Bezugsobjekten bzw. Dimensionen am Beispiel der Retourenentwicklung[6]

Je nach Anwendungsgebiet begrenzt das Konstrukt Dimensionsausschnitt die Dimensionen auf den im einzelnen Bericht benötigten Teil. Ein Dimensionsausschnitt ist beispielsweise die Warengruppe Tiefkühlkost oder der Zeitraum 2005. In Abb. 4 interessiert den Einkäufer von Shorti-Textilien nicht die Gutschriftenentwicklung bei Blueker-Boots oder die Gesamt-Gutschriftenentwicklung. Für ihn ist nur der Ausschnitt „Shorti-Textilien" aus der Gesamthierarchie von Interesse, so dass ein Bericht für diesen Entscheider entsprechend eingegrenzt werden kann. Dimensionsausschnitte werden mittels Dimensionsausschnittkombinationen für bestimmte Anwendungsbezüge kombiniert, wie beispielsweise Warengruppe Tiefkühlkost im Zeitraum 2005 oder Shorti-Badehosen im Zeitraum von Juni bis August 2005.

---

[6] Becker, Winkelmann (2006), S. 88.

2.3.3 Fakt und Informationsobjekt / Bericht

Für Entscheidungsträger im Unternehmen ist vor allem der konkrete Fakt, also der Verbund von Kennzahl und einem dem Aufgabengebiet entsprechendem Bezugsobjekt, von Bedeutung. So möchte beispielsweise der Category Captain im Bereich Parfümerie wissen, wie hoch der Umsatz bewertet zu Einkaufspreisen (Kennzahl) im April 2006 (Bezugsobjekt der Dimension Zeit) für Dufti-Parfüm 75 ml (Bezugsobjekt der Dimension Artikel) gewesen ist. Diese Informationen lassen sich implizit aus dem übergeordneten Berichtsmodell ersehen.

Anhand von Berechnungsvorschriften können mehrere Fakten algebraisch in Beziehung gesetzt werden. In diesem Fall wird von *Faktberechnungen* gesprochen. Beispielsweise lassen sich die Fakten Umsatz zu EK im April 2005 für Dufti-Parfüm 75 ml und Umsatz zu EK im Mai 2005 für Dufti-Parfüm 75 ml über eine Berechnungsvorschrift miteinander in Verbindung setzen. Der Category Captain kann auf diese Weise die Umsatzabweichung zwischen den Monaten berechnen: *Umsatzabweichung 04/05 2005 = Umsatz zu EK im Mai 2005 für Dufti-Parfüm 75 ml - Umsatz zu EK im April 2005 für Dufti-Parfüm 75 ml.*

Anschließend können im Informationsobjekt oder Bericht die Konstrukte Kennzahlensystem, Faktberechnung und Dimensionsausschnittkombination zu einer Analyse- und Auswertungssicht in Abhängigkeit von der Gesamtaufgabe der Berichtsempfänger zusammengeführt werden.

2.3.4 Modellierung des Berichtswesens mit dem H2-Toolset

Die Informationsbedarfsanalyse sollte ebenfalls die fachkonzeptionelle Spezifikation der Informationsbedarfe unterstützen. Zur Explikation der Informationsbedarfe ist daher eine Methode nötig, die sowohl von den Berichtsempfängern als auch von Entwicklern verstanden wird. Ein Hauptproblem ist darin zu sehen, dass die späteren Benutzer des Systems selten in der Lage sind, ihre Informationsbedarfe konkret auszudrücken und zu spezifizieren. Im Folgenden wird die Modellierung mit dem H2-Toolset vorgestellt, die alle oben genannten Sachverhalte abbilden kann. Ihre Anwendung im Rahmen eines Vorgehensmodells wird nachfolgend erläutert.[7]

Die Dokumentation erfolgt mit dem H2-Toolset in Form eines grafischen Modells basierend auf hierarchischen Strukturen. Vgl. Abb. 5 für ein kurzes Beispiel sowie eine Legende der verschiedenen Elemente (Faktberechnungen sind nicht enthalten).

---

[7] Zur Auswahlentscheidung und zum Unterschied zu vergleichbaren Modellierungsmethoden vgl. Becker et al. (2006) sowie Knackstedt, Seidel, Janiesch (2006).

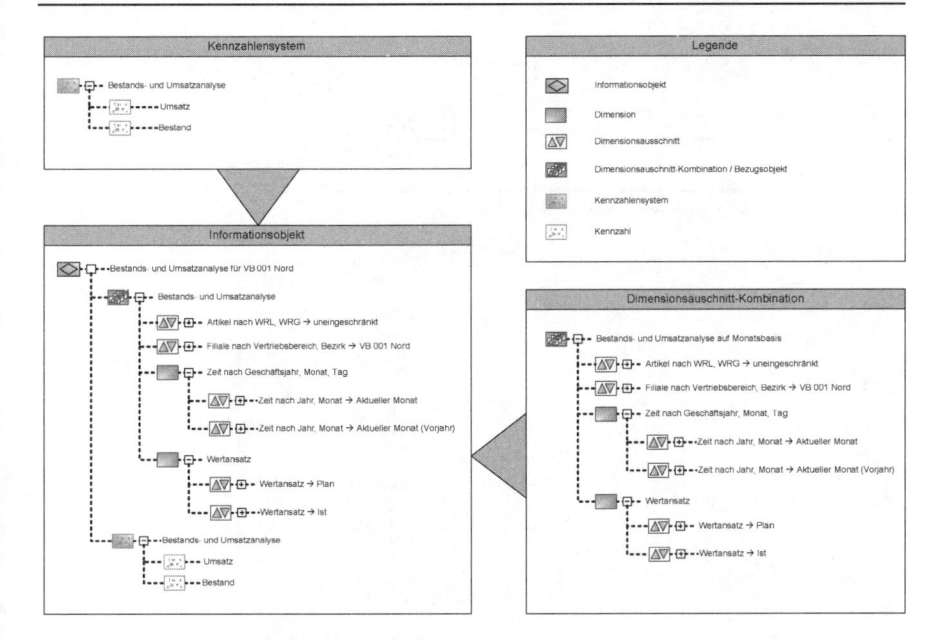

Abb. 5: H2-Modell

Die Anwendung dieser Methode im Rahmen eines entsprechenden Vorgehensmodells führt zu einer eindeutigen und transparenten Dokumentation aller verwendeten Kennzahlen und Dimensionen im Bericht; Interpretationsspielräume werden beseitigt. Die fachkonzeptionellen Modelle bilden dabei zum einen die Grundlage für die Diskussion zwischen Fachanwendern und IT-Entwicklern. Zum anderen besitzen sie einen Formalitätsgrad, der die Überführung in logische Data-Warehouse-Schemata sowie die Implementierung eines konkreten Reporting-Systems unterstützt.[8]

3 Vorgehensmodell zur Gestaltung des Berichtswesens

Das Vorgehensmodell umfasst die Phasen Initialisierung, Ist-Analyse, Soll-Konzeption und Wartung. Die einzelnen Phasen werden weiter unterteilt in Aktivitäten. In der Initialisierungsphase werden grundsätzliche Fragen bzgl. der bestehenden und neu zu entwickelnden Systeme behandelt. Im Rahmen der Ist-Analyse erfolgt eine – mehr oder weniger – detaillierte Erfassung des Ist-Zustandes. Dabei werden sowohl Stammdaten wie z. B. Produktstrukturen als auch Metadaten über die einzelnen Berichte erfasst.

---

[8] Vgl. Holten (2003b).

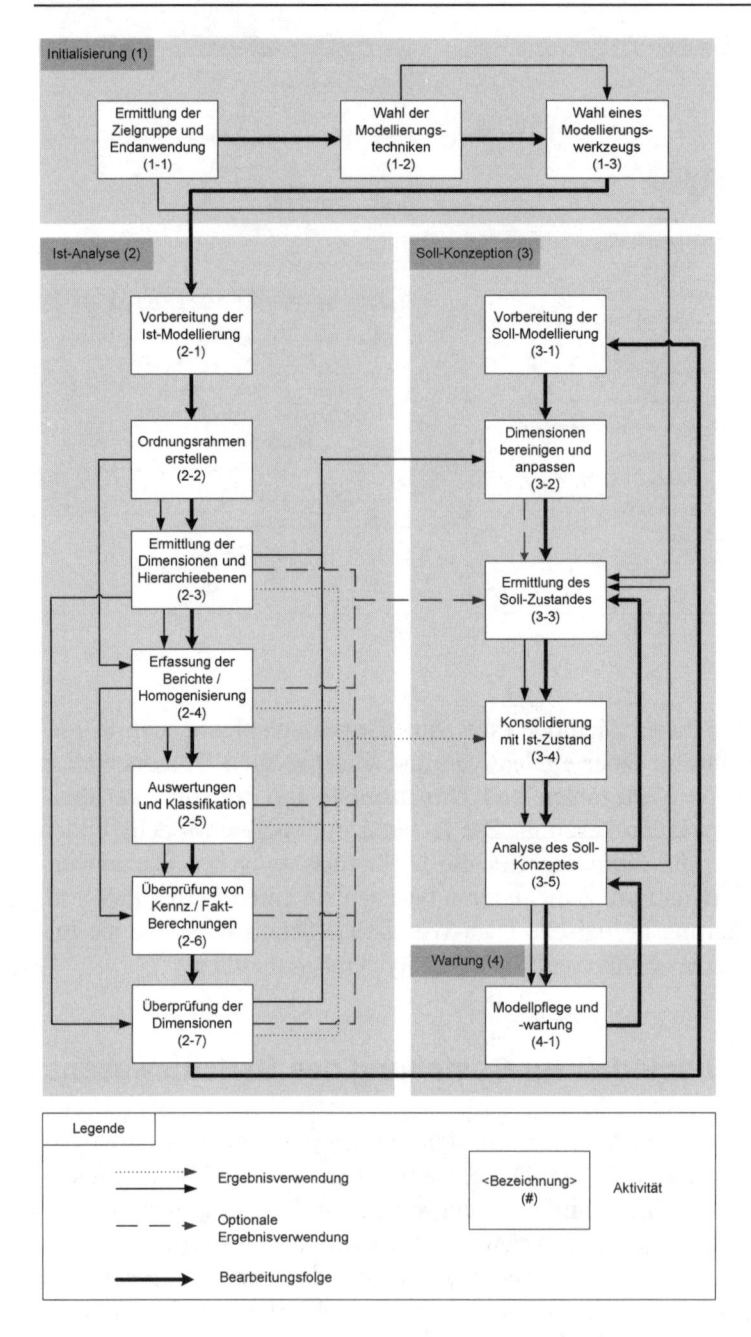

Abb. 6: Phasen und Aktivitäten des Vorgehensmodells

Das auf diese Weise entstandene fachkonzeptionelle Informationsmodell des Berichtswesens kann dann für Analysezwecke ausgewertet werden. Im Rahmen der Soll-Konzeption werden verschiedene Verfahren der Informationsbedarfsanalyse eingesetzt, um den Soll-Zustand des Berichtswesens zu bestimmen. Dabei können – abhängig vom Projekt – die Ergebnisse der Ist-Analyse als Grundlage für die Soll-Konzeption herangezogen werden. Darauf folgt eine Konsolidierung mit den Ergebnissen aus der Ist-Erhebung, in der das Soll-Fachkonzept verfeinert und ergänzt wird. Gegenstand der Phase der Wartung ist schließlich die kontinuierliche Pflege und Anpassung der Modelle. Abb. 6 verdeutlicht das Vorgehen bei der Berichtswesengestaltung.

3.1 Initialisierung

3.1.1 *Ermittlung der Zielgruppe und Endanwendung (1-1)*

Es muss zunächst der Anwendungszweck bestimmt werden. In diesem Zusammenhang müssen vor allem die Zielgruppen des neuen Systems festgelegt werden. Dazu ist zu klären, wer die Berichtsempfänger sind und in welchen Positionen sie sich befinden. Unter Umständen ist es sinnvoll, sich wie auch bei der Einführung von Unternehmenssoftware aus Gründen der Komplexitätsverminderung zunächst auf einen Teilbereich des Unternehmens zu beschränken, um Erfahrung bei der Berichtswesenmodellierung zu sammeln.

Weiterhin gilt es, die Frage nach den inhaltlichen Zielen des Berichtswesens zu beantworten. Dies kann nur in Zusammenarbeit mit den späteren Systemnutzern, also den Berichtsempfängern, geschehen. Dabei ist zu bestimmen, wie flexibel das System sein soll: Es ist festzulegen, ob lediglich Standardberichte zur Verfügung gestellt werden sollen oder ob auch und in welcher Detaillierung Ad-hoc-Abfragen, ein Exception-Reporting und OLAP-Funktionalität gefordert sind. Auch eine reine Migration eines bestehenden Berichtswesens in ein neues Anwendungssystem ist ein mögliches Ziel. Daneben sind weitere technische Anforderungen zu definieren, die im Rahmen der fachkonzeptionellen Spezifikation jedoch von untergeordneter Bedeutung sind.

3.1.2 *Wahl der Methoden und Modellierungstechniken (1-2)*

Insbesondere im Rahmen der Soll-Modellierung ist zu entscheiden, welche Methoden eingesetzt werden sollen: In welchem Maße die einzelnen Phasen akzentuiert werden und welche Methoden der Informationsbedarfsanalyse im Rahmen der Soll-Konzeption zum Einsatz kommen, ist abhängig von den konkreten Zielen eines Projektes sowie weiteren Rahmenbedingungen. Zu nennen sind hier insbesondere der verfolgte Zweck des Projektes, das Projektbudget, die Projektdauer aber auch individuelle Fähigkeiten der Projektbeteiligten.

3.1.3 Wahl eines Modellierungswerkzeugs (1-3)

Neben der Unterstützung der eigentlichen Modellierung und der Pflege und Wartung der Modelle sollten auch Werkzeuge zur Definition, Ausführung, Darstellung und Überwachung von Vorgehensmodellen zur Verfügung stehen. Es sollte also möglichst der gesamte Entwicklungsprozess softwaretechnisch unterstützt werden. Dies zieht unter Umständen die Notwendigkeit einer Werkzeugintegration nach sich.

3.2 Ist-Analyse

3.2.1 Vorbereitung der Ist-Modellierung (2-1)

Die Ist-Modellierung kann mit einem hohen Aufwand verbunden sein. Bevor die Ist-Modellierung durchgeführt wird, ist entsprechend festzulegen, mit welcher Genauigkeit und Detaillierung dies geschehen soll. Insbesondere spielt hier die Einschätzung darüber eine Rolle, in welchem Maße Teile des Ist-Zustandes in die Soll-Konzeption übernommen werden können. In vielen Unternehmen ist im Laufe der Jahre ein umfassendes, häufig auf heterogenen Systemen basierendes Berichtswesen entstanden. Eine detaillierte Erfassung und Analyse dieses Ist-Zustandes kann daher wichtige Hinweise auf die Informationsbedarfe der Entscheidungsträger liefern. Für eine detaillierte Erfassung sprechen insbesondere die folgenden Gründe:[9]
Die Identifikation von Schwachstellen, Fehlern und Inkonsistenzen im Ist-Zustand helfen, diese im Rahmen der Soll-Konzeption zu vermeiden. Außerdem wird so sichergestellt, dass alle relevanten Aspekte berücksichtigt werden.

Die Modellierung des Ist-Zustandes bildet die Grundlage für die Modellierung des Soll-Zustandes. Im Kontext des Berichtswesens ist nicht davon auszugehen, dass Ist-Informationen grundsätzlich an Gültigkeit verlieren. Vielmehr können sie als Anregung für die Soll-Konzeption genommen werden.

---

[9] Vgl. Schwegmann, Laske (2005), S. 155 f.

Eine detaillierte Modellierung fördert das Verständnis der beteiligten Mitarbeiter für die fachlichen Zusammenhänge und die Akzeptanz für das neue System.

Gegen eine detaillierte Ist-Erfassung sprechen Gründe wie Kreativitätshemmnisse durch unreflektierte Übernahme der Inhalte sowie das Kosten-Nutzen-Verhältnis. Die Zweckmäßigkeit einer detaillierten Ist-Modellierung sollte daher am Umfang des prognostizierten Handlungsbedarfes festgemacht werden.

Daneben sind Modellierungskonventionen festzulegen, um eine einheitliche Verwendung der herangezogenen Modellierungstechniken seitens der Modellierer zu bieten und durch einheitliche Modellausgestaltung die Modellqualität zu erhöhen. Durch die Reduktion von Freiheitsgraden bei der Modellierung wird eine Vergleichbarkeit der Modelle gewährleistet und Inkonsistenzen werden vermieden. Dies ist insbesondere auch in Bezug auf die Vergleichbarkeit von Soll- und Ist-Modellen zu fordern.

Weiterhin ist die Ermittlung der Anwendungen, die Berichte bzw. Auswertungen erzeugen, notwendig, um einen Überblick über das gesamte Berichtswesen der Unternehmung zu bekommen. Ein wichtiger Grund für eine unzureichende Berichterstattung ist in der Verwendung einer Vielzahl heterogener Anwendungssysteme und einer damit einhergehenden mangelhaften Datenintegration zu sehen.

3.2.2 Erstellung eines Ordnungsrahmens (2-2)

Der zu betrachtende Bereich des Berichtswesens muss systematisiert und zerlegt werden. Eine derartige Gruppierung gibt Anhaltspunkte für das weitere Vorgehen im Rahmen der Ist-Erhebung. Die Einteilung kann dabei nach verschiedenen Kriterien geschehen. Mögliche Kriterien sind z. B. die Anwendungen, die Berichte erzeugen, oder die Adressatenkreise (z. B. Einkaufabteilung, Verkaufsabteilung). Idealerweise wird an dieser Stelle ein Ordnungsrahmen erzeugt, der alle Verantwortlichen und Abteilungen, also alle Berichtsverantwortlichen und -empfänger einschließt. Den am Projekt Beteiligten wird somit ermöglicht, den eigenen Arbeitsbereich in den Gesamtzusammenhang einzuordnen. Darüber hinaus dient der Ordnungsrahmen dazu, die in ihm verwendeten Begriffe als Grundlage für alle am Projekt beteiligten einzuführen.

3.2.3 Ermittlung der Dimensionen und Hierarchieebenen (2-3)

Ziel dieser Aktivität ist es, die Dimensionen, die zum Zeitpunkt der Ist-Erhebung in den Berichten verwendet werden, zu erfassen. Existierende Dokumentationen sowie eine Betrachtung der Berichtsdefinitionen bzw. -outputs können eine Ausgangsbasis darstellen. Ebenso ist eine Betrachtung der entsprechenden Stammdaten in den operativen Systemen möglich. Existiert in der Unternehmung bereits ein Data Warehouse, so können auch die entsprechenden Data-Warehouse-Strukturen Aufschluss über den Aufbau der Hierarchien geben.

3.2.4 Erfassung der Berichte und Identifikation von Synonymen und Homonymen (2-4)

Von den Berichtsverantwortlichen ist eine Übersicht über die von ihnen erstellten Berichte bzw. Auswertungen zu erstellen. Die Metadaten über die einzelnen Berichte werden in einem datenbankgestützten Informationsmodell dargestellt und bilden so die Grundlage für verschiedene Analysezwecke. Folgende Metadaten sind insbesondere relevant: Bezeichnung, Kurzbeschreibung, Kennzahlen sowie zugehörige Dimensionen, Berichtsempfänger, Berichtsverantwortlicher, Periodizität und die Anwendung, die den Bericht erzeugt.

Auch die Erfassung von synonymen und homonymen Bezeichnungen für Kennzahlen und Dimensionen wird im Rahmen der Berichtserfassung durchgeführt. Jeweils synonyme Bezeichnungen sind dabei durch eindeutige Begriffe für inhaltlich gleiche Objekte zu ersetzen. Homonyme liegen dann vor, wenn derselbe Begriff mit unterschiedlicher inhaltlicher Bedeutung verwendet wird. Hier müssen zwei verschiedene Bezeichnungen gefunden werden. Abb. 7 gibt ein kurzes Beispiel.

	Konsolidierter Begriff	Bedeutung	Synonyme
Kennzahlen	Preis kalk. VK	Kalkulierter Verkaufspreis eines Artikel	Preis VK, kalk. Preis, Verkaufspreis
	Bestand Lager (Stück)	Lagerbestand in Stück	Bestand Stück, physischer Bestand
	Bestand Lager kalk. VK	Wert Lagerbestand zu kalkuliertem VK	Bestand Stück x VK, Lagerwert
	Umsatz erzielt	Tatsächlich erzielter Umsatz	Umsatz zu VK erz., erz. VK-Wert
	Umsatz EK	Umsatz zum EK-Preis	Wareneinsatz, verkaufte Ware zu EK
Dimensionen	Bereich Vertrieb	Vertriebsbereich	Geschäftsbezirk, Absatzregion, VL
	Artikel	Artikel	Produkt, Ware, Item
	Preiskategorie	Einteilung in Preiskategorien	Klasse, Preisniveau, VK-Standard bis
	Marke	Marke	Brand, Name, Objekt, Bezeichnung
	Zahlungsweise	Art der Zahlung	Zahlart, Zahlungsmittel, Zahltyp

Abb. 7: Beispiele für Kennzahlen und deren Synonyme

Dieses Vorgehen stellt hohe Anforderungen an den Berichtswesen-Analysten. Er muss Kenntnis über die semantische Bedeutung der Kennzahlen haben. Daher müssen bei der Identifikation von Synonymen und Homonymen die Mitarbeiter der entsprechenden Fachbereiche, also die Berichtsempfänger, eingebunden werden.

3.2.5 Auswertungen und Klassifikation (2-5)

Die verschiedenen Modellelemente des Informationsmodells des Ist-Zustandes können zu Auswertungen herangezogen werden. Diese führen zu einer so genannten Informationslandkarte.[10] Sie kann im Rahmen der Soll-Konzeption an verschiedenen Stellen verwendet werden: zum Beispiel als Diskussionsgrundlage für die Modellierung oder zur Aufdeckung von Redundanzen. Die Auswertungen und Klassifikationen bieten für sich genommen keine Möglichkeit, Aussagen über die inhaltliche Qualität des Ist-Berichtswesens zu treffen. Um festzustellen, inwieweit dieses bedarfsgerecht ist, muss eine Informationsbedarfsanalyse durchgeführt werden. Dies ist Gegenstand der Soll-Konzeption.

Eine Klassifikation der Berichte ist eine wichtige Hilfestellung sowohl für die Ist-Analyse als auch für die Soll-Konzeption. Als Klassifikationsmerkmale können z. B. die folgenden Berichtsattribute herangezogen werden: Empfänger, Berichtsverantwortlicher, Periodizität, Anwendung etc. Eine andere Möglichkeit besteht in der Klassifikation über Bezugsobjekte. So können z. B. Berichte zusammengefasst werden, die sich auf bestimmte Produkte oder Filialen beziehen. Durch die Klassifikation werden Berichtsmengen gebildet. Diese müssen nicht überschneidungsfrei sein. Die Berichtsmengen können dann als Ausgangsbasis für die Definition des Soll-Berichtswesens herangezogen werden.

Bereits eine einfache quantitative Analyse der Kennzahlenverteilung in den Berichten belegt häufig, dass es lediglich eine kleine Anzahl von Kennzahlen gibt, die oft verwendet werden, und dass die überwiegende Anzahl von Kennzahlen nur sehr selten, bspw. in Jahresabschlüssen, erhoben wird. Die Betrachtung dieser Kennzahlencluster gibt Aufschlüsse darüber, welche Kennzahlen zukünftig im Data Warehouse vorberechnet werden sollten und welche Kennzahlen zur Laufzeit berechnet werden können.

3.2.6 Überprüfung von Kennzahlen (2-6)

Für berechnete Kennzahlen und sonstige Berechnungsausdrücke werden die Formeln auf inhaltliche Richtigkeit hin untersucht. Dies erfordert in der Regel die intensive Zusammenarbeit mit den Fachbereichen – unter Umständen kann es erforderlich sein, bis auf Quellcodeebene zu gehen, um die Berechnungsausdrücke zu finden. Dies ist mit einem sehr hohen Aufwand verbunden, und es ist im Einzelfall zu klären, ob eine so detaillierte Analyse tatsächlich durchgeführt werden soll. Es wird eine Mängelliste geführt, in der die jeweiligen Fehler dokumentiert werden.

---

[10] Vgl. Strauch (2002).

Zur genaueren Identifikation der Mängel ist es sinnvoll, detailliert den Aufbau der einzelnen Kennzahlen zu analysieren und Zusammenhänge herauszuarbeiten. Abb. 8 zeigt die Berechnung üblicher Kennzahlen unter Verwendung von Basiskennzahlen. Inhaltsgleiche Kennzahlen dieser Darstellung sind mit einem kleinen Kästchen unten rechts versehen und werden unter einem einheitlichen Begriff zusammengeführt.

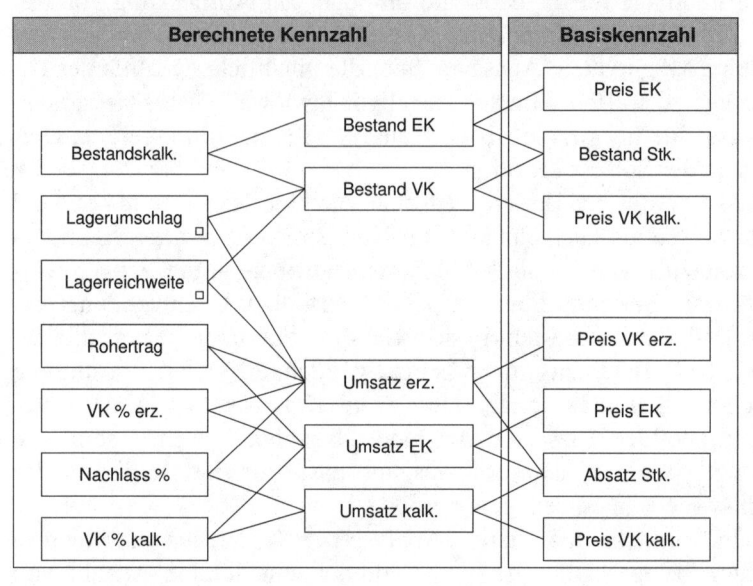

Berechnete Kennzahl	Basiskennzahl
Bestandskalk. → Bestand EK	Preis EK
	Bestand Stk.
Lagerumschlag → Bestand VK	Preis VK kalk.
Lagerreichweite	
Rohertrag	Preis VK erz.
VK % erz. → Umsatz erz.	Preis EK
Nachlass % → Umsatz EK	Absatz Stk.
VK % kalk. → Umsatz kalk.	Preis VK kalk.

Abb. 8: Kennzahlenanalyse

3.2.7 Überprüfung der Dimensionen (2-7)

Die erfassten Dimensionen müssen die tatsächlichen Gegebenheiten im Unternehmen abbilden. Dies kann z. B. im Rahmen einer Diskussion des Berichtswesenanalysten mit den Berichtsverantwortlichen und -empfängern überprüft werden, aber auch durch eine Untersuchung der Quellsysteme. In einer Mängelliste werden die unzureichend bzw. falsch abgebildeten Sachverhalte geführt. Bereits an dieser Stelle können durch die strukturierte Darstellung der Informationsräume viele Ideen und Hinweise bezüglich dessen auftreten, was bei der Darstellung im neuen System ergänzt und verändert werden sollte.

3.3 Soll-Konzeption

3.3.1 Vorbereitung der Soll-Konzeption (3-1)

Analog zur Ist-Modellierung ist auch bei der Soll-Modellierung der Detaillierungsgrad zu wählen. Die Soll-Modelle bilden dabei die Grundlage für ein Berichtswesen-Inventar, das kontinuierlich zu pflegen ist. Je detaillierter die Soll-Modellierung erfolgt, umso teurer wird folglich auch die Pflege des Berichtswesen-Inventars. Andererseits ermöglicht ein hoher Detaillierungsgrad eine genaue Spezifikation der Informationsbedarfe und erleichtert die Umsetzung des Fachkonzepts.

Wie im Rahmen der Ist-Modellierung werden für die Soll-Modellierung Modellierungskonventionen festgelegt. Dieser Schritt ist nicht noch einmal nötig, wenn in beiden Phasen die gleiche Modellierungstechnik verwendet wird. Je nach Projekt sind unter Umständen weitere Namenskonventionen sinnvoll: Z. B. können die Modelle Informationen über ihren Adressatenkreis mit im Namen enthalten, was zu einer besseren Lesbarkeit des Gesamtmodells führen kann.

3.3.2 Dimensionen bereinigen und anpassen (3-2)

Ziel dieser Aktivität ist es, die im Rahmen der Ist-Analyse erfassten und analysierten Dimensionen zu bereinigen und anzupassen. Das bedeutet, dass z. B. Widersprüchlichkeiten beseitigt oder Bezugsobjekte, die nicht mehr existieren, entfernt werden müssen. Ziel dieser Aktivität ist es nicht, den Soll-Zustand zu erheben, sondern sachliche Fehler aus den Modellen des Ist-Zustandes zu entfernen. Beispielsweise finden sich zahlreiche veraltete Artikel, Filialen etc. die inzwischen ausgelaufen sind bzw. geschlossen wurden. Um nur aktuelle bzw. relevante Daten in das neue Data Warehouse zu übernehmen, werden diese Dimensionen bereinigt.

3.3.3 Ermittlung des Soll-Zustandes (3-3)

Für die Ermittlung des Soll-Zustandes können verschiedene Verfahren der Informationsbedarfsanalyse zum Einsatz kommen (vgl. Tabelle 1). In welchem Maße die Modelle des Ist-Zustandes für die Ermittlung des Soll-Zustandes herangezogen werden, muss individuell entschieden werden. Sie können direkt als Ausgangsbasis für die Erstellung des Soll-Konzepts dienen.

Tabelle 1: Vor- und Nachteile ausgewählter Analysemethoden[11]

Technik	Vorteile	Nachteile
Dokument- und Datenanalyse	• Einfache Analyse bisheriger Anforderungen • Konsolidierung verschiedener Kennzahlen mit gleichem Inhalt oder gleicher Kennzahlen mit verschiedener Aussage möglich • Kein Zeitaufwand seitens der Abteilungen notwendig • Kostengünstig	• Zusammentragen aller Berichte schwierig • Skizziert nur den Ist-Zustand
Organisationsanalyse	• Erfassung der Aufgaben- und Tätigkeitsstruktur • Analyse der Kommunikationsbeziehungen zwischen Aufgabenträgern	• Nur Ist-Zustand wird erfasst • Nur in Verbindung mit Analyse des Berichtswesens sinnvoll
Persönliche Interviews	• Freie und offene Antworten • Befragter wird Teil des Projekts • Nachfragen sehr einfach möglich • Anpassen der Fragen an Kenntnisstand des Befragten möglich • Beobachtung der Körpersprache möglich	• Zeitaufwändig und teuer • Erfolg abhängig vom Interviewer • Abhängig von der Teilnahmebereitschaft der Mitarbeiter
Fragebögen	• Mitarbeiter können den Fragebogen jederzeit ausfüllen • Kostengünstig • Strukturierte Auswertung möglich	• Niedrige Rücklaufquote • Unvollständige Rückgaben • Missverständnis der Fragen möglich

Unabhängig davon, welche konkreten Verfahren angewendet werden, sind die folgenden Konstruktionsaufgaben im Rahmen der Ermittlung des Soll-Zustandes durchzuführen:

Konzeption der Informationsräume
Im Rahmen der Konzeption der Informationsräume sind zunächst die für die Berichtsempfänger relevanten Basisobjekte zu identifizieren. Diese führen zu den Blattelementen der Dimensionen. Als nächstes gilt es, die verschiedenen Aspekte, die bei der Betrachtung der Blattelemente relevant

---

[11] Vgl. Becker, Winkelmann (2006), S. 56.

sind, abzubilden. Dies führt zu den verschiedenen Hierarchieebenen in Dimensionen.[12]

Identifikation von Kennzahlen und Konzeption der Kennzahlensysteme
Es ist zu unterscheiden zwischen Basiskennzahlen und daraus berechneten Kennzahlen. Auf Basis dieser Kennzahlen können Kennzahlensysteme gebildet werden. Diese müssen sich an den Auswertungszwecken der Berichtsempfänger orientieren. Kennzahlensysteme müssen keine algebraischen Zusammenhänge ausdrücken, sondern können auch Kennzahlen nach ihrer Wichtigkeit für die Analysezwecke ordnen. Die Berechnungsvorschriften werden als berichtsübergreifende Stammdaten angelegt.

Konzeption von bedarfsgerechten Sichten auf die Informationsräume
In Abhängigkeit von den individuellen Informationsbedarfen der Berichtsempfänger werden Sichten auf bzw. Ausschnitte aus Dimensionen definiert und zu (Teil-)Informationsräumen kombiniert. Aus den (Teil-) Informationsräumen und Kennzahlensystemen können Berichte (Informationsobjekte) zusammengesetzt werden.

Es ist bei der Konzeption zu vermeiden, dass neue Synonyme bzw. Homonyme entstehen. Dies wird durch die Pflege des Glossars gewährleistet. Wenn neue Elemente benötigt werden, ist zunächst zu prüfen, ob diese bereits Bestandteil des existierenden Soll-Modells sind.

Um das Ziel eines konsistenten Berichtswesens zu erreichen, werden hier die folgenden Vorgehensweisen zur Ermittlung des Soll-Zustandes vorgeschlagen:

Nachfrageorientierte Ermittlung der Informationsbedarfe auf Basis von Ist-Modellen
Der nachfrageorientierte Ansatz basiert auf typischen benutzerorientierten Techniken wie dem Interview oder der Fragebogenmethode. Auf diese Weise können jedoch lediglich subjektive Informationsbedarfe ermittelt werden. Grundsätzlich ist dem oben dargestellten allgemeinen Vorgehen zu folgen. Den Ausgangspunkt für die Diskussion mit den Entscheidungsträgern bilden Berichtsmengen, die aufgrund verschiedener Klassifikationsmerkmale gebildet wurden, und die Auswertungen der Ist-Analyse (z. B. um redundante Informationen zu identifizieren). Es ist mit den Berichtsempfängern zu diskutieren, inwieweit das Informationsangebot des Ist-Zustandes bedarfsgerecht ist und ob die Periodizität der bisherigen Berichterstattung bedarfsgerecht war.

---

[12] Vgl. Holten (2001).

Ermittlung der Informationsbedarfe aus Unternehmenszielen
Informationsbedarfe von Entscheidungsträgern lassen sich auch aus den Unternehmenszielen ableiten.[13] Die abstraktesten Ziele werden in Geschäftsstrategien definiert. Ein Hauptproblem von Geschäftsstrategien ist häufig in deren nicht-operationalem Charakter zu sehen. Für operationale Ziele müssen daher eine Zielgröße, ein Zielniveau, ein Bezug und ein Zeitrahmen definiert sein. Da Geschäftsstrategien in der Regel nicht messbar sind, müssen diese zunächst in operationale Ziele heruntergebrochen werden. Aus den Geschäftsstrategien lassen sich verschiedene Arten von operationalen Zielen ableiten, z. B. generelle Ziele, Ziele von Organisationseinheiten, Ziele von Geschäftseinheiten und Ziele in Bezug auf den Marketing-Mix.

Verwendung von Referenzmodellen
Der Einsatz von Referenzmodellen hat sich z. B. bei der Entwicklung operativer Informationssysteme für den Handel als erfolgreich erwiesen. Auch für die Konzeption von Führungsinformationssystemen kann die Verwendung geeigneter Referenzmodelle förderlich sein.

3.3.4 Konsolidierung mit Ist-Zustand (3-4)

Ziel der Konsolidierung von Ist- und Soll-Zustand ist vor allem, dass relevante Informationen, die im Ist-Zustand bereits berücksichtigt wurden, im Soll-Konzept nicht vergessen werden. Da Informationen über Berichte bereitgestellt werden, bilden diese die Ausgangsbasis für die Konsolidierung: Die Konsolidierung erfolgt ausgehend vom Ist-Zustand. Auf diese Weise wird sichergestellt, dass alle relevanten Informationen, die das Berichtswesen bisher bereitgestellt hat, auch in Zukunft bereitgestellt werden. Die Schwachstellen des Ist-Berichtswesens, insbesondere Fehler, Inkonsistenzen und Redundanzen können dabei vermieden werden, da diese bereits im Rahmen der Ist-Analyse identifiziert und in entsprechenden Mängellisten vermerkt wurden. Es besteht allerdings die Gefahr, dass nicht-relevante Information im Rahmen der Konsolidierung in die Soll-Konzeption aufgenommen werden und so zu einer neuerlichen Informationsüberflutung führen.

Im Rahmen der Soll-Konzeption sind in der Regel jedoch neue Kennzahlen und Dimensionen hinzugekommen. Folglich sind die gewählten Bezeichnungen noch einmal mit den Entscheidungsträgern sowie den Berichtsverantwortlichen abzustimmen.

---

[13] Vgl. Küpper (2001), S. 141 ff.

Ziel der Zusammenführung ist es, ein Konzept zu erarbeiten, das die vielen überflüssigen Standardberichte eliminiert und Kapazitäten schafft, ein konsolidiertes, flexibleres Berichtswesen zu etablieren. Neben der Basis aus Standardberichten ist dann Raum für Ad-hoc-Auswertungen und ein umfassendes Exception-Reporting (vgl. Abb. 9).

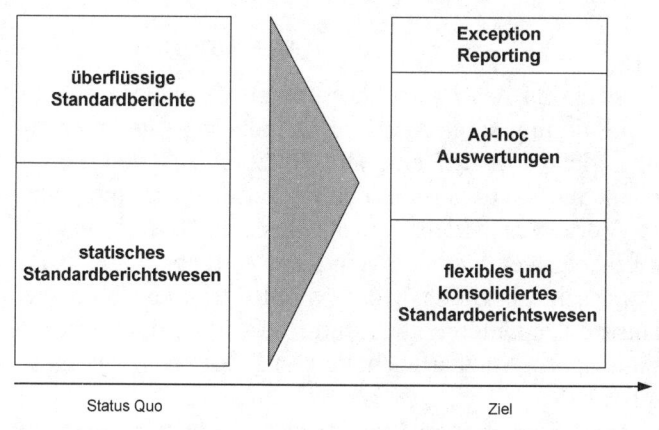

Abb. 9: Konsolidierung des Berichtswesens

3.3.5 Analyse des Soll-Konzepts (3-5)

Bei der Analyse des Soll-Konzepts wird ähnlich vorgegangen wie bei der Analyse des Ist-Zustandes. Sie ist als eine Qualitätsprüfung zu verstehen, in der das erstellte Fachkonzept mit den im Vorfeld identifizierten Zielen verglichen wird. Wurden die Ziele nicht erreicht, muss es in einem iterativen Prozess entsprechend überarbeitet werden. Hier bietet sich unter Umständen ein Vorgehen basierend auf Prototypen an. Dabei ist das Fachkonzept in den jeweiligen Iterationsschritten anzupassen.

3.4 Wartung

3.4.1 Modellpflege und -wartung (4-1)

Die Entwicklung des Berichtswesens ist nicht mit der erfolgreichen Einführung abgeschlossen. Der sich ständig ändernde Informationsbedarf der Entscheidungsträger macht eine laufende Anpassung und Pflege des Berichtswesens erforderlich. Das Fachkonzept sollte daher nicht nur Grundlage für die einmalige Implementierung des Berichtswesens sein, sondern sollte kontinuierlich gepflegt werden und somit ein ständig aktuelles Berichtswesen-Inventar sein. Viele der Ursachen, die zu einem nicht bedarfsgerechten Berichtswesen führen, können durch eine solche kontinuierliche Dokumentation vermieden werden.

4 Fazit

Eine strukturierte Konzeption des Berichtswesens als Grundlage für die Entwicklung oder Optimierung stellt eine Herausforderung für Unternehmen und Consultants gleichermaßen dar. Die Nutzung aussagekräftiger Modellierungssprachen zur Diskussion mit den Fachanwendern unter Verwendung detaillierter Vorgehensmodelle, die auf Basis theoretisch fundierter Methoden einen Lösungsweg bieten, ist ein Kern-Aufgabenfeld der IT-Beratung. Der effektive Einsatz dieser Mittel verhilft zu einer Effizienzsteigerung im IT-Einsatz der Unternehmen und im Bereich des Berichtswesens zu einer strategischen Nutzbarmachung von IT in Form von Business-Intelligence-Software.

Neben herkömmlichen Standardberichten werden heute vor allem ein Exception-Reporting sowie die Möglichkeit von Ad-hoc-Auswertungen und OLAP-Analysen gefordert. Einfach zu bedienende moderne Führungsinformationssysteme bieten die entsprechende technische Grundlage, sie können jedoch nur dann erfolgreich eingesetzt werden, wenn die Datenbasis und die Kriterien, nach denen ausgewertet werden soll, richtig und widerspruchsfrei spezifiziert sind.

H2 ist eine Methode und Software, die die Spezifikation dieser Datenbasis und Kriterien in Form von Dimensionen, Kennzahlen, Faktberechnungen und Informationsobjekten erlaubt. In einem vierstufigen Vorgehensmodell mit Vorbereitung, Ist-Analyse, Soll-Konzept und Wartung kann diese Methode effizient eingesetzt werden: Im Rahmen der Ist-Analyse wird das vorhandene Berichtswesen dokumentiert und analysiert. Dabei werden sowohl organisatorische Strukturen und Produktstrukturen als auch Metadaten über die einzelnen Berichte erfasst. Der Betrachtungsgegenstand der Ist-Analyse ist also das Informationsangebot. Ziel der Phase der Soll-Konzeption ist die fachkonzeptionelle Spezifikation des Soll-Zustandes. Wurde im Rahmen der Ist-Analyse das Informationsangebot betrachtet, so ist nun die Ermittlung des subjektiven und objektiven Informationsbedarfs Gegenstand der Betrachtung. Dieser ist mit dem im Rahmen der Ist-Analyse erhobenen Informationsangebot zu konsolidieren. Die Grundlage für die Konzeption des Soll-Zustandes bilden – soweit vorhanden – die Modelle und Auswertungsergebnisse der Ist-Analyse.

Das zentrale Artefakt des Vorgehensmodells ist dabei ein Informationsmodell, das den Ist- und Soll-Zustand des Unternehmensberichtswesens abbildet. Das Informationsmodell bildet die Grundlage für verschiedene Auswertungen, die im Rahmen der Ist- und Soll-Analyse durchzuführen sind. Neben den Auswertungen ist die Klassifikation von Berichten sowie Kennzahlen ein wichtiges Analyse-Werkzeug.

Das vorgestellte Vorgehensmodell konnte bereits im praktischen Einsatz erprobt werden (vgl. Beitrag XII). So wurde z. B. eine detaillierte Ist-Analyse und Soll-Konzeption im Rahmen der Neukonzeption des Berichtswesens eines Handelsunternehmens durchgeführt. Ziele dieser Neukonzeption waren die Konsolidierung des bestehenden, auf heterogenen Anwendungssystemen basierenden, Berichtswesens in einem integrierten Informationssystem sowie die Bereitstellung von Analyse- und Auswertungssichten auf Basis eines OLAP-Frontends.

5 Literatur

Becker, J., Brelage, C.; Crisandt, J.; Dreiling, A.; Holten, R.; Ribbert, M.; Seidel, S.: Methodische und technische Integration von Daten- und Prozessmodellierungstechniken für Zwecke der Informationsbedarfsanalyse. In: Arbeitsberichte des Instituts für Wirtschaftsinformatik, Nr. 103. Münster 2003.

Becker, J.; Janiesch, C.; Pfeiffer, D.; Seidel, S.: Evolutionary Method Engineering - Towards a Method for the Analysis and Conception of Management Information Systems. In: Proceedings of the 12th Americas Conference on Information Systems (AMCIS 2006). Acapulco, 2006, S. 3922-3933.

Becker, J.; Winkelmann, A.: Handelscontrolling. Optimale Informationsversorgung mit Kennzahlen. Berlin, Heidelberg, New York 2006.

Holten, R.: The MetaMIS Approach for the Specification of Management Views on Business Processes. Westfälische Wilhelms-Universität Münster, Institut für Wirtschaftsinformatik, 55, Münster, 2001.

Holten, R.: Integration von Informationssystemen - Theorie und Anwendung im Supply Chain Management. Habilitationsschrift, Universität Münster, 2003a.

Holten, R.: Specification of Management Views in Information Warehouse Projects. Information Systems 28(7), 2003b: S. 709-751.

Knackstedt, R.: Fachliche Konzeption von Führungsinformationssystemen. In.: Perspektive Wirtschaftswissenschaften. Hrsg.: J. Blank, S. Homölle. Münster 1999, S. 25-29.

Knackstedt, R.; Seidel, S.; Janiesch, C.: Konfigurative Referenzmodellierung zur Fachkonzeption von Data-Warehouse-Systemen mit dem H2-Toolset. In: Proceedings of the DW2006 - Integration, Informationslogistik und Architektur. Friedrichshafen, 2006, S. 61-81.

Koreimann, D.S.: Methoden der Informationsbedarfsanalyse. Berlin 1976.

Küpper, H.-U.: Controlling: Konzeption, Aufgaben und Instrumente. 3. Aufl., Stuttgart 2001.

Schwegmann, A.; Laske, M.: Istmodellierung und Istanalyse. In: Prozessmanagement: Ein Leitfaden zur prozessorientierten Organisationsgestaltung. Hrsg.: J. Becker, M. Kugeler, M. Rosemann. 5. Auf., Berlin, Heidelberg 2005, S. 155-184.

Strauch, B.: Entwicklung einer Methode für die Informationsbedarfsanalyse im Data Warehousing. Dissertation, Universität St. Gallen, 2002.

Szykerski, N.: Informationsbedarf. In: Handwörterbuch der Organisation. Hrsg.: E. Grochla. Stuttgart 1980, Sp. 904-913.

XII Berichtswesenverbesserung im Rahmen der ERP-/WWS-Einführung am Beispiel eines Luxusgüter-Handelsunternehmens

Jörg Becker, ERCIS, Prof. Becker GmbH

Dirk Sandmann, Prof. Becker GmbH

Christian Janiesch, ERCIS

1 Ausgangssituation

Das Handelsunternehmen ist mit rund 200 Filialen und einem Umsatz von mehreren hundert Mio. Euro in Deutschland Marktführer für eine Art hochwertiger Luxusgüter im mittleren und gehobenen Preissegment.

Das Unternehmen entschied sich zur Einführung eines Standard-Warenwirtschaftssystems und zur Ablösung der bisher genutzten Individualsoftware. Die vom Unternehmen bereits genutzte Finanzbuchhaltungssoftware (SAP FI) wurde im Zuge der Einführung beibehalten.

Das warenwirtschaftliche Berichtswesen[1] war bis dato integraler Bestandteil der Individuallösung. Diese lieferte eine Reihe von fest programmierten Standardauswertungen für Umsatz- und Bestandsanalysen und verfügte zusätzlich über die Möglichkeit zur individuellen Definition von Listen-Abfragen über Queries. Während die Standardauswertungen von einer Vielzahl von Bereichen im Unternehmen aus der Warenwirtschaft abgerufen wurden, mussten individuelle Abfragen durch das zentrale Controlling erstellt werden. Hier fand dann in der Regel auch eine grafische Aufbereitung der Daten in Microsoft Excel satt.

Im Zuge der WWS-Einführung wurde beschlossen, das gesamte Thema Berichtswesen und Controlling außerhalb des Warenwirtschaftssystems

---

[1] Vgl. zu Berichtswesen Blohm (1970) bzw. zu Management Information Systems Becker et al. (2007).

über ein Data Warehouse abzubilden. Dieses Data Warehouse ist Bestandteil des ERP-Produktes und arbeitet daher mit diesem sehr integriert. Diese Integration war eine wichtige Voraussetzung und auch Zielsetzung für die Entscheidung. Überlegungen zur Performance und Skalierbarkeit und die Notwendigkeit zur Integration externer Datenquellen, wie beispielsweise Daten aus der Filialplanung waren ebenfalls relevant.[2] Ebenfalls war es das Ziel durch die Einführung einer eigenständigen Business-Intelligence-Lösung den Bereich Controlling bei der Standard-Berichtserstellung zu entlasten und insbesondere Möglichkeiten zur Datenanalyse über Ad-hoc-Abfragen und OLAP-Funktionalitäten auszubauen.[3] Schwerpunkt der Einführung sollte der Bereich Warenwirtschaft sein, eine Anbindung der Finanzbuchhaltung war nicht geplant.

Für das Thema Berichtswesen wurde ein separates Teilprojekt definiert, welches zweistufige strukturiert wurde, wobei das bestehende Berichtswesen im ersten Schritt zunächst fachlich konsolidiert und in einem zweiten Schritt, auf Basis einer durchgängigen Konzeption, weiter optimiert umgesetzt werden sollte.

2 Konzeption

Das Unternehmen entschloss sich zur Unterstützung des Projektes, die in Münster entwickelte H2-Methode[4] einzusetzen und das entsprechende Vorgehensmodell bei der Konsolidierung zu verwenden.[5] Als Methodenexperten beauftragte das Handelsunternehmen die Prof. Becker GmbH mit der Leitung des Projektes.

Das H2-Vorgehensmodell wurde im Projekt zu den nachfolgenden Phasen zusammengefasst, anhand derer das Vorgehen im Weiteren erläutert wird (vgl. Abb. 1).

---

[2] Vgl. auch Oppelt (1995), Swiontek (1997) und Waniczek (2002).
[3] Vgl. zu OLAP Chamoni, Gluchowski (2000).
[4] Vgl. auch Becker et al. (2007).
[5] Vgl. zur zusammengefassten Version Becker, Winkelmann (2006), zur Langfassung auch Beitrag XI.

Initialisierung

Ist-Analyse
- Erhebung der grundlegenden Dimensionen und Hierarchieebenen
- Erfassung des bestehenden Berichtswesens
- Analyse und Dokumentation

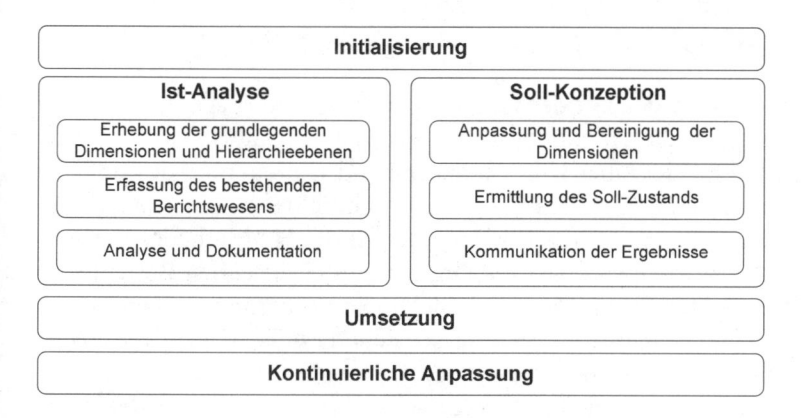

Soll-Konzeption
- Anpassung und Bereinigung der Dimensionen
- Ermittlung des Soll-Zustands
- Kommunikation der Ergebnisse

Umsetzung

Kontinuierliche Anpassung

Abb. 1: Übersicht der Projektphasen

2.1 Initialisierung

Die Projektarbeit begann mit einem Kernprojektteam bestehend aus jeweils zwei Mitarbeitern des ERCIS, zwei Mitarbeitern der Prof. Becker GmbH und dem Bereich Controlling von Seiten des Handelsunternehmens. Da das Projekt das gesamte warenwirtschaftliche Berichtswesen umfasste, wurde themenbezogen das Projektteam jeweils um die Leiter der einzelnen Fachbereiche erweitert.

In einem ersten Schritt wurde die grundsätzliche Zielsetzung des Projektes festgelegt. Mit dem bestehende Berichtswesen war das Handelsunternehmen weitestgehend zufrieden. Der Informationsbedarf der einzelnen Fachbereiche und Unternehmensführung wurde gedeckt und bestehenden Informationen sollte auch nach der Warenwirtschaftssystemeinführung in gleichem Umfang bereitgestellt werden. Zielsetzung in der Analysephase war es daher, das existierende Informationsangebot vollständig zu sammeln, zu konsolidieren und ggf. zu optimieren.

Eine Verbesserung des bestehenden Berichtswesens wurde insbesondere durch Integration verschiedener Datenquellen und durch neue technische Möglichkeiten erwartet, die einen schnelleren Zugang zu den Daten ermöglichen. Fachlich sollte daher genauer geprüft werden, welche Anforderungen an die Datenbasis für ein zukünftiges Ad-hoc-Reporting bestehen und welche Informationen über OLAP-Techniken bereitgestellt werden können. Im Gegenzug war es das Ziel, die Anzahl der generierten Standardberichte zu reduzieren und diese weiter zu systematisieren.

Ebenfalls wurde mit Beginn des Projektes die H2-Methode den Projektbeteiligten im Controlling vorgestellt und eine Einführung in das entsprechende Werkzeug gegeben. Beides wurde an einem Tag abgeschlossen.

2.2 Ist-Analyse

Grundsätzlich stellt sich bei der Ist-Analyse immer die Frage, in welchem Detaillierungsgrad die Abbildung eines bestehenden Informationssystems erfolgt.[6] Mit dem Ziel einer Konsolidierung und Optimierung des damaligen Berichtswesens, wurde im Projektteam beschlossen, eine detaillierte Dokumentation aller existierenden Berichte mit der H2-Methode durchzuführen, da zu erwarten war, dass ein Großteil des bestehenden Berichtswesens auch als Anforderung für eine neue Implementierung weiterverwendet werden konnte. Außerdem wurde so sichergestellt, dass die Berechnungsvorschriften der beim Unternehmen verwendeten Kennzahlen detailliert dokumentiert sind und damit die Datenqualität des neuen Systems mit dem Altsystem verglichen werden kann, falls sich Kennzahlen aufgrund der sich ändernden warenwirtschaftlichen Grundlage in der Berechnung ändern.

Auch wenn es zunächst Widersprüchlich klingt, hat es sich bei der Ist-Aufnahme bewährt, bereits bei der Dokumentation offensichtliche Optimierungspotenziale zu berücksichtigen und eine Vereinheitlichung von Kennzahlendefinitionen und Dimensionsbeschreibungen durchzuführen. Erst hierdurch ist es bei der späteren Analyse möglich festzustellen, wo Unterschiede bzw. Gemeinsamkeiten im gegebenen Informationsangebot liegen. Auch beim Handelsunternehmen wurde daher die Ist-Aufnahme mit einem Blick auf das Soll-Konzept durchgeführt.

2.2.1 Erhebung der grundlegenden Dimensionen und Hierarchieebenen

Die Grundlage für das Verständnis des Informationsbedarfs einer Unternehmung ist die Kenntnis des Kontexts der analysierten Kennzahlen. Zu diesem Zweck muss der so genannte Informationsraum einer Unternehmung untersucht werden. Dieser umfasst sämtliche Merkmale (Dimensionen) nach denen in einer Unternehmung ausgewertet wird (bspw. Filialen, Warengruppen etc.).[7]

Bei der Erhebung des Informationsraums des Handelsunternehmen wurde die Struktur von über 100 Berichten unterschiedlicher Periodizität untersucht und so die bislang übliche Dimensionierung der Berichte des Altsystems als auch der aufbereiteten Excel-Berichte erfasst. Wie erwartet fand sich im Altsystem eine klare hierarchische Abbildung der Dimensionsobjekte mit mehreren Hierarchieebenen. Viele Einträge waren jedoch nicht mehr gültig und wurden häufig manuell für Auswertungen herausge-

---

[6] Vgl. Becker, Seidel, Sandmann (2005).
[7] Vgl. Behme, Holthuis, Mucksch (2000).

filtert (erloschene Warengruppen, geschlossene Filialen etc.). Beim Excel-Berichtswesen war es erwartungsgemäß eher anders herum. Da die Dimensionsobjekte schon über die vorangegangene Abfrage gefiltert wurden, gab es hier keine ungültigen Einträge. Dafür war die Hierarchisierung wesentlich flexibler gestaltet, da viele Sonderauswertungen über eine andere, häufig flachere, Dimensionierung gelöst worden sind.

Neben diesem angebotsorientierten Ansatz wurden zusätzlich Interviews mit den einzelnen Fachbereichen im Unternehmen geführt, um besonders relevante Strukturen hervorzuheben und zu evaluieren, ob der Fokus für die Neuentwicklung richtig gelegt wurde. Interviewpartner waren alle Anspruchsgruppen des neuen Berichtswesens: der IT-Leiter und Mitarbeiter der Abteilung, das Controlling, Teile der Geschäftsführung, Vertreter von Einkauf und Verkauf sowie Mitarbeiter der Logistik und der Revision.[8]

Beispiele für die übliche Dimensionierung der *Artikel* und *Filialen* des Altsystems sind auf Typ- und Instanzebene in Abb. 2 dargestellt. Hierarchieebenen dienen der Strukturierung der Dimensionen. Die detaillierte Darstellung der Dimensionen kann häufig automatisiert aus den Altsystemen ausgelesen werden (bspw. mit SQL) und unterstützt die Kommunikation mit dem Fachpersonal besser als die abstraktere Darstellung der Hierarchieebenen.

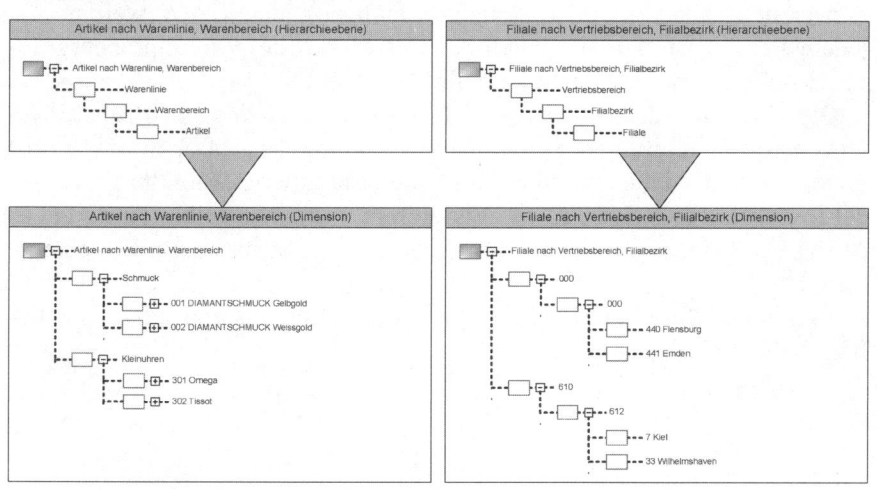

Abb. 2: Erfassung der Dimensionen und Hierarchieebenen

Insgesamt ließen sich beim Handelsunternehmen zahlreiche Artikel-, Organisations- und Zeit-Hierarchien identifizieren, die so strukturiert aufgenommen werden konnten. Allein für den Artikel und entsprechende Merk-

---

[8] Vgl. für eine Aufarbeitung der Ist-Analyse Becker et al. (2006).

male fanden sich 16 parallele Dimensionen, für die Organisationsstruktur zwei und für die Zeit drei. Weiterhin wurde beispielsweise nach Lieferant, Wertansatz und Bezugsarten ausgewertet.

2.2.2 Erfassung des bestehenden Berichtswesens

Zur Erfassung des Berichtswesens wurden mit der H2-Methode alle vorliegenden Berichte unter Verwendung der zuvor bzw. im Einzelfall auch im Verlauf erfassten Dimensionen einheitlich modelliert, um unabhängig vom vorliegenden Format über den Inhalt und die Relevanz der Berichte diskutieren zu können. Die Hauptberichtsquelle war das bisherige Warenwirtschaftssystem, an das per Query Abfragen gestellt werden konnten. Diese Ad-hoc- oder Monatsberichte lieferten den ersten Basisbestand. Hinzu kamen fest im System programmierte Abfragen sowie aufbereitete Excel-Auswertungen. Die dritte Quelle für Berichte war das separate Data Warehouse des Einkaufs.

Insgesamt wurden mehr als 50 Standardberichte des Altsystems, ca. 35 Excel-Berichte und 19 Abfragen des Data Warehouses in dieser Form dokumentiert. In den Auswertungen konnten 11 Basis-Kennzahlen, 35 berechnete Kennzahlen und zehn wiederkehrenden Faktberechnungen (z. B. Abweichungsanalysen oder Anteilsrechnungen) identifiziert werden. Zu jedem Bericht wurden zusätzlich zentrale Merkmale wie Empfängergruppe, Ersteller, Periodizität und Verteilmethode erfasst.

Die Erfassung der Berichte und Kennzahlen des Warenwirtschaftssystems bereitete aufgrund der guten Dokumentation der Abfragen wenig Probleme, demgegenüber gestaltete sich die strukturierte Abbildung der Excel-Berichte schwieriger, da die Variabilität in der Darstellung in Excel es ermöglicht bzw. sogar fördert, komplizierte, semi-strukturierte Berichte zu erstellen.

Vgl. Abb. 3 für die Darstellung eines Excel-Berichts und seiner Darstellung mit der H2-Methode.

Excel-Bericht

Alterstruktur der Bestände (EK in T€)
August 2004 NEU

		bis inkl. 1998		1999		2000		2001		2002		2003		2004		Gesamt
		%	TEUR	%	TEUR	%	TEUR	%	TEUR	%	TEUR	%	TEUR	%	TEUR	TEUR
Schmuck	Nobel / Klassik	x		x		x		x		x		x		x		x
	Abwertung	x	x	x	x	x	x	x	x	x	x	x	x	x	x	x
Schmuck	Standard	x		x		x		x		x		x		x		x
	Abwertung	x	x	x	x	x	x	x	x	x	x	x	x	x	x	x
Schmuck	Trend	x		x		x		x		x		x		x		x
	Abwertung	x	x	x	x	x	x	x	x	x	x	x	x	x	x	x
Schmuck	**Gesamt**	x		x		x		x		x		x		x		x
	Abwertung	x		x		x		x		x		x		x		x
Kleinuhren	Nobel / Klassik	x		x		x		x		x		x		x		x
	Abwertung	x	x	x	x	x	x	x	x	x	x	x	x	x	x	x
Kleinuhren	Standard	x		x		x		x		x		x		x		x
	Abwertung	x	x	x	x	x	x	x	x	x	x	x	x	x	x	x
Kleinuhren	Trend	x		x		x		x		x		x		x		x
	Abwertung	x	x	x	x	x	x	x	x	x	x	x	x	x	x	x
Kleinuhren	**Gesamt**	x		x		x		x		x		x		x		x
	Abwertung	x		x		x		x		x		x		x		x
Großuhren		x		x		x		x		x		x		x		x
	Abwertung	x	x	x	x	x	x	x	x	x	x	x	x	x	x	x
Zubehör		x		x		x		x		x		x		x		x
	Abwertung	x	x	x	x	x	x	x	x	x	x	x	x	x	x	x
Gebrauchsartikel		x		x		x		x		x		x		x		x
	Abwertung	x	x	x	x	x	x	x	x	x	x	x	x	x	x	x
Gesamt		x		x		x		x		x		x		x		x
	Anteil in %	x		x		x		x		x		x		x		
	Abwertung	x		x		x		x		x		x		x		x

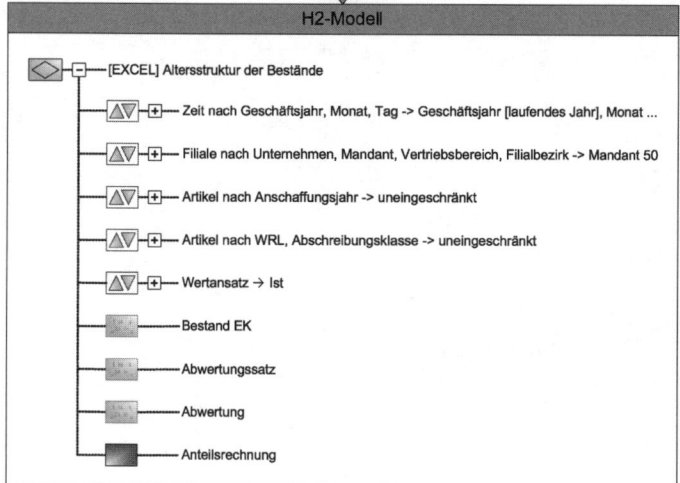

H2-Modell

- [EXCEL] Altersstruktur der Bestände
  - Zeit nach Geschäftsjahr, Monat, Tag -> Geschäftsjahr [laufendes Jahr], Monat ...
  - Filiale nach Unternehmen, Mandant, Vertriebsbereich, Filialbezirk -> Mandant 50
  - Artikel nach Anschaffungsjahr -> uneingeschränkt
  - Artikel nach WRL, Abschreibungsklasse -> uneingeschränkt
  - Wertansatz → Ist
  - Bestand EK
  - Abwertungssatz
  - Abwertung
  - Anteilsrechnung

Abb. 3: Excel-Bericht und die Abbildung in H2

2.2.3 Analyse und Dokumentation

Die konsistente Dokumentation der Dimensionen erlaubte es, die Verwendung der Daten insbesondere in Excel-Berichten zu validieren, da gerade hier softwareseitig keine Einschränkungen bezüglich der Datensortierung und Korrektheit beachtet werden müssen bzw. können. Es fanden sich keine Inkonsistenzen im dimensionalen Aufbau der Berichte, lediglich die Benennung der Hierarchieebenen war uneinheitlich, bspw. entsprach ein sog. Filialbezirk einem Bereich oder BL. Dies liegt nicht zuletzt daran, dass die Begriffsverwendung im Unternehmen nicht einheitlich ist.

Weiterhin fanden sich beim Handelsunternehmen einige Beispiele für uneinheitliche Kennzahlenbezeichnungen, die jeweils für unterschiedliche Empfängergruppen verwendet wurden: *VK % erz.* und *Marge in %* standen beide für die erzielte Marge, auch *Lagerbestand* und *Bestand Stk.* wurden synonym verwendet. Homonyme fanden sich eher unabsichtlich durch Abweichungen im Berechnungsausdruck.

Bei Unternehmen wurde neben Inkonsistenzen bei Berechnungen, die im Rahmen eines Berichtswesens auf Excelbasis und einem gewachsenen, proprietären System kaum auszuschließen sind, insgesamt eine relativ hohe Datenqualität festgestellt. Zur genaueren Identifikation der Potenziale wurde bspw. auch detailliert der Aufbau der einzelnen Kennzahlen analysiert und Zusammenhänge herausgearbeitet. Abb. 4 zeigt einen Ausschnitt der Berechnung üblicher Kennzahlen unter Verwendung von Basiskennzahlen. Von der Aussagekraft gleichwertige Kennzahlen sind in dieser Darstellung grau schattiert und wurden konsolidiert.

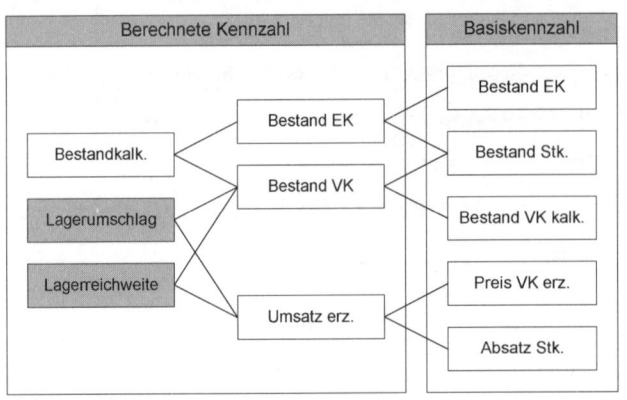

Abb. 4: Kennzahlenanalyse

Es entstanden durch die strukturierte Abbildung der Informationsräume und Diskussion mit den Fachbereichen bereits bei der Ist-Aufnahme viele Ideen und Hinweise, welche Punkte bei der Darstellung im neuen System ergänzt und verändert werden sollten.

Eine quantitative Analyse der verwendeten Kennzahlen und Dimensionsausschnitte half weiterhin, die Relevanz der verschiedenen Größen zu bestimmen und zu überprüfen, ob ggf. Auswertungen mehrfach gemacht wurden. Abb. 5 zeigt die Häufigkeitsverteilung von Kennzahlen über alle Berichte. Der erzielte Umsatz und der Bestand zu Verkaufspreisen, der Absatz sowie der Bestand in Stück wurden in der Vergangenheit mit Abstand am häufigsten abgefragt und waren daher Kandidaten, die im neuen System besonders effizient zugreifbar sein müssen.

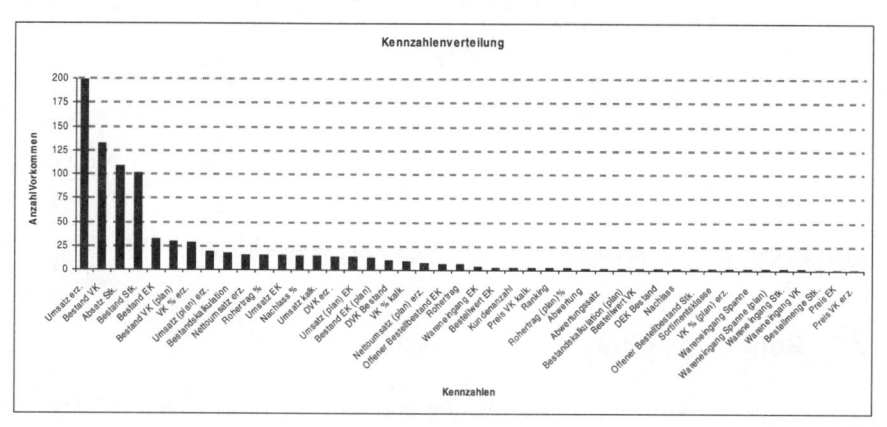

Abb. 5: Quantitative Analyse der Kennzahlenverteilung

Eine ähnliche Verteilung ergibt sich bei der Analyse der betrachteten Informationsräume. Beim Handelsunternehmen wurden in der Vergangenheit insbesondere die Ist-Werte ausgewertet, weiterhin waren die meisten Auswertungen Monats- und Jahresauswertungen mit Vorjahresvergleichen. Es wurde zumeist auf Firmen- bzw. auf Filialebene Berichte erstellt. Diese Aggregationsstufen wurden demnach als Anforderungen für das neue System aufgenommen. Gleichzeitig sind sie ein Hinweis für Dimensionen, die auch für OLAP-Analysen zur Verfügung stehen sollten.

Abb. 6 zeigt die Häufigkeit der Dimensionsauschnitte in den analysierten Berichten.

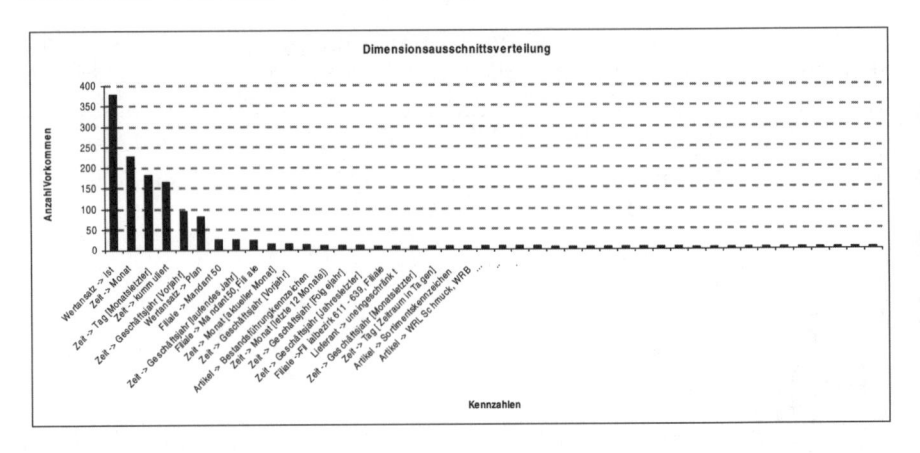

Abb. 6: Quantitative Analyse der Dimensionsausschnittsverteilung

2.3 Soll-Konzeption

Inhalt der Soll-Konzeption war es, die erarbeiteten Grundlagen kritisch zu reflektieren und anhand von Interviews o. ä. geeigneten Methoden zu erarbeiten, wie die Struktur der neuen Software optimalerweise auszusehen hat. Dazu fand zunächst eine Bereinigung der existierenden Strukturen statt, damit „Altlasten" nicht mit in das neue System übernommen werden müssen und gegenwärtige „Workarounds" direkt vom neuen System korrekt abgebildet werden. Neben einer soliden Datenbasis ist aber auch der Umfang des neuen Berichtswesens zu klären gewesen, so dass gegenwärtige und zukünftige Anspruchsgruppen optimal bedient werden können. Zur Steigerung der Nutzerakzeptanz und um einen reibungslosen Start des neuen Systems zu gewährleisten, sind verschiedene Kommunikationsstrategien zur Anwendung gekommen.

2.3.1 Anpassung und Bereinigung der Dimensionen

Ziel dieser Aktivität ist es nicht, den Soll-Zustand zu erheben, sondern sachliche Inkonsistenzen aus den Dimensionen des Ist-Zustandes zu entfernen. Beispielsweise fanden sich veraltete Artikel, Filialen etc. die inzwischen ausgelaufen sind bzw. geschlossen wurden. Um nur aktuelle bzw. relevante Daten in das neue Data Warehouse zu übernehmen, werden diese Dimensionen bereinigt. Abb. 7 zeigt dies am Beispiel der Dimension Filiale.

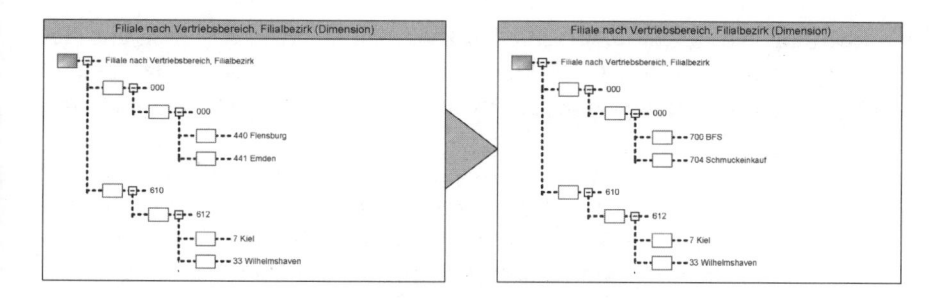

Abb. 7: Dimensionsbereinigung

Auch die Bereinigung und Konsolidierung der bisherigen Kennzahlen stellt einen Meilenstein dieser Phase dar. So wurde bspw. festgelegt, dass für zukünftige Auswertungen der Lagerumschlag auf 12-monatiger rollierender Basis ermittelt werden soll. Dieses war in der bisherigen Warenwirtschaft nur aufwändig zu realisieren, so dass in vielen Auswertungen ausschließlich der aktuelle Bestand und Umsatz zur Berechnung herangezogen wurde.

2.3.2 Ermittlung des Soll-Zustands

Zur Ermittlung des Soll-Zustands wurden zunächst die während der Ist-Analyse erhobenen zusätzlichen Berichtsanforderungen der Fachbereiche in H2 erfasst und gewünschte Änderungen an bestehenden Berichten berücksichtigt. Ebenfalls wurde eine Reihe von Änderungen in den Ist-Berichten vorgenommen, die aus der neuen Datenbasis im Warenwirtschaftssystem resultieren. So hatte bspw. Kommissionsware im früheren Warenwirtschaftssystem einen eigenen Artikelnummernkreis mit eigenen Stammdaten, während im neuen System Eigen- und Kommissionsware dasselbe Stammdatum haben und nur in den Bewegungsdaten unterschieden werden. Im Ist-Modell war die Kommissionsware als eigene Artikel-Dimension abgebildet, im Soll-Modell stellt sie damit eine eigene Bewegungsart dar.

Im zweiten Schritt wurden dann strukturähnliche Berichte identifiziert und Vorschläge für eine Zusammenfassung dieser Berichte in einem generischen Bericht gemacht, der später mit unterschiedlichen Filterkriterien ausgeführt werden kann. Die Anzahl der Berichte konnte hierdurch deutlich reduziert werden, da viele Bestands- und Umsatzlisten im Altsystem sich strukturell nur geringfügig unterschieden. Gleichzeitig konnte durch den einheitlichen Aufbau die Transparenz der Berichte erhöht werden.[9]

---

[9] Vgl. Becker, Köster, Sandmann (2006).

Ebenfalls wurde klar unterschieden zwischen Standardberichten und Berichten, die eher Ad-hoc-Charakter haben und damit nicht explizit erstellt werden. Zu Abbildung von Ad-hoc-Informationsbedarfen wurden zwei entsprechende OLAP-Cubes definierte.

Die erarbeiteten Vorschläge wurden schließlich mit den Fachbereichen diskutiert und abschließen in H2 dokumentiert. Das Soll-Konzept sah damit nur noch rund 50 Berichte statt der bisherigen über 100 Berichte vor.

Aus der Soll-Konzeption ergaben sich im Übrigen auch direkt Anforderungen an die WWS-Einführung, da zusätzlich benötigte Informationen für Auswertungen identifiziert wurden. Die Erstellung vieler Berichte beim Unternehmen erfolgte in Excel, da die bisherige Warenwirtschaft benötigte Daten teilweise nicht liefern konnte und die Informationen dann manuelle ergänzt werden mussten. Ein prägnantes Beispiel für eine wiederkehrende Anreicherung findet sich in der Dimension *Artikel* (vgl. Abb. 8).

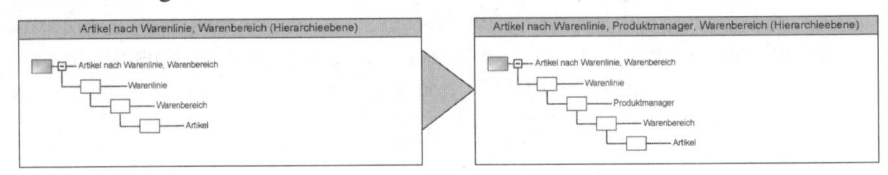

Abb. 8: Soll-Konzeption der Dimensionen

Artikel werden in Warenbereichen geführt, die wiederum Warenlinien zugeordnet sind. Für eine Auswahl verschiedener Warenbereiche einer Warenlinie ist ein Produktmanager zuständig. Dieser wurde jedoch im Altsystem nicht geführt. In vielen Excelauswertungen wurde diese Hierarchieebene eingefügt, um die Berichte empfängerspezifisch aufzubereiten. Daher wurde sie als Datenanforderung in das Soll-Konzept aufgenommen.

Im Rahmen der Soll-Konzeption wurde auch eine Einteilung der Datenbasis in die Empfängergruppen vorgenommen und untersucht, ob eine Erstellung separater Data Marts sinnvoll ist. Es stellt sich heraus, dass auf eine vertikale Einteilung der Daten verzichtet werden konnte, da sich die Ansprüche der Empfänger weitestgehend decken. Es wurden jedoch aufbauend auf den Ergebnissen der Analyse Auswertungs-Packages in unterschiedlicher Granularität definiert (horizontale Einteilung), um damit Performancevorteile bei den späteren Auswertungen zu sichern und um die Datenbasis für spätere Berichtsersteller und Analysten besser zu strukturieren.

2.3.3 Kommunikation der Ergebnisse

Im Rahmen des Projektes wurde versucht, durch einen persönlichen Kontakt zu den Fachabteilungen früh Hemmungen gegen ein neues System abzubauen und mit seinen Möglichkeiten zu werben. Dazu gehörten auch Schulungen an Beispieldaten, um die Abteilungen mit den Möglichkeiten des Systems vertraut zu machen, bevor es live verfügbar war.

Tabelle 1: Kennzahlendefinition im Berichtshandbuch

Bezeichnung	Einheit	Bedeutung	Berechnungsvorschrift
Umsatz kalk.	€	Brutto-Umsatz zum kalk. Standard-Verkaufspreis	Absatz Stk. * Preis VK kalk.
Wareneinsatz	€	Umsatz zum DEP (=Umsatz EK)	Absatz Stk. * DEP
Nachlass	€	Absolute Differenz zwischen dem Umsatz zum kalk. Standard-Verkaufspreis und dem erzielten Umsatz. Der Nachlass beinhaltet auch den explizit gewährten Rabatt auf den Verkaufspreis der Kasse.	Umsatz kalk. - Umsatz erz.
Nachlass %	%	Prozentuale Differenz zwischen dem Umsatz zum kalk. Standard-Verkaufspreis und dem erzielten Umsatz. Der Nachlass beinhalte auch den explizit gewährten Rabatt.	(Nachlass * 100) / Umsatz kalk.
Rabatt %	%	Prozentualer gewährter Brutto-Rabatt auf den Umsatz zum Verkaufspreis in der Kasse. Der Rabatt beinhaltet nicht die Differenz zwischen dem Umsatz zum Standard-Verkaufspreis und dem Umsatz zum Verkaufspreis der Kasse.	(Rabatt *100) / ((Umsatz kalk. – Nachlass) + Rabatt)
DVK Bestand	€	Durchschnittlicher kalk. Verkaufspreis des Bestands	Bestand VK / Bestand Stk.
DVK erz.	€	Durchschnittlicher erzielter Verkaufspreis	Umsatz erz. / Absatz Stk.
Lagerumschlag VK	%	Lagerumschlag auf Basis des Umsatzes zum kalk. Standard-Verkaufspreis und dem durchschnittlichen Bestand VK. Zur Berechung werden rollierend Umsatz und Bestände der letzten 12 Monate betrachtet.	(Umsatz kalk. [letzte 12 Monate] / Durch. Bestand VK) * 100

Da bereits zur Erfassung der Berichte H2 verwenden worden war, wurde auch das Soll-Konzept mit der H2-Methode ausgearbeitet. Die Modellierung mit der H2-Methode war der Controlling-Abteilung bereits bekannt, da anhand der Modelle die korrekte Erfassung der Berichte bei Unklarheiten diskutiert und auch sonst stichprobenartig kontrolliert worden war. Nur so konnten die Modelle als konsistente Ausgangsbasis für die Analyse und Konzeption dienen. Aus diesem Grund war es möglich, mit der Controlling-Abteilung Modelle der Berichte durchzusprechen, ohne extra einen prototypischen Ausdruck des Berichts zu erstellen.

Die Ergebnisse der Soll-Konzeption wurden auch in einem Berichtshandbuch festgehalten. Dieses enthält eine fachliche Beschreibung aller Dimensionen beim Handelsunternehmen und eine Zusammenstellung aller Kennzahlen inkl. ihrer Definitionen, die aus H2 übernommen wurden. Ebenfalls enthält das Dokument einen Überblick über die definierten Soll-Berichte in H2. Das Berichtshandbuch dient dabei als Nachschlagewerk für alle Unternehmensbereiche. Tabelle 1 zeigt einen Auszug aus den im Handbuch definierten Kennzahlen.

2.4 Umsetzung des Berichtswesens

Im direkten Anschluss an die Konzeptionsphase wurde mit der Umsetzung auf Basis von Cognos ReportNet und Cognos Powerplay begonnen. Grund für die Systemauswahl waren die bereits im Hause vorhandenen Lizenzen für diese Produkte. Gleichzeitig wird diese Plattform auch vom Warenwirtschaftssystemhersteller als Front-End des integrierten Data Warehouses empfohlen. Die funktionalen Anforderungen des Handelsunternehmens an ein Standard- und Ad-hoc-Reporting inkl. der Themen Sicherheit, Berichtsverteilung und Skalierbarkeit decken beide Systeme vollständig ab.

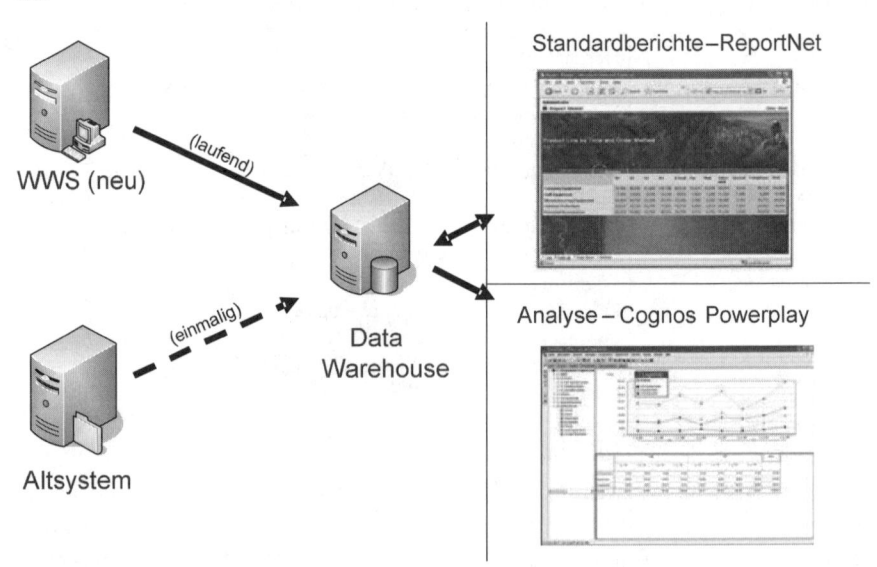

Abb. 9: Architektur

Für das Data Warehouse bestand seitens des Handelsunternehmens die Anforderung, dass neben einer regelmäßigen Datenversorgung aus dem neuen WWS, auch die Daten der letzten drei abgeschlossenen Geschäftsjahre für Analysezwecke zur Verfügung stehen müssen. Daraus ergab sich die Notwendigkeit jeweils eine Schnittstelle zur bisherigen und eine zur neuen Warenwirtschaft zu schaffen. Die grundsätzliche Architektur stellt sich damit wie folgt dar (vgl. Abb. 9):

Zielvorgabe war außerdem eine zeitgleiche Einführung von Warenwirtschaftssystem und Data Warehouse. Das Projektteam in dieser Phase bestand aus insgesamt sechs Personen die vom Handelsunternehmen und dem WWS-Hersteller und der Prof. Becker GmbH gestellt wurden. Die Aufgabenverteilung kann Tabelle 2 entnommen werden.

Tabelle 2: Aufgabenverteilung

Firma	Aufgaben
Handelsunternehmen	• Gesamtprojektleitung • Schnittstelle zum Altsystem
Softwarehersteller	• Umsetzung DWH-Struktur • Schnittstelle zu WWS
Prof. Becker GmbH	• Interne Projektleitung • Definition der DWH-Struktur • Aufbereitung der Altsystemdaten • Aufbau der Aggregate • Aufbau der Cognos Systemumgebung • Erstellung der Standardberichte und Cubes des Soll-Konzepts

Die technische Systemabnahme erfolgt durch den Bereich IT/Organisation, die fachliche Abnahme des Berichtswesens durch das Controlling bzw. bei Einzelberichten durch die jeweiligen Fachabteilungen als Berichtsempfänger. Bereits parallel zur Entwicklung wurden neue Berichtsanforderungen direkt durch den Bereich Controlling umgesetzt.

2.4.1 Ableitung der Data-Warehouse-Architektur

Im ersten Schritt der Realisierung wurden aus dem erarbeiteten Soll-Konzept insgesamt sechs Basis-Faktentabellen und zwölf Dimensionstabellen abgeleitet, die den identifizierten Informationsbedarf abdecken. Bei der Gestaltung konnte neben dem H2-Modell auch das vom Warenwirtschaftssystem mitgelieferte Referenz-Data-Warehousemodell genutzt werden, wodurch der Aufwand für die Schnittstellenrealisierung wesentlich reduziert werden konnte. Die vier zentralen Faktentabellen sind:

- *Umsätze*
  Die Fakttabelle enthält alle Kassentransaktionen vom Handelsunternehmen mit Zeitstempel. Das Volumen umfasst ca. 4 Mio. Datensätze pro Jahr.
- *Bestände*
  Bestandsinformationen werden auf Artikel- und Lagerortebene im Data Warehouse vorgehalten. Dabei stehen jeweils die Monatsendbestände und der Bestand des Vortages zur Verfügung. Das jährliche Datenvolumen beläuft sich auf ca. 18 Mio. Datensätze, wobei nur Artikel mit Bestand am Lagerort erfasst werden.
- *Lagerbewegungen*
  Alle Lagerbewegungen werden auf Artikelebene mit Zeitstempel ins Data Warehouse übernommen. Es werden mehr als 10 Mio. Lagerbewegungen im Jahr übernommen.
- *Beschaffungsdaten*
  Die Beschaffungsdaten umfassen alle Einkaufsaufträge aus der Warenwirtschaft auf Positionsebene. Das Datenvolumen bewegt sich bei mehr als 100.000 Datensätzen jährlich.

Da die meisten Berichte des Handelsunternehmens Daten auf Monatsebene auswerten, wurde basierend auf den Basis-Faktentabellen für die Lagerbewegungen und Beschaffungsdaten jeweils ein Aggregat auf Monatsebene definiert. Ebenso wurde ein Aggregat für die monatlichen Umsatzdaten vorgesehen, welches zusätzlich die entsprechenden Bestandsinformationen enthält. Abschließend wurde ein Aggregat ohne Artikelinformationen definierte, welches auf Warenbereichsebene alle Basis-Faktinformationen vereint. Hierdurch reduziert sich die Anzahl der Datensätze von ca. 60 Mio. für drei Geschäftsjahre auf Artikelebenen auf ca. drei Mio. Datensätze. Die Zusammenhänge im DWH-Schema sind in Abb. 10 skizziert.

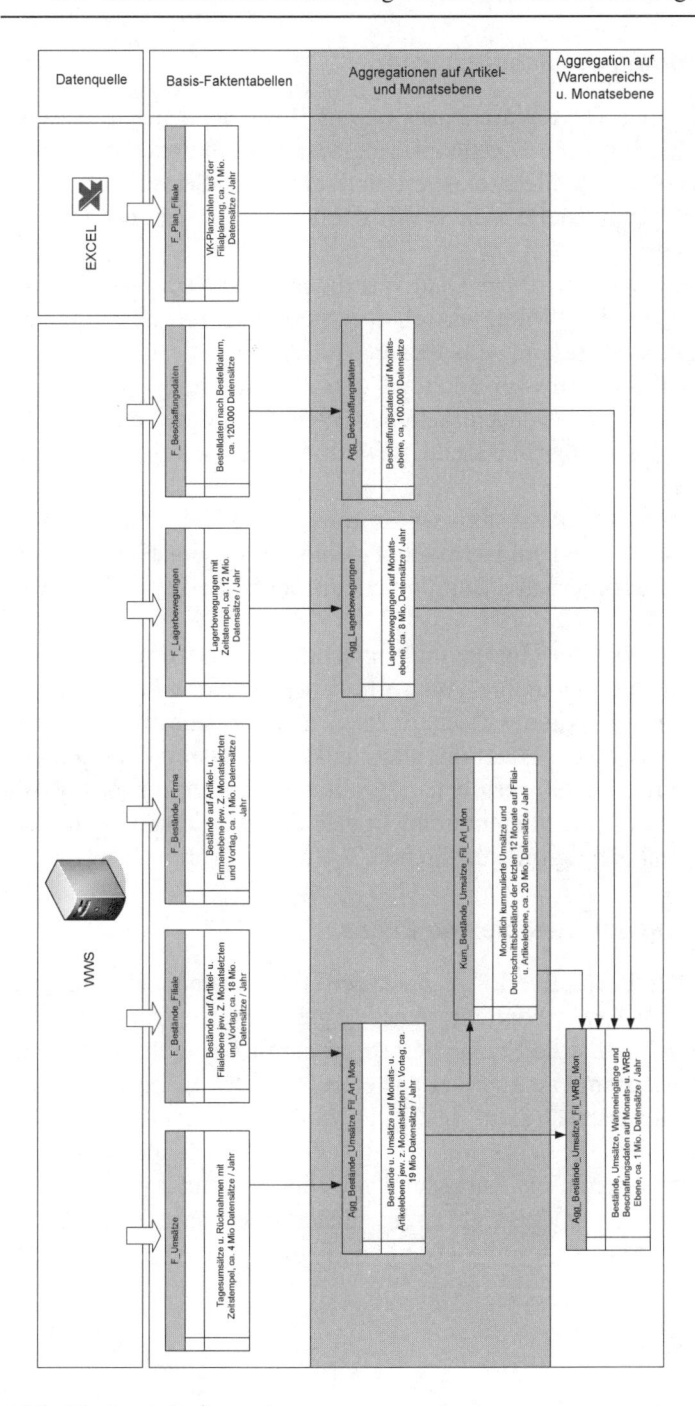

XII Berichtswesenverbesserung bei der Softwareeinführung: Beispiel 259

Abb. 10: Aggregationsschema

2.4.2 Realisierung der Schnittstellen

Die Realisierung des Data Warehouses ist auf Basis des Microsoft SQL-Servers erfolgt, da für diese Datenbank eine Standardschnittstelle des Warenwirtschaftssystemherstellers existiert und der SQL-Server bereits im Einsatz war. Die Schnittstelle zum WWS wurde über ein eigenes Design-Werkzeug realisiert.

Über die Schnittstelle wird das Data Warehouse jede Nacht mit den Daten des Vortages aus dem Warenwirtschaftssystem versorgt. Nachträgliche Buchungen werden bis zum jeweils letzten Monatsabschluss übernommen. Der Monatsabschluss kann vom Bereich Controlling ausgelöst werden und führt neben dem Ausschluss nachträglicher Buchungen dazu, dass für den Abschlussstichtag eine abschließende Bewertung der Lagerbestände vorgenommen wird.

Die Schnittstelle zum Altsystem wurde über die DTS-Funktionalitäten des SQL-Servers realisiert und ermöglicht eine halbautomatische Datenübernahme in frei definierbaren Zeiträumen aus der bisherigen Warenwirtschaft.

Herausforderung bei der Umsetzung der Schnittstellen war die Notwendigkeit, dass eine durchgängige Auswertung der bisherigen Daten und gleichzeitig der neuen Warenwirtschaftsdaten möglich sein musste. Hierfür war eine Voraussetzung, dass die alten und neuen Daten über gemeinsame Stammdatenschlüssel verfügen. Da mit der Einführung des WWS bspw. der Aufbau der Lieferantennummern geändert wurde, musste im Data Warehouse durchgängig mit künstlichen Schlüsseln gearbeitet werden.

2.4.3 Erstellung der Berichte und Cubes

Die Erstellung der Berichte erfolgte nach der ersten Datenübernahme aus dem Altsystem. Dieses ermöglichte eine vergleichsweise frühzeitige Erstellung der Berichte, da die Schnittstelle zum parallel eingeführten neuen Warenwirtschaftssystem erst zu einer späteren Projektphase realisiert werden konnte. Da die Datenstruktur des Data Warehouses fest definiert war, konnten die erstellten Berichte mit Fertigstellung der Schnittstelle zum Warenwirtschaftssystem ohne Anpassungen weiterverwendet werden.

Gleiches gilt für die beiden Cubes, die zunächst auf Basis der Altdaten erstellt wurden und später um die Daten aus dem WWS erweitert werden konnten.

2.5 Fazit

Die Möglichkeit einer frühzeitigen Berichtserstellung auf Basis der Altdaten war ein großer Vorteil, da das Projekt damit von der Einführung des

Warenwirtschaftssystems entkoppelt werden konnte. Die Schnittstelle zur neuen Warenwirtschaft war anfangs einer Reihe von Änderungen unterworfen, die in den verschiedenen projektspezifischen Anpassungen des WWS begründet liegt, die parallel zum Berichtswesenprojekt umgesetzt wurden.

Die H2-Methode trug dazu bei, dass darauf verzichtet werden konnte, redundant einen zumeist teuren Demo-Server einzurichten, um diesen als Kommunikationsbasis für die Diskussion mit den Fachabteilungen zu nutzen. Die Darstellung der Modelle war zur strukturierten Diskussion über den Inhalt von Berichten ausreichend, so dass nur im Einzelfall auf Ausdrucke der Originalberichte zurückgegriffen werden musste und auf eine grafische Aufbereitung der Soll-Berichte verzichtet werden konnte.[10] Auch die kontinuierliche Anpassung und Pflege des Berichtswesens kann so unterstützt werden. Integriert, d. h. systemübergreifend und über verschiedene Release-Versionen hinweg können die Berichte in der H2-Notation dokumentiert werden.

Ein eindeutiger Vorteil der zeitgleichen Berichtswesen- und Warenwirtschaftssystemeinführung ist, dass Anforderungen gegenseitig direkt berücksichtigt werden konnten. So gab es einerseits eine Reihe von operativen Auswertungen, die über das Berichtswesen einfacher realisiert wurden als dies in der Warenwirtschaft möglich gewesen wäre. Andererseits lieferte das Berichtswesenprojekt Hinweise zu auswertungsrelevanten Attributen, die direkt in die Stammdaten des Warenwirtschaftsystems aufgenommen wurden.

Insgesamt konnte der Projektzeitplan eingehalten werden und das Data Warehouse bereits vor Einführung des Warenwirtschaftssystems genutzt werden.

3 Literatur

Becker, J.: Stichwort Management-Informationssystem (MIS). In: Handwörterbuch der Betriebswirtschaft. Hrsg.: Köhler, R.; Küpper, H. U.; Pfingsten, A. Stuttgart. Erscheint 2007.

Becker, J.; Janiesch, C.; Knackstedt, R.; Müller-Wienbergen, F.; Seidel, S. (2007). H2 for Reporting - Analyse, Konzeption und kontinuierliches Metadatenmanagement von Management-Informationssystemen. Arbeitsberichte des Instituts für Wirtschaftsinformatik No. 115. Hrsg.: J. Becker, H. L. Grob, S. Klein, H. Kuchen, U. Müller-Funk und G. Vossen, Münster.

---

[10] Bzgl. eines prototypbasierten Vorgehens vgl. Becker, Maßing, Janiesch (2006).

Becker, J.; Janiesch, C.; Pfeiffer, D.; Seidel, S.: Evolutionary Method Engineering – Towards a Method for the Analysis and Conception of Management Information Systems. In: Proceedings of the 12th Americas Conference on Information Systems (AMCIS 2006). Acapulco, Mexico 2006. S. 3922-3933.

Becker, J.; Köster, C.; Sandmann, D.: Konsolidierung des Berichtswesens. In: Controlling – Zeitschrift für erfolgsorientierte Unternehmenssteuerung. 18 (2006) 10, S. 501-508.

Becker, J.; Maßing, D.; Janiesch, C.: Ein evolutionäres Vorgehensmodell zur Einführung von Corporate Performance Management Systemen. In: Proceedings of the DW2006 - Integration, Informationslogistik und Architektur. Lecture Notes in Informatics. Friedrichshafen, Germany. 2006. S. 247-262.

Becker, J.; Seidel, S.; Sandmann, D.: Wer benötigt wann welche Informationen?. In: Proceedings der 18. Deutsche ORACLE-Anwenderkonferenz. Mannheim. 2005. S. 528-533.

Becker, J.; Winkelmann, A.: Handelscontrolling. Optimale Informationsversorgung mit Kennzahlen. Berlin, Heidelberg, New York 2006.

Behme, W.; Holthuis, J.; Mucksch, H.: Umsetzung multidimensionaler Strukturen. In: Das Data Warehouse-Konzept. Architektur - Datenmodelle – Anwendungen. Hrsg.: H. Mucksch, W. Behme. 4. Aufl., Wiesbaden 2000, S. 215-241.

Blohm, H.: Die Gestaltung des betrieblichen Berichtswesens als Problem der Leitungsorganisation. Herne, Berlin, 1970.

Chamoni, P.; Gluchowski, P.: On-Line Analytical Processing (OLAP). In: In: Das Data Warehouse-Konzept. Architektur - Datenmodelle - Anwendungen. Hrsg.: H. Mucksch, W. Behme. 4. Aufl., Wiesbaden 2000, S. 333-376.

Oppelt, R. U. G.: Computerunterstützung für das Management: neue Möglichkeiten der computerbasierten Informationsunterstützung oberster Führungskräfte auf dem Weg vom MIS zum EIS? Dissertation. München 1995.

Swiontek, J.: Realität und Versprechungen von Führungsinformationssystemen. Dissertation. Frankfurt am Main 1997.

Waniczek, M.: Berichtswesen optimieren. Frankfurt, Wien, 2002.

XIII Case Study – Erfahrungen bei der Evaluation und Einführung eines neuen Warenwirtschaftssystems bei der Loeb Warenhaus AG

Eric Scherer, i2s GmbH

Bruno Jakob, Loeb Warenhaus AG

1 Die Loeb Warenhaus AG

Die Loeb Warenhaus AG ist Teil der Loeb-Gruppe und unterhält im Kanton Bern sowie in der Schweizer Region Mittelland elf Warenhäuser. Das Sortiment umfasst dabei weit über 100.000 Artikel. Der Hauptsitz des mittelständisch geprägten Familienunternehmens befindet sich in Bern, wo auch das Haupthaus in unmittelbarer Nähe des Hauptbahnhofs zu finden ist. Loeb ist auf Grund seiner Tradition, der regionalen Verbundenheit und der überschaubaren Größe von seiner Kundenorientierung geprägt. Alleinstellungsmerkmale sind dabei das breite Sortiment, ein außerordentliches Dienstleistungsangebot sowie ein hoch stehender Kundenservice und Beratung.

1.1 Weg von der Zettelwirtschaft ...

Über lange Jahre hinweg waren die Organisation und Prozesse von den Filialorganisationen geprägt: Die Sortimentsplanung und der Einkauf wurden durch die einzelnen Filialen weitgehend selbständig abgewickelt, wobei die Führungskräfte nach Warengruppen bzw. Verkaufsabteilungen (in der Schweiz spricht man von „Rayons") organisiert waren und jeweils gleichzeitig für den Einkauf und den Verkauf zuständig waren. In der Folge entwickelten sich je nach Bereich unterschiedlichste Prozesse. Unternehmensweite Synergien konnten kaum genutzt werden.

Im Bereich der EDV-Systeme wurde bereits seit vielen Jahren SAP R/3 als Buchhaltungs- und Lohnsystem eingesetzt. Als Kassensystem wurde eine alte Lösung der Firma Bison Solutions, Sursee, eingesetzt, die Umsätze nach Warengruppen an SAP meldete. Im Bereich der Warenwirtschaft wurde kein zentrales und einheitliches System genutzt. Je nach Bereich kamen selbst gestrickte Excel-Lösungen aber auch noch Karteikästen und regelrechte „Zettelwirtschaften" genutzt. Da die Kassendaten nur wertmäßig verdichtet wurden, war eine mengenmäßige und artikelgenaue Warenbewirtschaftung nicht möglich.

1.2 ... zur zentralen Organisation und integrierten Warenwirtschaft

In den Jahren 2000/2001 wurde eine strategische Reorganisation beschlossen. Aufgabe war es, die Einkaufsorganisation vom Verkauf zu trennen und zentral am Hauptsitz neu zu strukturieren. Gleichzeitig sollte ein integriertes Warenwirtschaftssystem eingeführt werden. Grundlage für die Neustrukturierung bildete eine Potenzialstudie der strategischen Unternehmensberatung Andersen Consulting. In einem ersten Schritt wurde ohne tiefer gehende Evaluation entschieden, ein sehr mächtiges Warenwirtschaftssystem einzuführen. Die Ziele ergaben sich dabei wie folgt:

- Schaffung eines einheitlichen, durchgängigen Informationssystems für das gesamte Unternehmen,
- Unterstützung des Zentraleinkaufs durch Abbildung aller Waren- und Informationsflüsse,
- Standardisierung und Automatisierung der Prozesse,
- Verbesserung der Planungsprozesse, v. a. in den Bereichen Sortimentsplanung und Budgetkontrolle,
- Erhöhung der Kostentransparenz inkl. Produktkostenkalkulation,
- Schaffung einer Basis für die schnelle und flexible Anpassung aller Unternehmensprozesse und -strukturen bei zukünftigen Änderungen nach Produktivstart,
- Kostensenkung in der Informatik.

2 Der erste Anlauf bringt wenig Ergebnisse aber viel Erfahrung

Innerhalb relativ kurzer Zeit wurde klar, dass der gewählte Ansatz, ein mächtiges Warenwirtschaftssystem mit einer großen, externen Beratungsmannschaft einzuführen, nicht erfolgreich sein konnte. Das System war für viele der am Projekt beteiligten internen Mitarbeiter ein „Buch mit sieben Siegeln", die eher akademisch ausgebildeten Berater sorgten zunehmend für Orientierungslosigkeit, da immer wieder die zahlreichen Möglichkeiten des System in allen Varianten vorgestellt und geschult wurden, statt pragmatische Entscheidungen zu fällen. Daneben wurden zahlreiche wichtige Aufgaben, etwa die Aufbereitung der z. T. nur auf Papier vorhandenen Artikelstammdaten und eine Neustrukturierung der Sortimente vernachlässigt. Nach einigen Monaten wurde das Projekt durch den Verwaltungsrat und die Geschäftsleitung gestoppt und eine Neuorientierungsphase angestrebt. Während dieser Phase wurde das Zürcher Beratungsunternehmen i2s verstärkt hinzugezogen.

Tabelle 1: Chronologie des Projektes „Neue Warenwirtschaft"

2001	• Studie durch einen Strategieberater zur Restrukturierung der Organisation • Entscheid, die Einkaufsorganisation zu zentralisieren • Entscheid, ein "mächtiges" Warenwirtschaftssystem einzuführen • Paralle Durchführung eines Reorganisationsprojekt
2002	• Einführungsprojekt "bläht sich zusehends auf" • Abbruch der Einführung des Warenwirtschaftssystems • Fortführung der Reorganisation (Schwerpunkt Change und Standardisierung Prozesse)
2003	• Fortführung der Reorganisation • Einführung einfachster Hilfsmittel im Einkauf (Standardisiertes Excel-Sheet) • Start der Datenaufbereitung • Start strukturierte Aufbereitung Artikel- und Sortimentsdaten • Potenzialanalyse „Elektronischer Datenaustausch mit Lieferanten" (EDI) • Auswahl eines neuen, "schlanken" Warenwirtschaftssystems (Navision) • Planungs- und Vorbereitungsarbeiten Einführung Navision
2004	• Schrittweise Einführung Navision (nach Warengruppen)
2005	• Navision-Warenwirtschaft "Live" (in time, in scope und in budget!) • Durchführung eines Prozess- und System-Assessments • Kontinuierliche Verbesserung (in kleinen Schritten)
2006	• Realisierung von weiterführenden Funktionalitäten, u.a. verstärkte Anbindung Lieferanten über EDI und Ausgliederung Rechnungsprüfungsprozess

3 Neubeginn

3.1 Neuaufsetzen der Evaluation

Auf Grund der schlechten Erfahrung mit dem schnellen Evaluationsentscheid im ersten Anlauf, wurde nun beschlossen, nochmals eine vollständige und strukturierte Evaluation durchzuführen.[205] Dazu wurde ein klassisches Vorgehen nach dem 3-Phasen-Modell[206] gewählt. Des Weiteren wurde beschlossen, die Evaluationsdatenbank „IT-Matchmaker" der Aachener Trovarit AG einzusetzen (vgl. Abb. 1). Zentrales Element des IT-Matchmakers ist ein umfassender Fragenkatalog. Zum Einsatz kam der spezifisch auf den Bereich Handel ausgerichtete Katalog „Warenwirtschaftssysteme"[207] der vom Lehrstuhl von Professor Becker an der Universität Münster entwickelt wurde. Die nachfolgende Abbildung zeigt das Beispiel einer Management-Auswertung der Ergebnisse einer IT-Matchmaker-Analyse.

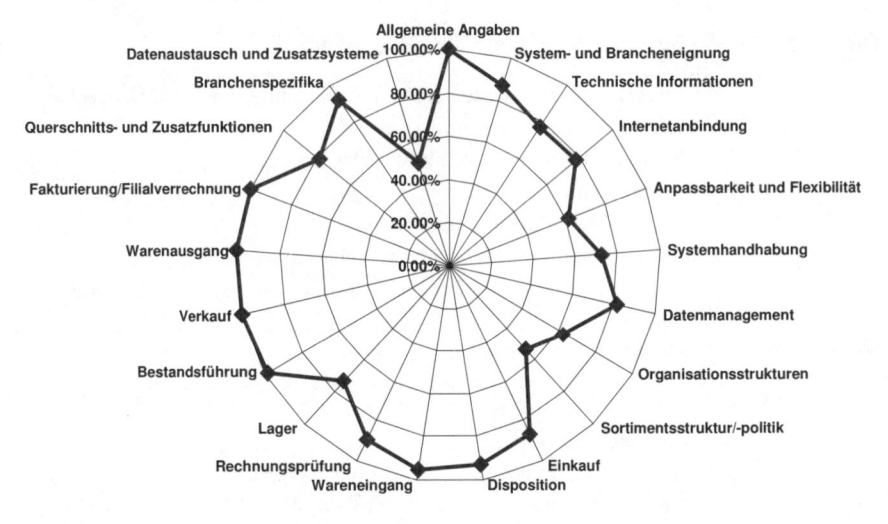

Abb. 1: Beispiel einer IT-Matchmaker-Auswertung (Grobsicht) für den Bereich Einzelhandel[208]

3.2 Zielsetzung und Anforderungen

Grundsätzlich wurden mit dem neu aufgesetzten Projekt dieselben Ziele verfolgt, wie bereits beim „ersten Anlauf". Dennoch wurde eine saubere Anforderungsanalyse durchgeführt. Die Grobanforderungen ergaben sich dabei wie folgt:
- Abbildung der Unternehmensprozesse mit Fokus Warenwirtschaft
- Abbildung der Beschaffungs- und Filialbelieferungsmechanismen

---

[205] Vgl. Scherer (2003).
[206] Vgl. Schuh (2006).
[207] Vering, Weidenhaun (2006).
[208] Quelle: Trovarit AG / i2s GmbH

XIII Case Study: Evaluation und Einführung eines WWS bei Loeb

- Abbildung des Artikelstamms und der entsprechenden Pflege- und Replikationsmechanismen
- Einfache Nutzung des Systems in den Filialen (z. B. über Integration in Kasse und Nutzung über Web-Interface)
- Mehrsprachiger Artikelstamm (D/F) und mehrsprachige Bedienoberfläche (D/F) (nur für Screens, die auch in Filialen genutzt werden: Filial-Info-System)

Damit sollte der vollständige Warenwirtschaftskreislauf abgebildet werden (vgl. Abb. 2).

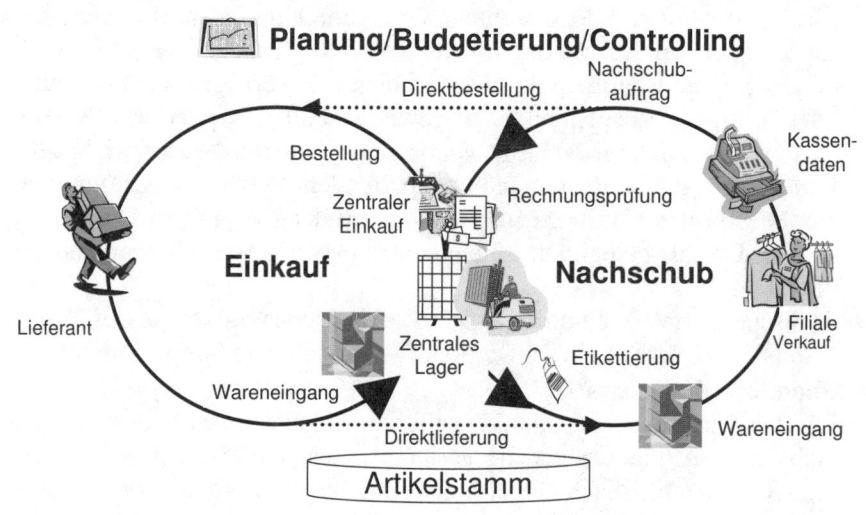

Abb. 2: Warenwirtschaftskreislauf

3.3 Den Spagat wagen: Standardsoftware im Bereich Warenhäuser

Grundsätzlich war es das Ziel, ein am Markt verfügbares Warenwirtschaftssystem zu finden, das die Anforderungen seitens Loeb möglichst weitgehend im Standard abdeckt. Für die verbleibenden Anpassungen sollte das System möglichst flexibel sein, damit diese ohne große Aufwände und dennoch Release fähig durchgeführt werden konnten. Größte Herausforderung für Loeb war, dass im Einzelhandel und insbesondere im Warenhausbereich noch immer mehrheitlich Individualentwicklungen zum Einsatz kamen und sich nur relativ wenig Standards herausgebildet haben[209]. Diese wiederum unterscheiden sich zwischen so unterschiedlichen Bereichen wie Fashion, Hartwaren und Lebensmittel erheblich. Loeb – als Vollsortimenter in allen genannten Bereich unterwegs – musste einen gewissen Spagat wagen, um fündig zu werden:

- **Fashion bzw. Textil**
  Für den Bereich Fashion bzw. Textil gibt es eine ganze Anzahl von spezifischen Standardwarenwirtschaftssystemen. Ihnen ist gemeinsam, dass sie die im Bereich Fashion üblichen Farb- und Größenvarianten in Form einer Fashion-Matrix und anschließenden Artikel-Schnellanlage einfach abbilden. Die angebotenen Systeme werden dabei in einem gewissen Masse sowohl von Produzenten, Großverteilern als auch durch den Einzelhandel eingesetzt. In aller Regel sind die Kunden solcher Systeme eher kleine und mittelgroße Unternehmen und verfügen nur über einen oder wenige Verkaufspunkte. In gewissen Fällen werden die Systeme auch von Ketten mit zahlreichen Verkaufspunkten betrieben. In aller Regel wird auf explizite Funktionen für den Vertrieb eines zentralen Verteilzentrums verzichtet und das Prinzip der Lieferanten-Direktlieferung zu Grunde gelegt. Die Anbieter sind entsprechend klein und nur regional tätig.
  Typische Vertreter: FuturERS, Salt/Alexa, Medeas (vormals busWWS), fashion2000, MOVEX (Schwerpunkt Wholesale und Supply Chain)

- **Food bzw. Lebensmittel**
  Für den Bereich Lebensmittel existiert eine kleine Anzahl von hoch spezialisierten Anbietern, die die gesamte Lebensmittel-Supply-Chain anbieten. Charakteristische Funktionen sind die Handhabung von Mindesthaltbarkeitsdaten, Chargenrückverfolgung, Lagervorschriften, Mengenzuteilungen sowie der Frische-Logistik. In aller Regel richten sich die auf den Bereich Lebensmittel ausgerichteten Anbieter auf große bis sehr große Kunden und sind daher europaweit oder weltweit tätig. In aller Regel sind die Systeme im IT-Matchmaker vertreten.
  Typische Vertreter: Maxess, Compex, G.O.L.D.

- **Staple**
  Für den breiten Bereich Staple gibt es das am wenigsten spezifische Angebot. Zum Einsatz kommen entweder Systeme, die auf Vollsortimenter ausgerichtet sind (z. B. Oracle Retail) oder Systeme, die eigentlich aus dem Bereich des (industriellen) Großhandels kommen. Die Systemvielfalt ist in diesem Bereich am größten und lässt sich daher schlecht fassen.
  Typische Vertreter lassen sich nicht einfach eingrenzen, sind jedoch u. a. SAP, Axapta und Navision.

---

[209] Vgl. Scherer (2005), S. 49 f.

- **Warenhäuser (Department-Store)**
  Eine Sonderstellung nehmen Systeme für den relativ begrenzten Markt der Warenhäuser bzw. Department-Stores ein. Diese Systeme richten sich i. d. R. an größere Unternehmen und werden weltweit angeboten. In aller Regel existiert jedoch keine lokale oder nationale Präsenz und die Projekte werden in englischer Sprache abgewickelt.
  Die führenden und bekannten Vertreter dieser Klasse sind Oracle Retail (vormals Retek) und JDA.

3.4 Suche auf einem unübersichtlichen Markt

Um schrittweise einen Überblick über einen so unübersichtlichen Markt zu gewinnen, war das angestrebte Vorgehen vom Groben zum Detail bestens geeignet. Abb. 3 stellt das Vorgehen im Fall Loeb grob dar.

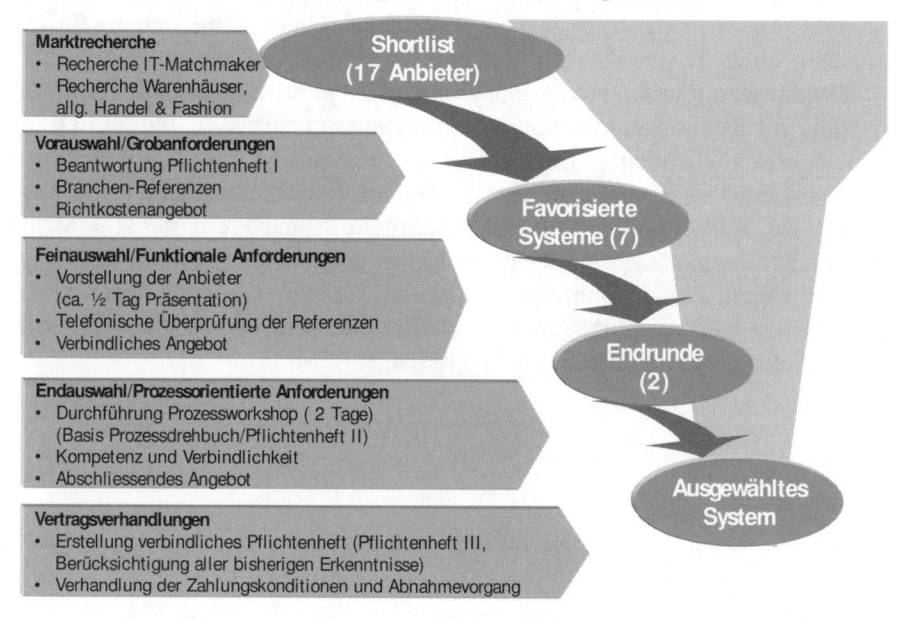

Marktrecherche
- Recherche IT-Matchmaker
- Recherche Warenhäuser, allg. Handel & Fashion

→ Shortlist (17 Anbieter)

Vorauswahl/Grobanforderungen
- Beantwortung Pflichtenheft I
- Branchen-Referenzen
- Richtkostenangebot

→ Favorisierte Systeme (7)

Feinauswahl/Funktionale Anforderungen
- Vorstellung der Anbieter (ca. ½ Tag Präsentation)
- Telefonische Überprüfung der Referenzen
- Verbindliches Angebot

→ Endrunde (2)

Endauswahl/Prozessorientierte Anforderungen
- Durchführung Prozessworkshop (2 Tage) (Basis Prozessdrehbuch/Pflichtenheft II)
- Kompetenz und Verbindlichkeit
- Abschliessendes Angebot

→ Ausgewähltes System

Vertragsverhandlungen
- Erstellung verbindliches Pflichtenheft (Pflichtenheft III, Berücksichtigung aller bisherigen Erkenntnisse)
- Verhandlung der Zahlungskonditionen und Abnahmevorgang

Abb. 3: Gewähltes Vorgehen zur Evaluation in Anlehnung an das 3-Phasen-Modell

Insgesamt wurden für die Evaluation etwas über drei Monate benötigt. Dieser ambitionierte Terminplan war möglich, da auf Grund der vielfältigen Vorarbeiten die eigentliche Anforderungsanalyse nicht grundsätzlich von Anfang an aufgesetzt werden musste. Dennoch war es notwendig, noch bevor die ersten Anbieter gesichtet wurden, die Anforderungen durchzugehen und an zahlreichen Stellen bereits im Vorfeld nach der

80/20-Regel und unter einer konsequenten Kosten-Nutzen-Betrachtung abzuspecken. Kompromissfähigkeit innerhalb der verschiedenen Funktionsbereiche und über die verschiedenen Warengruppen hinweg waren dabei eine der wichtigsten Erfolgskriterien. Zum Erfolg beigetragen haben aber auch der persönliche Einsatz eines Verwaltungsrates und Mitglieds der Besitzerfamilie, der konsequent an allen Präsentationen und Entscheidungssitzungen teilnahm und die deutliche Abspeckung des Evaluationsteams auf wenige Personen, zumeist direkt aus der Geschäftsleitung.

Eine wichtige Rolle spielte auch die Kommunikation mit den Anbietern: Statt eines umfassenden Pflichtenheftes wurden im Rahmen der Erstansprache den Anbietern nur eine Foliensammlung (ca. 25 Seiten Umfang) zugesandt sowie eine Aufstellung von kritischen Kriterien zur Stellungnahme. Erst in den weiteren Schritten wurden die Anforderungen schrittweise und in ausführlicher Form den Anbietern überlassen. Durch diesen Ansatz war es möglich, ungeeignete Anbieter relativ schnell ausfindig zu machen ohne in Details zu versinken. Von allen Anbieterkontakten und Präsentationen wurde jeweils ein Protokoll angefertigt, das dem Anbieter jeweils zur Kenntnisnahme und Kommentierung überlassen wurde. Erst in einem abschließenden Schritt wurde das endgültige Lastenheft erstellt. Dies entstand im Sinne einer abschließenden Redaktionsarbeit, wobei der bereits zu Vorauswahl erstellte und schrittweise nachgeführte IT-Matchmaker-Kriterienkatalog das zentrale Element darstellte. Abb. 4 stellt die verschiedenen Dokumente zur Anforderungsdokumentation dar und zeigt auf, in wie weit diese das gesamte Anforderungsspektrum abdecken und wie tief der jeweilige Detaillierungsgrad war.

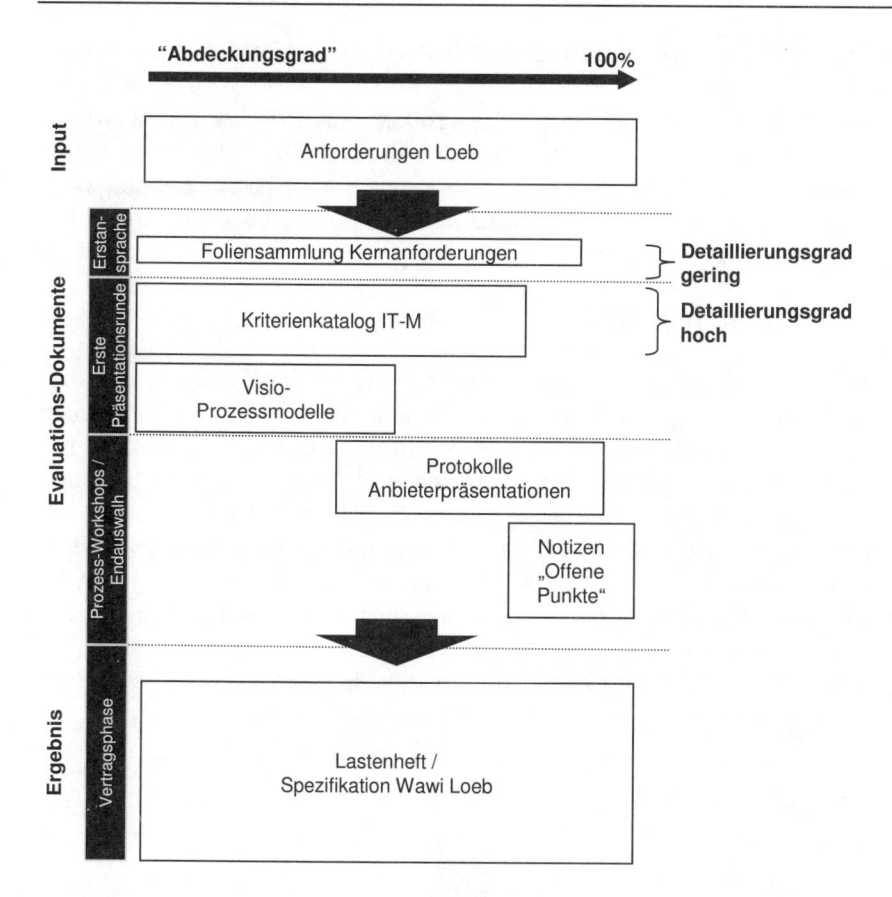

Abb. 4: Ablauf der Evaluation und verwendete Dokumente

3.5 Der Sieger heißt ...

Im Rahmen der vorliegenden Fallstudie ist es nicht sinnvoll, auf die effektiven Gründe für den Entscheid der Firma Loeb einzugehen, da letztlich jeder Entscheid individuell für das eigene Unternehmen und im Kontext mit der jeweiligen Situation zu sehen ist. Im Laufe der Evaluation bei Loeb zeigte sich, dass Systeme m. U. nur so gut sein können, wie die Personen, die sie einführen. Neben einem sehr guten Branchenverständnis – nicht zwingend Branchenwissen! – war im Fall Loeb vor allem ein für den Mittelstand geeigneter Arbeitsstil gewünscht. Bereits in den Präsentationen zeigten sich hier sehr große Unterschiede zwischen den einzelnen Anbietern. Eine einfache, aber wirkungsvolle Testfrage war daher immer und immer wieder „Wie viele Berater sind für unser Projekt notwendig?" Die genannten Zahlen reichten von „eins" bis „vierzehn". Der letztlich gewählte Anbieter nannte eine Zahl von „zwei bis drei".

Die Wahl fiel letztendlich auf das Produkt Navision der Firma Microsoft, wobei ein Branchentemplate für den Bereich Retail der Firma Landsteinar Strengur (http://www.lsretail.com) mit Sitz in Island gewählt wurde. Einführungspartner war die Firma MGA, Lyss, die über langjährige Erfahrung mit Navision verfügte.

3.6 Die Kosten im Griff

Für einige Verärgerung sorgten die extrem streuenden Kosten, was insbesondere bei den Entscheidungsträgern für erhebliche Verwirrung und auch einige Unsicherheit sorgte. Um hier schrittweise einen Überblick zu gewinnen, wurden während allen Evaluationsschritten die Kosten von den Anbietern eingefordert und nach jedem Schritt eine Überarbeitung des Budgets erbeten. Ziel war es, von vornherein mit einem machbaren Budget das Projekt zu planen und dieses während der Umsetzung zu halten. Abb. 5 gibt einen Überblick über die verschiedenen Elemente des Budgets und zeigt auf, wie diese in Relation zu den verschiedenen Angeboten bzw. Angebotspositionen stehen. Letztlich ergab sich ein Budget das mit einer Abweichung von weniger als 1 Prozent gehalten werden konnte!

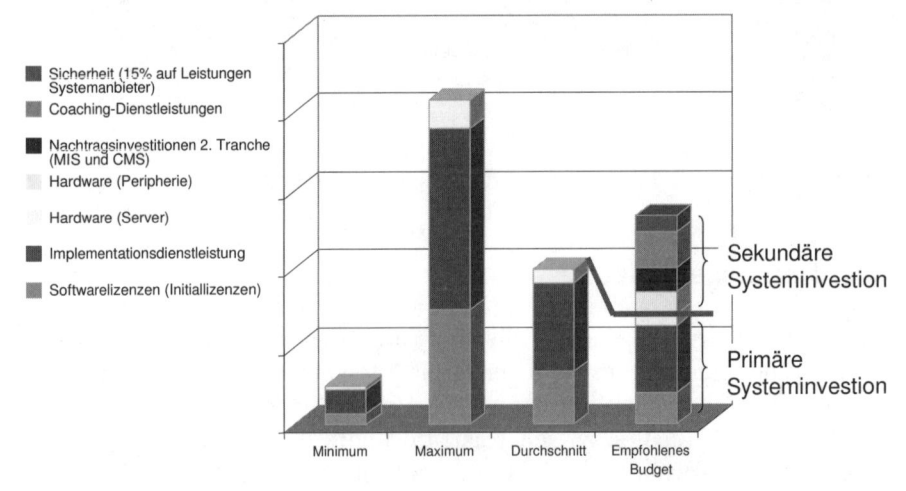

Abb. 5: Elemente des Budgets

3.7 Gesunder Menschenverstand: Erfahrungen aus der Umsetzung

Im Rahmen der Umsetzung wurde ein sehr pragmatisches Vorgehen gewählt. Statt eines großen Projektteams wurde eine kleine Gruppe von drei Mitarbeitenden als Kernteam installiert. Neben dem Projektleiter waren dies zwei Personen, die sich vor allem um die Aufbereitung der Artikelstammdaten kümmerten. Das Projektteam wurde durch eine Anzahl von Key-Usern ergänzt, die jeweils gezielt und gut vorbereitet in die Projektarbeit eingebunden wurden.

Wesentlicher Taktgeber für den Einführungsfortschritt war die Aufbereitung der Artikel-Stammdaten, der gezielt geplant und laufend gemessen wurde. Kritische Fragen waren dabei die jeweilige Qualität der Altdaten, die Kompetenz und Verfügbarkeit von Ressourcen im jeweiligen Bereich sowie der Menge der Daten.

Zentraler Erfolgsfaktor war letztlich jedoch ein konsequentes Festhalten am „gesunden Menschenverstand", die Fokussierung auf pragmatische Lösung anstatt von „Luxus" sowie eine konsequent schnelle Entscheidungsfindung. Eine wichtige Rolle nahm dabei der Projektleiter ein, der viele Entscheidungen gezielt aufbereitete und den jeweiligen Entscheidungsträgern so verständlich vorstellen konnte.

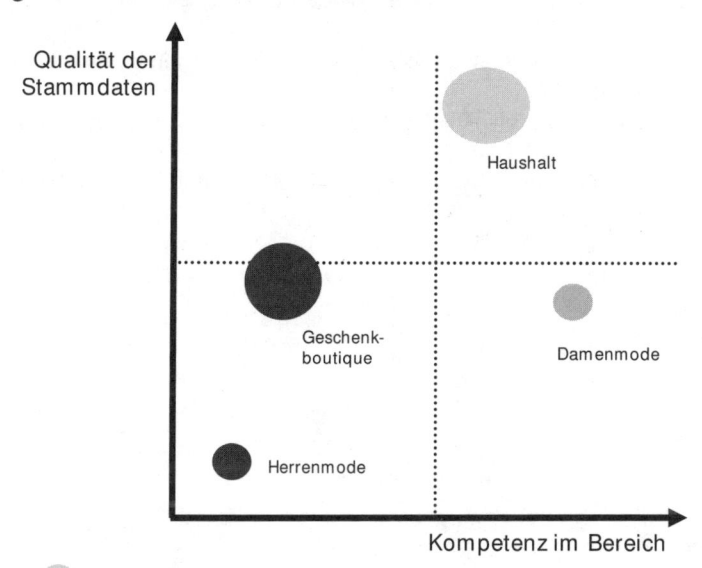

Abb. 6: Eine der zentralen Herausforderungen: Die Stammdatenaufbereitung (Beispiel eines Planungsportfolios)

4 „Rundum zufrieden"

Die Einführung von Navision bei der Loeb Warenhaus AG kann durchweg als voller Erfolg beschrieben werden.[210] Letztlich war es möglich, ein umfassendes, integriertes Warenwirtschaftssystem im Zeit- und Budgetrahmen einzuführen. Die interne Ressourcenbelastung konnte auf ein sinnvolles Maß beschränkt werden. Auf Grund der eingängigen Benutzeroberfläche des Systems war der Schulungsaufwand gering und die Akzeptanz bei den Betroffenen ausgesprochen hoch. Letztlich hat sich auch die „Ehrenrunde" und der erste, abgebrochene Versuch bezahlt gemacht, da die Organisation und die Entscheidungsträger konsequent aus den gemachten Erfahrungen gelernt haben und im zweiten Anlauf einen deutlich pragmatischeren und auf Loeb angepassten Ansatz wählten.

5 Literatur

Lippok, C.: Revolution bei Loeb, Textilwirtschaft 11/2006, S. 43.
Scherer, E.: Business Software evaluieren mit Methode, IT Report, 02/2003, S. 44-47.
Scherer, E.: Warenwirtschaftsysteme - kein Privileg der Grossen, Infoweek.ch, 15/2005, S. 49-50.
Schuh, G.: Produktionsplanung und -steuerung. Grundlagen, Gestaltung und Konzepte, Springer, Berlin 2006.
Vering, O., Weidenhaun, J.: Marktspiegel Business Software - Warenwirtschaft, Trovarit AG, Aachen 2006.
Weber, B.: Loeb lobt Navision für den Handel, Lebensmittel Zeitung vom 16.06.2005.

---

[210] Vgl. Weber (2005); Lippok (2006), S. 43.

XIV Case Study – Erfahrungen bei der ERP-Auswahl und -Einführung in kleinen und mittelständischen Industrieunternehmen

Karsten Klose, ERCIS

Axel Winkelmann, ERCIS

1 Ausgangssituation

1.1 Beschreibung des Unternehmens

Das in der Fallstudie betrachtete Unternehmen ist eine Firma der fertigenden Industrie mit geringer Fertigungstiefe aber einer hohen Variantenvielfalt. Das Unternehmen entwickelt seit den 70er-Jahren Metallprodukte. Es beschäftigt an seinem Standort ca. 125 Mitarbeiter und produziert mit Technologien wie Schweiß- und Fertigungsrobotern, CNC-Fertigungsanlagen oder der CAD-gestützte Planung und Entwicklung.

Die für die Fertigung erforderlichen Materialien werden nahezu ausschließlich zugekauft. Hierbei handelt es sich neben Hilfs- und Betriebsstoffen vor allem um Stahl in verschiedenen Abmessungen.

Die Auftragsabwicklung des Unternehmens erfolgt aufgrund der hohen Variantenvielfalt überwiegend kundenindividuell. Lediglich ein geringer Teil des Auftragsvolumens wird über die Standardprodukte abgedeckt, die bevorratet werden können und i d. R. innerhalb ein bis zwei Tagen an den Kunden ausgeliefert werden. Anfragen von Kunden werden vom Innenvertrieb angenommen und ggf. an den technischen Vertrieb zur Auftragsklärung weitergeben. Handelt es sich nicht um Standardware, kann erst nach der technischen Klärung mit der Fertigung begonnen werden.

1.2 IT-Infrastruktur vor der ERP-Systemeinführung

Die bisherige IT-Unterstützung der Geschäftsprozesse erfolgte auf Basis eines individuell in COBOL programmierten Systems, das durch einen Fremddienstleister entwickelt und betreut wurde. Der Schwerpunkt des bisherigen Systems bildete vornehmlich die Erstellung von Dokumenten, die für den Auftragsabwicklungsprozess benötigt wurden (z. B. das Erfassen von Aufträgen und Drucken von Auftragsbestätigungen, das Schreiben von Lieferscheinen und Rechnungen sowie die Erstellung von Arbeitspapieren).

Das Alter des – aus heutiger Sicht als nicht mehr zeitgemäß einzuschätzenden – Systems sowie die unvollständige funktionale Abdeckung wichtiger Funktionsbereiche stellten die Hauptgründe für die Ablösung der bestehenden IT-Infrastruktur durch ein integriertes ERP-/PPS-System dar. So erlaubte die bisherige Lösung bspw. weder eine Übernahme von Aufträgen aus Angeboten noch eine IT-gestützte Beschaffung und Beschaffungsplanung oder eine kapazitätsbasierte Einplanung von Fertigungsaufträgen. Die Kapazitätsplanung fand manuell durch einen erfahrenen Produktionsleiter statt. Die Auftragsannahme erfolgte überwiegend ohne Wissen über die Kapazitätsauslastung, eine echte Terminplanung fand nicht statt.

Ferner existierten eine Vielzahl von Medienbrüchen, insbesondere zwischen der Verwaltung und der Fertigung, die u. a. auf eine mangelnde infrastrukturelle Vernetzung zurückzuführen war. Es wurden aufgrund der mangelnden IT-Unterstützung unterschiedliche Tools wie Microsoft Excel verwendet und Daten häufig manuell gepflegt bzw. abgeglichen. Auch wurden z. B. Auftragsrückmelden händisch auf Arbeitskarten vermerkt, die anschließend manuell in das System eingegeben wurden. Eine automatisierte Betriebsdatenerfassung (BDE) existierte nicht. Daher standen entsprechenden Fertigungsauftragsdaten häufig erst mit einer Zeitverzögerung von einem Tag zur Verfügung.

Ebenso fehlte in großen Teilen eine IT-Unterstützung für die Aufbereitung controllingrelevanter Informationen (z. B. die Nachkalkulation von kundenindividuellen Aufträgen) oder die Möglichkeit der Anbindung des Systems an das Internet, um bspw. elektronische Daten mit wichtigen Geschäftspartnern auszutauschen.

2 Ablösung der alten Softwarelösung durch eine integrierte Standardsoftware

2.1 Vorbereitung

Zunächst wurden mittels Petri-Netzen die Material- und Informationsflüsse analysiert und dokumentiert, um einen Überblick über den Status Quo und das Potenzial einer Neusystemeinführung zu gewinnen. Mittels einer Stärken und Schwächen-(SWOT-)Analyse wurden die Unternehmensabläufe und Informationsflüsse bewertet. Die grobe Prozessübersicht und die identifizierten Unternehmensspezifika stellten anschließend eine Ausgangsbasis für die Systemauswahl dar. In Abb. 1 ist beispielhaft der Prozess der Angebotsbearbeitung in einer Petrinetz-Notation (DPN = Documentary Petri Nets) dargestellt.

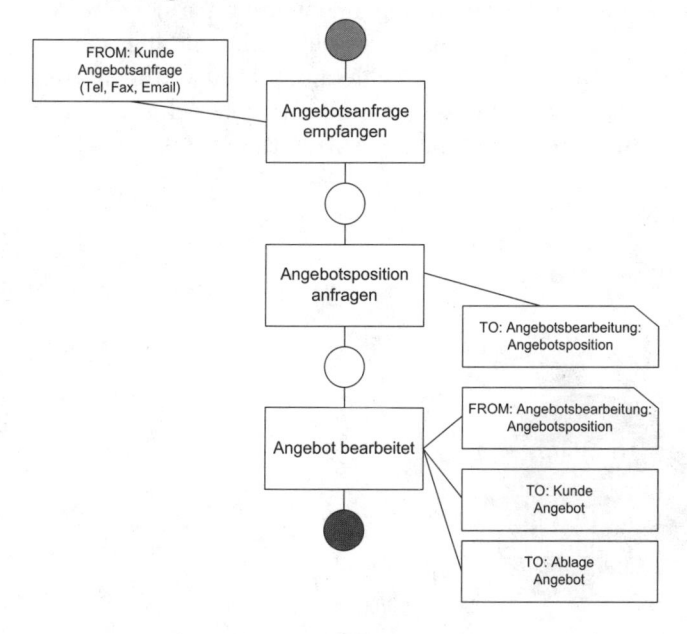

Abb. 1: Beispielhafte Modellierung des Prozesses der Angebotserstellung in Petrinetzdokumentation

Neben der (grobgranularen) Dokumentation der Geschäftsabläufe wurden als eine weitere projektvorbereitende Maßnahme Erfassungsterminals für die im Zuge der Einführung geplante Maschinendaten- und Betriebsdatenerfassung (MDE/BDE) angeschafft und zunächst mittels einer einfachen, auf MS Access basierenden Softwarelösung eingerichtet. Ziel war es einerseits, Maschinendaten (z. B. Rüst- und Bearbeitungszeiten für bestimmte Produkttypen) für die spätere Konfiguration des ERP-/PPS-Systems zu gewinnen. Andererseits sollte den Mitarbeitern in der Fertigung möglichst frühzeitig die Gelegenheit gegeben werden, sich mit den neuen Erfassungsvorgängen vertraut zu machen.

2.2 Sichtung des Angebots

Bei dem einzuführenden System sollte es sich um eine Lösung handeln, die einen starken Fokus auf der Abdeckung von PPS-Funktionalitäten besitzt. Das System muss eine kundenindividuelle Fertigung unterstützen und über eine Kapazitätsplanung verfügen. Da bis zum Zeitpunkt der ERP-/PPS-Einführung keine interne IT-Abteilung im Unternehmen vorhanden war, sollte auch nach der Systemeinführung geprüft werden, ob das neue System ohne eigenen IT-Verantwortlichen lauffähig zu halten ist und lediglich aperiodisch vom Hersteller bzw. Implementierungspartner gewartet werden kann. Daher sollte es zudem möglichst autonom lauffähig sein sowie über eine hohe Stabilität und geringe Fehleranfälligkeit verfügen. Aufgrund des mittelständischen Charakters des Industrieunternehmens sollte der Projektpartner ferner über eine Reihe von Mittelstandsreferenzen verfügen.

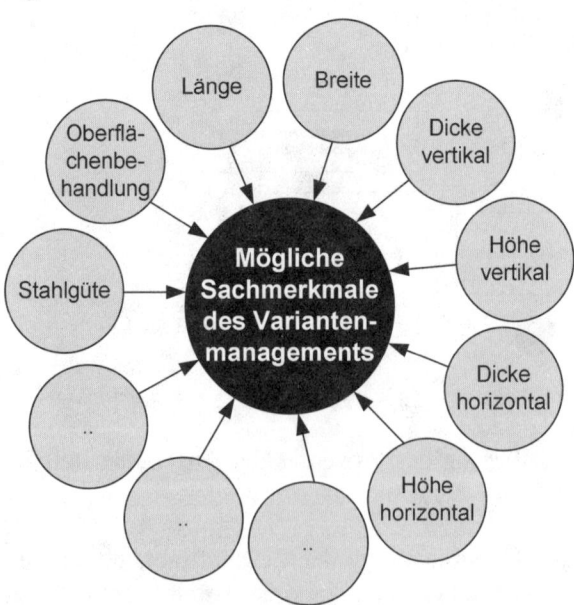

Abb. 2: Mögliche Sachmerkmale des Variantenmanagements

XIV Case Study: ERP-Auswahl und -Einführung bei Industrie-KMU

In einer ersten Übersicht wurden auf regionalen Messen und der CeBIT sowie mittels Fachzeitschriften und Branchen-Übersichten zunächst etwa 60 relevante Anbieter entsprechender ERP-Softwaresysteme identifiziert. Aus dieser Anbieterliste wurden im nächsten Schritt durch Web-Recherche oder Telefon-Kontakt alle Anbieter ohne PPS-Funktionalität eliminiert. Entsprechend der groben Unterstützung der Funktionen Variantenmanagement, Losbildung und überlappende Fertigung sowie Terminierung wurden die verbleibenden ca. 15 Systeme in die Kategorien „gute Kriterienerfüllung", „Kriterienerfüllung" und „Kriteriennichterfüllung" eingeordnet. Insbesondere die sehr variantenreiche Produktion schränkte die Auswahl an PPS-/ERP-Systemen erheblich ein. Abb. 2 verdeutlicht die Fülle an unterschiedlichen Sachmerkmalen, die bei der Variantenbildung innerhalb der kundenindividuellen Fertigung zu berücksichtigen sind.

Die drei Anbieter, die in der Vorsondierung als gut geeignet erschienen, wurden anschließend um ein erstes Angebot gebeten und zu einem Präsentationstermin eingeladen, wobei den Software-Herstellern ein konkretes Szenario für die Präsentation vorgegeben wurde (vgl. Abb. 3). Ziel war es, so weit wie möglich ein Standardsystem einzuführen, um zum einen die Kosten gering zu halten und zum anderen die Releasefähigkeit des Systems sicherzustellen. Die Entwicklung einer Individualsoftware stellte keine Alternative dar.

Allgemeine Vorgaben	- Fertigungsunternehmen mit geringer Fertigungstiefe - Zukauf der für die Fertigung notwendigen Materialien in verschiedenen Größen - Fertigungslinien mit unterschiedlichen Maschinenparametern - in der Sonderfertigung individuelle Anfertigungen mit Brennrobotern
Besonderheiten	- Fertigungsplanung mit dynamischer Losbildung - Terminierung mit überlappender Fertigung - komplexes Variantenmanagement, das bereits in der Angebotsphase zu berücksichtigen ist (z. B. durch die Berücksichtigung von Gewicht und Verzinkungskosten) - APIs für Anbindung eigener Module oder Datenim-/-export erwünscht - Schnittstellen zur BDE/MDE
Zu präsentierende Funktionen	- Angebotserstellung und -ablage, CRM - Auftragsannahme - Materialwirtschaft - Zeit- und Kapazitätswirtschaft - Fertigungsplanung und Terminierung - Fertigungsleitstand, Auftragsverfolgung - Schnittstellen oder Module für Lohnbuchhaltung und Rechnungswesen - Nachkalkulation

Abb. 3: Präsentationsvorgaben für die ERP-Hersteller (Auszug)

2.3 Entscheidung für einen ERP-Anbieter

Nach der Präsentation der verbleibenden drei Anbieter fiel die Wahl aufgrund der guten funktionalen Abdeckung, der zufrieden stellenden Preis-Leistung, der guten Marktposition in Deutschland sowie des überschaubaren Einführungsaufwands auf ein etabliertes System. Das Softwareunternehmen gehört zu den führenden deutschen Anbietern von ERP-Lösungen auf der IBM eServer iSeries. Es ist ein Tochterunternehmen eines Softwareherstellers, der in Deutschland und Österreich über 200 Mitarbeiter beschäftigt. Es richtet sich insbesondere an mittelständische Industrie- und Großhandelsunternehmen. Dazu zählen Variantenfertiger wie Maschinen- und Apparatebauer, Metallverarbeiter, Werkzeughersteller, Projektierer wie der Anlagenbau und Teile der Bauindustrie sowie der serviceorientierte Großhandel, einschließlich Dienstleister.

Die ERP-Lösung ist ein Komplettsystem mit einer 3-Schichten-Architektur, dessen Leistungsspektrum von der Produktion bis zum Marketing und Rechnungswesen reicht. Als Server wird ein Rechner der IBM iSeries benötigt. Die User arbeiten mit einer grafischen, mehrfensterfähigen Java-Oberfläche unter Windows oder Linux, mit der sie Programmmasken nach individuellen Arbeitsplatzanforderungen gestalten können. Je nach Anforderung wird zwischen Info-Usern mit Lesezugriff und aktiven Benutzern mit Vollzugriff unterschieden.

Das ERP-System kann Varianten durch Sachmerkmale darstellen, die sowohl im Angebots- als auch Fertigungsmodul verwendet werden können. Zusätzlich besteht die Möglichkeit, so genannte Modellteile als Vorlage anzulegen. Für den Bereich der Sonderfertigung können AutoCAD-Module in das System eingebunden werden. So könnten bspw. direkt Teilelisten aus komplexen Nachkonstruktionen in das System zwecks Angebotserstellung integriert werden. Schnittstellen zu Microsoft-Office und die Möglichkeit, BDE-/MDE-Systeme über eine bereits vorhandene Schnittstelle einzubinden waren ebenfalls wichtige Entscheidungsgründe für das System.

2.4 Vertragsverhandlung und -gestaltung

Die Grundlage für die Vertragsgestaltung zwischen dem Anwendungsunternehmen und dem ERP-Hersteller stellte die im Rahmen des Softwareauswahlprojektes herausgearbeitete Prozess- und Potenzialanalyse dar. Für die daraus ableitbaren Anforderungen wurden vorerst die Module Disposition, Lager, Einkauf, Vertrieb, Statistik sowie die Produktionssteuerung für die Produktivnutzung ausgewählt. Über die Nutzung weiterer Module sollte erst nach dem Echtstart entschieden und demnach erneut verhandelt werden. Vor dem Hintergrund der vorliegenden Anforderungen empfahl der Softwarehersteller als Hardwareplattform den Einsatz einer IBM eServer i5 (Modell 520).

Auf ein Budget für eine vorab durchzuführende, detaillierte und damit aufwändige Einsatzuntersuchung wurde verzichtet, da aufgrund der zum Zeitpunkt der Vertragsverhandlung bekannten Umstände erwartet wurde, dass das ERP-System im Standard und demnach ohne Modifikationen eingeführt werden kann. Lediglich für die Anbindung der im Vorfeld angeschafften MDE/BDE-Terminals wurde ein entsprechender individueller Programmieraufwand ausgehandelt. Ein ausführlicher Einführungsplan lag somit zum Zeitpunkt des Vertragsabschlusses nicht vor. Dieser sollte zu Beginn des Projektes gemeinsam mit dem Kunden erarbeitet werden.

Das ursprünglich ausgehandelte Budget sah eine relativ geringe Einführungsdauer vor, das an die Einführung des Systems im Standard gebunden war und Modifikationen durch Programmiertätigkeiten nur zu einem sehr geringen Teil berücksichtigte.

3 Softwareeinführung

3.1 Projektorganisation

Da innerhalb des Anwendungsunternehmens zu Projektbeginn keine originäre IT-Abteilung zur Verfügung stand und ferner auch kein Mitarbeiter, aufgrund der hohen Beanspruchung durch das Tagesgeschäft, aus einer anderen Abteilung die Projektkoordination übernehmen konnte, beauftragte die Geschäftsleitung das ERCIS mit der internen Projektleitung der Einführung. Ebenso stellte der ERP-Hersteller einen Projektleiter sowie einen Programmierer für die anstehenden Modifikationen zur BDE-/MDE-Anbindung zur Verfügung.

Das Projekt begann mit einem Kernprojektteam, das aus zwei Mitarbeitern des Softwareherstellers und zwei Mitarbeitern des ERCIS bestand. Unterstützt wurde das Team insbesondere durch den Assistenten der Geschäftsführung von Seiten des Industrieunternehmens sowie bedarfsabhängig durch Kernmitarbeiter der von der Einführung betroffenen funktionalen Abteilungen. Dies waren schwerpunktmäßig die Abteilungen (Innen-)Verkauf, Arbeitsvorbereitung und Produktion. Die resultierende interne Organisationsform des Einführungsprojektes kann demnach als eine Stab-Linien-Organisation aufgefasst werden (vgl. Abb. 4).[211]

---

[211] Vgl. zu den Projektorganisationsformen auch Beitrag X in diesem Buch.

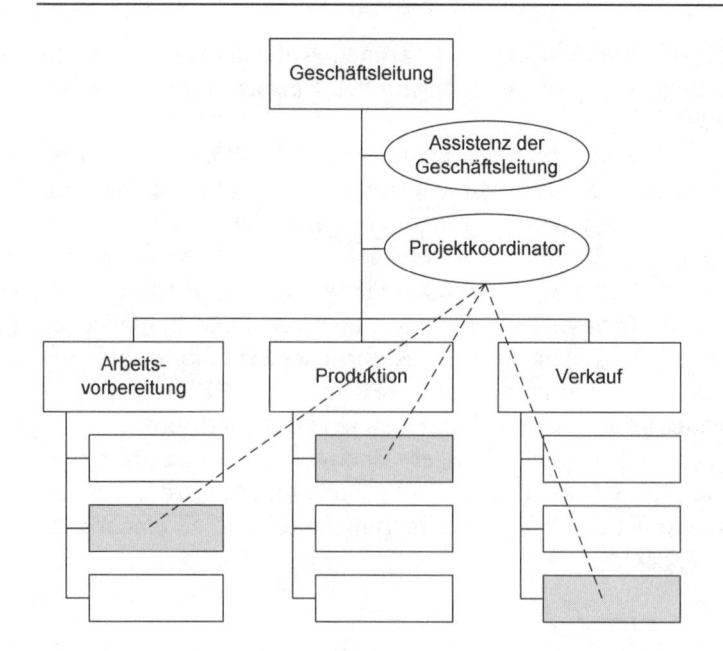

Abb. 4: Interne Organisationsform des Einführungsprojektes

3.2 Projektverlauf

Die im eigentlichen ERP-Systemeinführungsprojekt durchlaufenen Phasen sind in Abb. 5 dargestellt. Die Phase der *Projektinitialisierung (Phase 1)* kennzeichnete sich überwiegend durch die Schaffung der infrastrukturellen Rahmenbedingungen. Diese beinhaltete zum einen die Einrichtung und Inbetriebnahme eines OS/400- bzw. i5/OS-basierten Servers für das ERP-System, die Installation der ERP-Basissoftware sowie die der oben genannten, zum Einsatz kommenden Module. Ferner wurden ein übliches Test- und Schulungssystem eingerichtet.

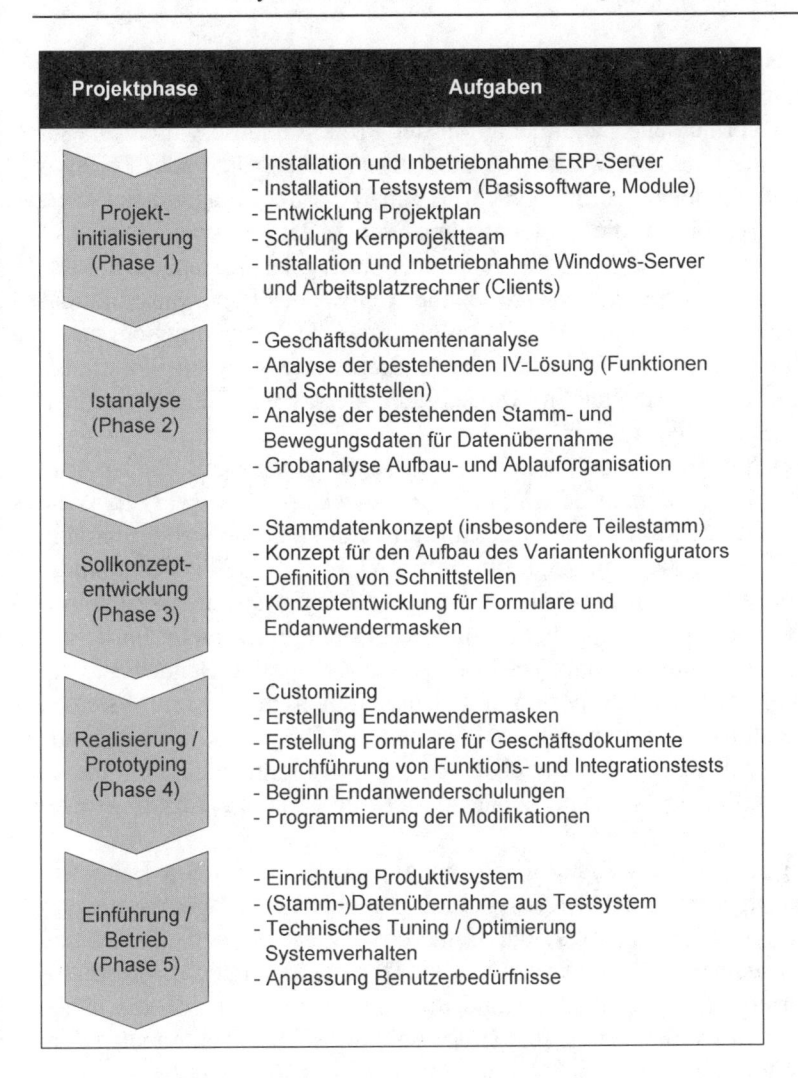

Projektphase	Aufgaben
Projekt- initialisierung (Phase 1)	- Installation und Inbetriebnahme ERP-Server - Installation Testsystem (Basissoftware, Module) - Entwicklung Projektplan - Schulung Kernprojektteam - Installation und Inbetriebnahme Windows-Server und Arbeitsplatzrechner (Clients)
Istanalyse (Phase 2)	- Geschäftsdokumentenanalyse - Analyse der bestehenden IV-Lösung (Funktionen und Schnittstellen) - Analyse der bestehenden Stamm- und Bewegungsdaten für Datenübernahme - Grobanalyse Aufbau- und Ablauforganisation
Sollkonzept- entwicklung (Phase 3)	- Stammdatenkonzept (insbesondere Teilestamm) - Konzept für den Aufbau des Variantenkonfigurators - Definition von Schnittstellen - Konzeptentwicklung für Formulare und Endanwendermasken
Realisierung / Prototyping (Phase 4)	- Customizing - Erstellung Endanwendermasken - Erstellung Formulare für Geschäftsdokumente - Durchführung von Funktions- und Integrationstests - Beginn Endanwenderschulungen - Programmierung der Modifikationen
Einführung / Betrieb (Phase 5)	- Einrichtung Produktivsystem - (Stamm-)Datenübernahme aus Testsystem - Technisches Tuning / Optimierung Systemverhalten - Anpassung Benutzerbedürfnisse

Abb. 5: Phasen der ERP-Systemeinführung

Neben dem ERP-Server wurden ein Windows-fähiger Server, der u. a. als File- und Mail-Server fungiert und eine Reihe Windows-fähiger Arbeitsplatzrechner in Betrieb genommen. Die neuen Arbeitsplatzrechner sollen mittelfristig die Terminals der bisherigen IV-Lösung ablösen und den späteren Client-seitigen Zugriff auf das einzuführende ERP-System ermöglichen. Weitere Aktivitäten der Projektinitialisierung umfassten die Schulung des Kernprojektteams und die Entwicklung eines gemeinsam erarbeiteten Projektplans.

Den Ausgangspunkt der *Ist-Analyse (Phase 2)* stellte die im Rahmen der Softwareauswahl durchgeführte Prozess- und SWOT-Analyse dar. Die damit bereits vorhandene Dokumentation der Prozessabläufe wurde um zusätzliche Aufstellungen (wie z. B. Listen über Arbeitsplätze oder Produkttypen mit entsprechenden Stücklisten) ergänzt. Darüber hinaus beinhaltete die Ist-Analysephase die Untersuchung der bislang verwendeten Geschäftsdokumente (wie z. B. Rechnungen, Auftragsbestätigungen, Lieferscheine oder Versandetiketten) sowie eine Analyse des Funktionsumfanges der bisherigen IV-Lösung. Ferner konnten durch die Auswertung der zuvor eingerichteten BDE-/MDE-Lösung erste Richtwerte über zu erwartende Fertigungs- und Rüstzeiten in Abhängigkeit der zu produzierenden Produkttypen gewonnen werden.

Die Geschäftsdokumentübersichten und Aufstellungen aus der Ist-Analyse bildeten im Rahmen der *Sollkonzeptentwicklung (Phase 3)* u. a. die Basis für die Definition der Druckformulare und Endanwendermasken. Ferner stellten sie die Grundlage für die Entwicklung eines Teilestammdatenkonzeptes dar, das die besonderen Anforderungen an die variantenreiche und kundenindividuelle Fertigung berücksichtigte. Zudem wurde auf Basis der Personalübersichten ein Rollen- und damit auch Benutzerrechtekonzept definiert. Die Definition von Schnittstellen zu anderen Systemen war größtenteils nicht notwendig, da das neue ERP-System die bestehende IV-Lösung vollständig ersetzte. Die Ausnahme bildete hier die Finanzbuchhaltung, da dieses Modul zunächst nicht im Produktiveinsatz genutzt wurde.

Somit glich die verwendete Einführungsstrategie einem Big Bang-Ansatz. Allerdings muss dabei relativierend festgehalten werden, dass es zunächst das primäre Ziel war, die Funktion der bestehenden IV-Lösung durch das neue ERP-System abzudecken. Demnach standen die Kernmodule Vertrieb, Materialwirtschaft und Produktion vorerst im Fokus. Nach einer ersten Konsolidierungs- und Eingewöhnungsphase, sollten nach dem Produktivstart dann sukzessiv weitere Funktionen (z. B. Bestellwesen, Disposition, Kapazitäts- und Einplanung) des Systems genutzt werden, die bislang überwiegend manuell durchgeführt wurden.

Auf eine ausführliche Spezifikation von weiteren Stammdaten ist in der Sollkonzeptentwicklung verzichtet worden. Stattdessen wurden im Zusammenarbeit mit Kernmitarbeitern der jeweiligen funktionalen Abteilungen direkt am System die zu erfassendenweiteren Stammdaten (z. B. über Kunden und Lieferanten) diskutiert und durch hinterlegte Pflicht- und Optionalfelder festgehalten.

Die Umsetzung der Anforderungen in der *Customizing-Phase (Phase 4)* erfolgte auf Basis eines als Prototyping zu klassifizierenden Ansatzes. Anhand eines typischen Auftrages wurde das System eingerichtet und mit den jeweiligen Mitarbeitern der entsprechenden funktionalen Abteilungen diskutiert. Dabei sah die Umsetzung aus Budget- und Releasefähigkeitsgründen vor, soweit wie möglich die Standardfunktionalitäten des Systems zu nutzen. Demnach waren Geschäftsprozessanpassungen gegenüber Softwaremodifikationen vorzuziehen. Auf Basis von Feedback-Schleifen mit den Kernanwendern wurde das System sukzessiv verfeinert. Die entsprechenden Workshops mit den Endanwendern stellten zudem erste Schulungen dar, die je nach Bedarf vertieft wurden.

Die Umsetzung der Anforderungen durch die stark kundenindividuelle Fertigung erfolgte mit Hilfe von Formeln und Entscheidungstabellen des integrierten Variantenkonfigurators, die keine zusätzlichen Softwaremodifikationen erforderlich machten. Allerdings wurde mit zunehmendem Verlauf des Projektes deutlich, dass einerseits eine Reihe anderer Softwaremodifikationen zwingend erforderlich waren, da gewisse, nicht änderbare Abläufe mit dem Standard des ERP-Systems nicht vereinbar waren und andererseits einige der bislang manuell durchgeführten Funktionen ohne Modifikationen auch mit dem neuen ERP-System nicht automatisierbar waren (bspw. aufgrund einer zu hohen Individualität oder Entscheidungsspielraumes der durchzuführenden Aufgaben).

In der *Einführungs- und Betriebsphase (Phase 5)* wurden nach ausführlichen Funktions- und Integrationstests, die entsprechenden Stammdaten, Customizing-Einstellungen und Modifikationen in die Produktivumgebung übertragen. Zu Beginn des Produktivbetriebes traten dabei einige Besonderheiten auf, die in den vorherigen Interviews mit den Kernmitarbeitern nicht zum Vorschein gekommen waren. Diese zusätzlichen Anforderungen konnten teilweise sehr einfach und schnell, teilweise aber auch nur durch Software-Modifikationen umgesetzt werden. Planmäßige weitere Anpassungen betrafen die nachträgliche Anbindung der BDE-/MDE-Systeme und die sukzessive Einrichtung zusätzlicher Funktionalitäten, die aus Komplexitätsgründen zunächst bewusst unberücksichtigt geblieben sind (z. B. automatische Disposition oder die Erstellung zusätzlicher Berichte).

4 Lessons Learned

ERP-Auswahl und Einführungsprojekte in kleinen und mittelständischen Unternehmen weisen eine Reihe von Besonderheiten auf. Eine eigene IT-Abteilung, die sich mit der Auswahl und der Einführung einer ERP-Software auseinander setzen kann, ist bei Unternehmen mit ca. 100 Mitarbeitern, anders als in größeren Unternehmen und Konzernen, kaum vorhanden. Mittelständische Unternehmen müssen sich aufgrund ihrer Größenstruktur häufig zusätzlich zum Tagesgeschäft mit der ERP-Einführung beschäftigen. Auch besteht in der Regel nicht die Möglichkeit oder Bereitschaft, Mitarbeiter speziell für ein entsprechendes Einführungsprojekt vom Tagesgeschäft freizustellen. Viele Tätigkeiten im Unternehmen werden nur von ein oder maximal zwei Personen ausgeführt. Eine teilweise Freistellung für das Softwareprojekt ist daher aufgrund der Auslastung im operativen Geschäft nur sehr begrenzt möglich. Dies erschwert es den von der Einführung betroffenen Mitarbeitern, sich im Vorwege der Softwareeinführung intensiv mit dem Projekt zu befassen und Anforderungen aus dem eigenen Arbeitsbereich zu definieren.

IT-Strukturen sind in vielen Unternehmen historisch mit den Anforderungen des Unternehmens gewachsen. Dabei haben die meisten Mitarbeiter nur eine geringe IT-Affinität. Insbesondere am Anfang eines Projektes ist es daher notwendig, wesentliche Weichenstellungen mit intensiver Vorarbeit und Reflexion zu begleiten, um die Projektdauer in späteren Phasen nicht unnötig zu verlängern. Im hier vorgestellten Projekt haben sich der Einsatz von Prozessmodellierungsmethoden sowie die geschilderte SWOT-Analyse als Basis für die ERP-Systemauswahl und spätere Einführung bewährt.

Nicht zu unterschätzen ist dabei jedoch die Tatsache, dass bestehende und offensichtlich veralte Softwarelösungen durch die kontinuierliche und langfristige Anpassung sehr präzise an die Unternehmensabläufe ausgerichtet wurden und ein hohes Maß an unternehmensindividuellem Knowhow beinhalten. Diese Individualität ist trotz einer wesentlich geringeren funktionalen Abdeckung durch das Altsystem, mit Hilfe moderner ERP-Systeme auch in kleinen und mittelständischen Unternehmen nicht ohne Modifikationen bzw. signifikante Anpassungen umzusetzen. Vor diesem Hintergrund hätte im hier betrachteten Projekt eine weitere Verfeinerung der bereits vorhandenen grobgranularen Prozesse frühzeitiger mögliche Anpassungsbedarfe aufdecken können. Dadurch hätten voraussichtlich einige der erst im Produktivbetrieb aufkommenden zusätzlichen Endanwenderanforderungen bereits im Vorfeld identifiziert werden können, die letztlich zu einer Überkompensierung der durch den Verzicht auf die Einsatzuntersuchung vermeintlich eingesparten Kosten geführt haben.

Anfängliche Barrieren entstanden innerhalb des Projektes durch die mit der Einführung des ERP-Systems einhergehende höhere Komplexität und im Vergleich zum Altsystem geringere Flexibilität. Die im Altsystem nicht vorhandene Integration zwischen den einzelnen Funktionsbereichen ermöglichte den Mitarbeiter bspw. eine sehr flexible Reaktion auf individuelle Kundenänderungswünsche, die in einem integrierten ERP-System durch das automatische Setzen von Sperrvermerken in dieser Form nicht mehr handhabbar waren. Zudem zeigte sich die Altanwendung sowohl in der Abarbeitung von Batchprogrammen als auch innerhalb von manuellen Erfassungsvorgängen (durch die vorherrschenden rein textbasierten Benutzerschnittstellen) wesentlich performanter. In Zusammenarbeit mit dem Softwarehersteller konnte durch entsprechende Programmerweiterungen und durch die Gestaltung von effizienteren Eingabemasken der damit verbundene Zeitaufwand auf ein zu akzeptierendes Maß heruntergefahren werden.

Der mit der Einführung des ERP-Systems realisierbare betriebswirtschaftliche Nutzen ließ sich im Laufe der Zeit kontinuierlich steigern. Während zu Beginn des Produktivstarts das neue ERP-System überwiegend die vorhandenen Funktionen des Altsystems ersetzte und lediglich durch einige zusätzliche Auswertungsmöglichkeiten erweiterte, konnte durch zusätzliche Endanwenderschulungen, durch die kontinuierliche Anpassung des Systems und durch die Einrichtung zusätzlicher Module (wie z. B. Controlling und Finanzbuchhaltung) ein signifikanter Mehrwert durch die Systemumstellung erzielt werden. Es ist davon auszugehen, dass dieser Nutzen in Zukunft noch weiter gesteigert wird.

Autorenverzeichnis

Bartsch, Michael, Prof. Dr., Rechtsanwalt
 Kanzlei Bartsch und Partner GbR
 Bahnhofstr. 10, 76137 Karlsruhe
 Email: mb@bartsch-partner.de

Becker, Jörg, Prof. Dr.
 Westfälische Wilhelms-Universität Münster,
 Geschäftsführender Direktor des European Research
 Center for Information Systems (ERCIS)
 Geschäftsführender Direktor des Instituts für Wirtschafsinformatik
 Leonardo-Campus 3, 48149 Münster
 Email: becker@ercis.uni-muenster.de

 Hauptgesellschafter der Prof. Becker GmbH
 Lütke-Berg 4-6, 48341 Altenberge
 Email: becker@prof-becker.de

Hirschberg, Reiner, Dr.
 Mitglied der Geschäftsleitung der HHS usedSoft GmbH
 Tal 6, 80331 München
 Email: reiner.hirschberg@usedsoft.de

Jakob, Bruno
 Leiter Logistik der Loeb Warenhaus AG,
 Spitalgasse 47-51, 3001 Bern, Schweiz

Janiesch, Christian
 Westfälische Wilhelms-Universität Münster
 European Research Center for Information Systems (ERCIS)
 Leonardo-Campus 3, 48149 Münster
 Email: christian.janiesch@ercis.uni-muenster.de

Klose, Karsten, Dr.
  Westfälische Wilhelms-Universität Münster
  European Research Center for Information Systems (ERCIS)
  Leonardo-Campus 3, 48149 Münster
  Email: karsten.klose@ercis.uni-muenster.de

Knackstedt, Ralf, Dr.
  Westfälische Wilhelms-Universität Münster
  European Research Center for Information Systems (ERCIS)
  Leonardo-Campus 3, 48149 Münster
  Email: ralf.knackstedt@ercis.uni-muenster.de

Sandmann, Dirk
  Senior Consultant der Prof. Becker GmbH
  Lütke-Berg 4-6, 48341 Altenberge
  Email: sandmann@prof-becker.de

Scherer, Eric, Dr.
  Geschäftsführer der i2s GmbH
  Stampfenbachstr. 159, 8006 Zürich, Schweiz
  Email: scherer@i2s-consulting.com

Seidel, Stefan
  Westfälische Wilhelms-Universität Münster
  European Research Center for Information Systems (ERCIS)
  Leonardo-Campus 3, 48149 Münster
  Email: stefan.seidel@ercis.uni-muenster.de

Sontow, Karsten, Dr.
  Vorstand der Trovarit AG
  Pontdriesch 10/12, 52062 Aachen
  Email: karsten.sontow@trovarit.com

Treutlein, Peter
  Vorstand der Trovarit AG
  Pontdriesch 10/12, 52062 Aachen
  Email: peter.treutlein@trovarit.com

Vering, Oliver, Dr.
  Mitglied der Geschäftsleitung der Prof. Becker GmbH
  Lütke-Berg 4-6, 48341 Altenberge
  Email: vering@prof-becker.de

Watrin, Christoph, Prof. Dr., Steuerberater
Westfälische Wilhelms-Universität Münster
Direktor des Instituts für Unternehmensrechnung und -besteuerung
Universitätsstr. 14-16, 48143 Münster
Email: iub@wiwi.uni-muenster.de

Winkelmann, Axel, Dr.
Westfälische Wilhelms-Universität Münster
Mitglied des Vorstands des European Research
Center for Information Systems (ERCIS)
Leonardo-Campus 3, 48149 Münster
Email: axel.winkelmann@ercis.uni-muenster.de

Wittkowski, Ansas, Steuerberater
Peters, Schönberger & Partner GbR
Schackstraße 2, 80539 München
Email: a.wittkowski@pspmuc.de

Druck: Krips bv, Meppel
Verarbeitung: Stürtz, Würzburg